黑龙江嘉荫
晚白垩世—古新世生物群、
K-Pg界线及恐龙灭绝

孙　革　等著

Late Cretaceous-Paleocene biota and
the K-Pg boundary from
Jiayin of Heilongjiang, China
with discussion on
the extinction of dinosaurs

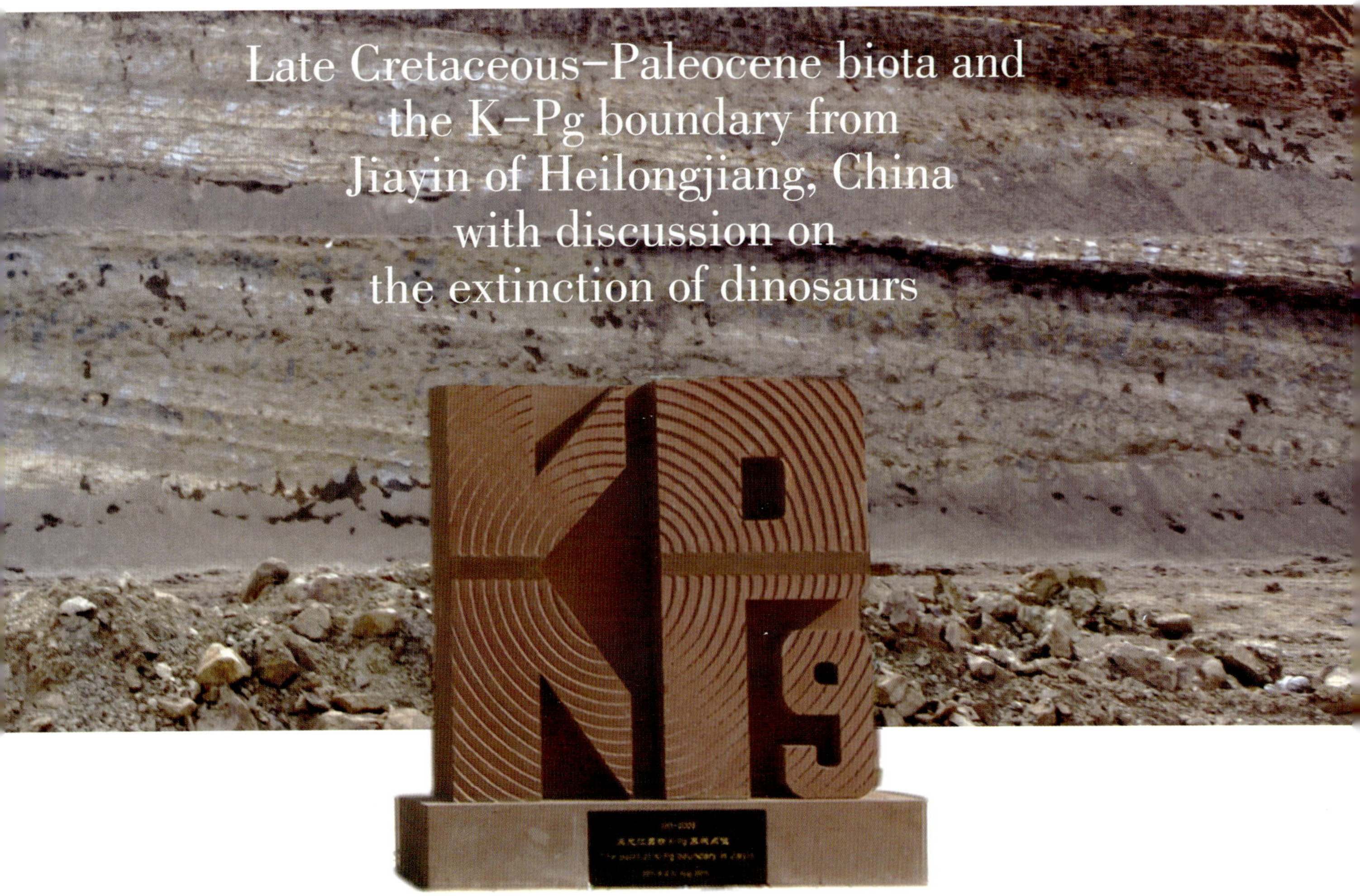

上海科技教育出版社

出版说明

科学技术是第一生产力。21世纪,科学技术和生产力必将发生新的革命性突破。

为贯彻落实“科教兴国”和“科教兴市”战略,上海市科学技术委员会和上海市新闻出版局于2000年设立“上海科技专著出版资金”,资助优秀科技著作在上海出版。

本书出版受“上海科技专著出版资金”资助。

上海科技专著出版资金管理委员会

黑龙江嘉荫
晚白垩世—古新世生物群、
K-Pg界线及恐龙灭绝

Late Cretaceous-Paleocene biota and
the K-Pg boundary from Jiayin of Heilongjiang, China
with discussion on
the extinction of dinosaurs

本书作者

孙革　董枝明　阿克米梯耶夫　玛尔凯维奇　阿什拉夫　哥德弗洛伊特
迪尔切　孙春林　孙跃武　全成　高洛夫涅娃　布格达耶娃
尤里·保罗斯基　铃木茂之　柯珠尔　西田治文　凯金娜　哈丁
杨惠心　葛文春　陈跃军　杨涛

内容简介

本书首次详细报道了由我国古生物学家孙革带领的多国科学家科研团队，于2002—2011年期间对黑龙江嘉荫地区距今约6600万年前后的晚白垩世—古近纪生物群及其地层(K-Pg)界线合作研究的成果。报道了该地区K-Pg界线附近新建立的7个孢粉组合带和晚白垩世2个大植物组合，以及近年来新发现的9个恐龙动物新类群。通过古生物学、地质学、古地磁学及地球化学等综合研究，以"厘米级"的精度确定了我国首个具有国际对比标准的陆相K-Pg界线。书中首次提出火山活动、海平面下降和气候变冷等可能是嘉荫乃至整个东北亚地区恐龙灭绝的主要原因，并提出黑龙江流域的恐龙大规模灭绝可能早于K-Pg界线时期的新观点，向以往传统的恐龙灭绝皆因"小行星撞击"的观点提出挑战。

本书包括5章16节，附英文全文及200余张图片，图文并茂。本书是我国首部有关黑龙江地区晚白垩世—古新世地层、生物群及陆相K-Pg界线的科学专著，对研究我国及东北亚地区中/新生代生物群、生物/地质事件、地层划分对比及古地理古气候变迁，特别是了解恐龙灭绝等重大科学问题等，具有重要参考价值。本书可供国内外地学、生命科学、博物馆学等领域的专业工作者、研究生、本科生以及广大科学爱好者学习参考。

课题组首席专家　Leading Scientist of the Research Team

孙革　教授，博士，博士生导师，沈阳师范大学古生物学院院长，辽宁古生物博物馆馆长，教育部东北亚生物演化与环境重点实验室（吉林大学）主任，中国古生物学会副理事长；曾任国际古植物学会（IOP）副主席。1968年毕业于长春地质学院（现吉林大学），1985年于中国科学院南京地质古生物研究所获博士学位，1988—1989年英国大英博物馆（自然史部）博士后。专长于早期被子植物及中生代事件地层学研究。1986年起开展黑龙江侏罗—白垩纪生物群及地层界线研究；2002—2011年率由中、俄、德、美、英、比、日等多国科学家组成的国际科研队开展黑龙江流域K-T界线研究，先后完成国家自然科学基金重大国际合作项目及黑龙江省国土资源厅地质勘查等项目，为黑龙江流域晚白垩世生物群及K-Pg(K-T)界线研究作出重要贡献。已发表专著9部（包括合作），译著（俄）1部，论文150余篇；论文曾三次在美国《科学》及英国《自然》杂志以封面文章发表；曾荣获李四光地质科学奖、教育部自然科学奖一等奖及辽宁省自然科学奖一等奖等，2014年荣获全国优秀科技工作者称号。

Sun Ge, Prof. Dr. Director of Paleontological Museum of Liaoning, China; Dean of College of Paleontology, Shenyang Normal University; Vice-President of Paleontological Society of China; Ex-Vice President of IOP. Undergraduate of Jilin University (1963–1968), Ph.D. of NIGPAS (1985), Postdoc. in British Museum (NH), London (1988–1989). Specialized in early angiosperms and Mesozoic event stratigraphy. Led a international research team with NSFC key-project and made contributions to the study of Cretaceous-Paleocene biota and the K-T (K-Pg) boundary in Heilongjiang River areas during 2002–2011. Email: sunge@syun.edu.cn; sunge0817@163.com.

目　　录

前言 ………………………………………………………………………… 1
第一章　百年回顾 ……………………………………………………………… 6
1.1　嘉荫恐龙的发现 ………………………………………………………… 6
1.2　黑龙江沿岸新十年 ……………………………………………………… 11
1.3　科学问题的提出 ………………………………………………………… 16
1.3.1　白垩纪末期黑龙江地区是否曾出现“来自外星球的撞击” ……… 16
1.3.2　如何在黑龙江嘉荫寻找有关“恐龙灭绝”的K-Pg界线 …………… 17
第二章　地层 …………………………………………………………………… 21
2.1　晚白垩世地层 …………………………………………………………… 21
2.1.1　永安村组(K_{2yn}) …………………………………………………… 21
2.1.2　太平林场组(K_{2tp}) ………………………………………………… 24
2.1.3　渔亮子组(K_{2yl}) …………………………………………………… 25
2.1.4　富饶组(K_{2f}) ……………………………………………………… 28
2.2　古近纪地层 ……………………………………………………………… 31
2.2.1　乌云组(E_{1w}) ……………………………………………………… 31
2.2.2　乌云组下部“白山头段”的建立 ………………………………………… 32
2.3　嘉荫地区中俄晚白垩世—古新世地层对比 …………………………… 35
2.3.1　与结雅—布列亚盆地的对比 ………………………………………… 35
2.3.2　与白山剖面K-Pg界线附近地层的对比 ……………………………… 38
第三章　生物群 ………………………………………………………………… 40
3.1　晚白垩世生物群 ………………………………………………………… 40
3.1.1　晚白垩世植物大化石 ………………………………………………… 40
3.1.2　晚白垩世孢粉 ………………………………………………………… 50
3.1.3　晚白垩世无脊椎动物 ………………………………………………… 56
3.1.4　晚白垩世恐龙动物群 ………………………………………………… 59
3.2　古新世生物群 …………………………………………………………… 72

3.2.1 白山头段 …… 74
3.2.2 乌云含煤段 …… 75
3.3 木化石 …… 78
3.4 晚白垩世嘉荫地区古气候与古环境 …… 80
3.4.1 植物化石的反映 …… 80
3.4.2 动物化石的反映 …… 88
3.4.3 沉积相的反映 …… 89
3.4.4 古气候定量研究 …… 90
第四章 白垩系—古近系(K-Pg)界线 …… 93
4.1 国际陆相K-Pg界线研究简介 …… 93
4.2 嘉荫地区K-Pg界线研究 …… 97
4.2.1 孢粉化石证据 …… 98
4.2.2 同位素测年 …… 105
4.2.3 古地磁测定 …… 106
4.2.4 地球化学特征 …… 107
4.2.5 嘉荫K-Pg界线的具体确定 …… 112
4.3 嘉荫小河沿K-Pg界线立碑 …… 114
第五章 恐龙灭绝 …… 117
5.1 嘉荫恐龙动物群的兴衰 …… 119
5.2 “小行星撞击”及“铱异常” …… 121
5.3 嘉荫及东北亚地区恐龙灭绝原因探讨 …… 122
致谢 …… 128
参考文献 …… 188

Contents

Preface ··· 133

Chapter 1 Century view ··· 137

1.1 Discovery of dinosaurs in Jiayin ··· 137

1.2 New decade along the Heilongjiang River ··· 139

1.3 Scientific questions posed ··· 140

1.3.1 Whether the "asteroid impact" in Heilongjiang in end of Cretaceous? ··· 140

1.3.2 How to find the K-Pg boundary related to the extinctions of dinosaurs in Jiayin? ··· 141

Chapter 2 Stratigraphy ··· 144

2.1 The Upper Cretaceous ··· 145

2.1.1 Yong'ancun Formation (K_{2yn}) ··· 145

2.1.2 Taipinglinchang Formation (K_{2tp}) ··· 145

2.1.3 Yuliangzi Formation (K_{2yl}) ··· 146

2.1.4 Furao Formation (K_{2f}) ··· 147

2.2 Paleogene in Jiayin ··· 148

2.2.1 Wuyun Formation (E_{1w}) ··· 148

2.2.2 Establishment of Baishantou Member of lower Wuyun Formation ··· 148

2.3 China-Russian correlation of Upper Cretaceous-Paleocene in Jiayin area ··· 149

2.3.1 Correlation with Zeya-Bureya basin ··· 149

2.3.2 Correlation with "Belay Gora" section in K-Pg boundary strata ··· 151

Chapter 3 Biota ··· 153

3.1 Late Cretaceous biota ··· 153

3.1.1 Late Cretaceous mega-plants ··· 153

3.1.2 Late Cretaceous pollen and spores ··· 158

3.1.3 Late Cretaceous invertebrates ··· 160

3.1.4 Late Cretaceous dinosaurs ··· 161

3.2 Paleocene biota ······ 166
3.2.1 Baishantou Member stage ······ 166
3.2.2 Wuyun Coal-bearing Member stage ······ 167
3.3 Fossil wood ······ 167
3.4 Late Cretaceous climate and environment in the Jiayin area ······ 168
Chapter 4 The K-Pg boundary ······ 170
4.1 Introduction to study of non-marine K-Pg boundary ······ 170
4.2 Study of K-Pg boundary in Jiayin ······ 171
4.2.1 Palynological evidence ······ 172
4.2.2 Radiometric dating ······ 174
4.2.3 Paleomagnetics ······ 175
4.2.4 Geochemic characteristics ······ 176
4.2.5 Definition of the K-Pg boundary in Jiayin ······ 176
4.3 Raise monuments to commemorate the K-Pg boundary in Jiayin ······ 177
Chapter 5 Extinction of dinosaurs ······ 179
5.1 The rise and fall of dinosaurs in Jiayin ······ 180
5.2 "Extraterrestrial impact" and "Iridium anomaly" ······ 181
5.3 The discussion on the extinction of dinosaurs in Jiayin and Northeast Asia ······ 182
Acknowledgement ······ 186
Reference ······ 188

前　　言

地球科学或生命科学爱好者无不对地史时期的恐龙(dinosaur)感兴趣。恐龙，作为中生代时期生物界的“霸主”，曾在地球上生存了一亿六千多万年。它们或有庞大的身躯，或具带羽毛的四个翅膀；它们在中国最早见于云南禄丰，最晚灭绝于黑龙江嘉荫，生活的地方遍及四川、新疆、甘肃，以及华北、华中、华南、华东和东北，演化路程长达数千公里，历尽了艰辛与欢悦。它们的生活方式和古生态链给人们留下无尽的遐想，它们的起源与灭绝之谜也成为科学家们全力探索的奥秘。

在中国，如果提到“恐龙”，就必然要提到“嘉荫”——中国东北黑龙江省嘉荫县，因为这里是中国最早发现恐龙化石的地方(图1)。1902年当地渔民在黑龙江边嘉荫县一个俗称“白石砬子”的地方(即现今“龙骨山”)采得了第一批恐龙化石，这些化石一直存放在俄罗斯圣彼得堡的“全俄地质博物馆”，化石被命名为“黑龙江满洲龙”(*Mandschurosaurus amurensis* Riabinin, 1930)；由此，嘉荫也便成为中国发现恐龙最早的地方。令人饶有兴趣的是，在嘉荫发现的恐龙是地史上晚白垩世中—晚期(距今约8500万—6600万年)的恐龙，即是在中国幅域大地上生活最晚期的恐龙。庞大的恐龙动物群在这里最终绝灭，这便使嘉荫又成为中国恐龙最晚灭绝的地方。这“一早、一晚”成为嘉荫恐龙的特色，也成为嘉荫最吸引科学家们来到这里的主要原因之一。由于恐龙灭绝在全世界的地质演化研究中涉及一条地质界线，即距今约6600万年的白垩纪与古近纪地层界线(“K-Pg”界线)*，因此科学家们在嘉荫的综合性地学研究工作也随着这里的恐龙研究而展开。

嘉荫位于黑龙江省北部黑龙江右岸(中心地理坐标：48°53′29″N，130°32′44′

* K-Pg界线即白垩系(K, 希腊文Kreta缩写)与古近系(Pg, Paleogene缩写)的界线，以往也称K-T界线。

E)，因县内的“嘉荫河”而得名(图2)，与俄罗斯犹太自治州的巴斯科沃镇隔江相望。嘉荫县隶属黑龙江省伊春市，面积6740km^2，总人口约15万，包括朝阳、乌云、乌拉嘎等3个镇。县政府所在地为朝阳镇，“朝阳”的名字传到隔江对岸，被俄语译为“查加扬”(Цагаян)，这便是20世纪70年代俄罗斯古植物学文坛著名的“阿穆尔省查加扬植物群”(Krassilov, 1976)出现“查加扬”三个字的原因；国际著名古植物学家、俄罗斯的克拉西洛夫(Krassilov V A)院士所描述的，就是嘉荫北邻地区的古植物化石。这个谜直到2002年本书作者们在嘉荫会聚时，由俄罗斯专家们介绍才解开。嘉荫地处黑龙江边，其口岸水运码头可停靠千吨级驳

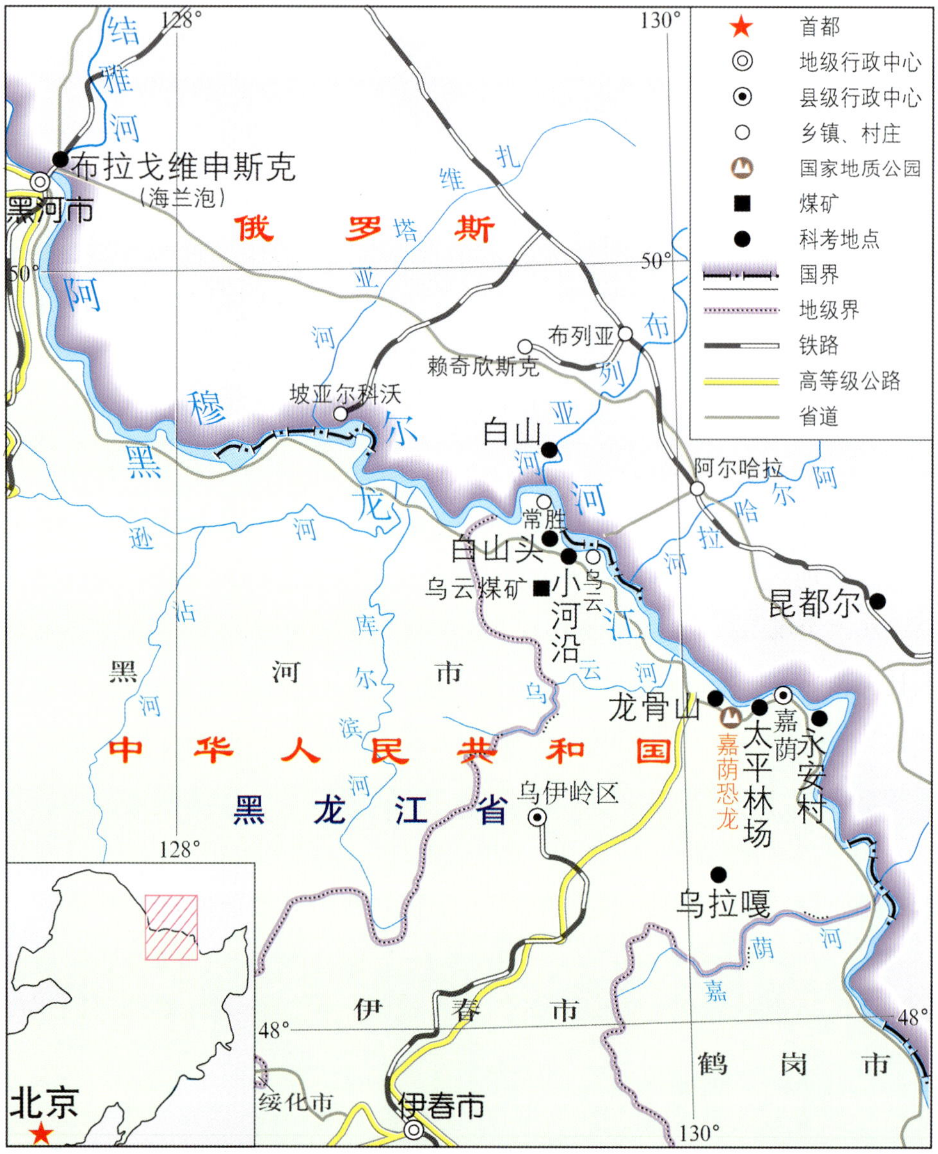

图1 嘉荫地理位置图

Fig.1 Geographic map of Jiayin

船，乘船上行可至漠河，下行可达抚远和俄罗斯境内。站在黑龙江边，一览俄罗斯风光，沃野千里；回首嘉荫群山，林海万顷，雄伟壮观。

为了保护嘉荫的恐龙化石，2001年经国家批准建立了“嘉荫恐龙国家地质公园”。恐龙国家地质公园位于嘉荫县城以西、黑龙江边的太平沟河口与二号亮子之间，长约11km，总面积38.44km^2。地质公园以恐龙化石为主体，并包括有嘉荫神州恐龙博物馆，建筑面积4650m^2，占地面积50 000m^2（图3）。博物馆所在的地方称“龙骨山”，这里的岩石露头属于晚白垩世晚期的渔亮子组，盛产丰富的恐龙化石；这一产地即是1902年我国最早发现恐龙的地方。这里2014年5月已被列入国家重点化石集中保护产地之一。

白垩系（K）—古近系（Pg）界线，即K-Pg界线，是距今约6600万年前地球上地层沉积留下的一条界线，它记录了此间发生的、涉及到恐龙等庞然大物灭绝及此后生命复苏的重大地质/生物演化事件。这一事件被称为“显生宙以来地球上发生的第5次生物大灭绝与复苏事件”。这一界线时期，地球上75%以上的生物绝灭，标志着地球上的生物演化及其环境曾出现一次重大转折。K-Pg界线之前称为“中生代”，之后为“新生代”。这一界线的研究，对研究地史时期地球环境的变化等具有十分重要的意义。

我国黑龙江嘉荫地区陆相白垩纪—古近纪地层及生物群十分发育。大量的恐龙、植物等化石记录了黑龙江嘉荫及其邻区距今约8500万—6000万年期间丰富多彩的生物世界及其环境变化。这里的化石为了解距今6600万年前后我国东北及东北亚地区生物群演化和地球环境变化等提供了宝贵的实证。

2002—2011年期间，由古生物学家孙革率领，一支由中国、俄罗斯、德国、美国、日本、比利时、英国、韩国、巴西等国的20余位科学家组成的科研队来到这

图2　位于黑龙江右岸的嘉荫县城（左）及嘉荫海关与口岸码头（右）
Fig.2　Jiayin Town located in right bank of Heilongjiang River (left), and its custom and harbor (right)

里，围绕嘉荫及其邻区的白垩纪—古近纪地层及生物群开展了长达十年的合作研究（图4）。他们沿黑龙江两岸（中、俄两国幅域）行程近千公里，共同探索这里距今6600万年前后的生命世界。我们的故事也就从这里说起。

十年中，多国科学家们通过古生物学、地质学、古地磁学及地球化学等多学科综合研究，并通过钻孔施工采样等手段，首次深入地研究了这里的晚白垩世—古新世地层及生物群，并在嘉荫小河沿成功完成了我国首个具有可靠证据的陆相K-Pg界线的确定，引起了国内外学术界的关注。与此同时，深入探讨了中国黑龙江嘉荫乃至整个东北亚地区恐龙动物群灭绝的原因，提出火山活动、海平面下降和气候变冷等可能是这一地区恐龙等庞然大物灭绝的主要原因，向以往长期认为全球恐龙灭绝均是由于“小行星撞击”的理论提出了挑战。

本书首次系统报道了黑龙江嘉荫地区晚白垩世—古新世生物群及其演化阶段的划分，包括新建的7个孢粉组合带及2个大植物组合；首次报道了嘉荫及黑龙江沿岸地区晚白垩世至少9个恐龙新类群的发现；结合与邻区俄罗斯结雅—布列亚盆地K-Pg地层及其生物群的对比，首次提出火山活动、海平面下降和气候变冷等可能是嘉荫乃至东北亚地区恐龙灭绝的主要原因，并提出黑龙江流域

图3　嘉荫神州恐龙博物馆（2006）
Fig.3　Shenzhou Dinosaur Museum of Jiayin (2006)

图4　科考队途经哈尔滨时与黑龙江省地质博物馆同事合影(2004)
Fig.4　The members of the research team and their peers of Heilongjiang Geological Museum in Harbin (2004)

的恐龙大规模灭绝可能早于K-Pg界线时期的新观点，为正确判断全球，特别是东北亚地区K-Pg时期发生的地质/生物变化提出了新认识。与此同时，本书首次系统报道了由作者提出的、中国首个有确凿证据的陆相K-Pg界线在黑龙江嘉荫的确定，该项成果得到国际地学界的公认，其标准具有“立典式”的重要意义。书中介绍的研究内容及提出的新观点对研究我国及东北亚地区晚中生代及早新生代植物群演化、地层划分对比以及古气候古环境等，具有重要参考价值；对研究东北亚与北美等晚白垩世恐龙动物群的对比也具有指导意义。

本书包括前言及5章16节，附有200余张图、表及英文全文，是我国首部系统报道黑龙江嘉荫地区晚白垩世—古新世生物群及陆相K-Pg界线的科学专著。除适于地学、生命科学及博物馆学领域的专业工作者阅读外，也将是高等学校研究生、本科生等有益的参考教材。有关黑龙江嘉荫及其邻区恐龙动物群的最新报道和对“恐龙灭绝”原因的探讨等可能会引起读者，特别是广大青少年的兴趣。

第一章　百年回顾

1.1 嘉荫恐龙的发现

1902年,俄罗斯远东被一条来自当地《阿穆尔边区报告》(*Priamourskie Vedomosti*)杂志报道的、由俄罗斯军官马纳金(Manakin M M)提供的消息轰动了:在位于中国嘉荫县城以西的黑龙江边石崖下(俄罗斯常称"白石崖",即现今的嘉荫龙骨山)(图5)发现了动物骨骼化石,这些化石由军官马纳金从当地几位哥萨克渔民手中得到(图6)。渔民们说,化石采自黑龙江边的中国一侧,即现在的黑龙江省嘉荫县的一个小村庄附近。马纳金随即将这些化石存放到哈巴罗夫斯克博物馆。这便是有关中国第一具恐龙化石(即"满洲龙")故事的开始。

图5　黑龙江右岸嘉荫龙骨山远望(嘉荫恐龙博物馆摄,2014)
Fig.5　Overlook of the Longgushan of Jiayin, China at right bank of Heilongjiang (Amur) River (photo by Dinosaur Museum of Jiayin, 2014)

同年，布拉戈维申斯克的一位考古学专家古洛夫(Gurov A I)在黑龙江边也采到一些动物骨骼化石，1903年他公布了他绘制的黑龙江地图，并报道了这些化石点的位置，这张地图现保存在布拉戈维申斯克历史博物馆。

马纳金和古洛夫的报道引起了地质学家们的注意。1914年俄罗斯地质委员会(圣彼得堡)的古生物学家克里斯托弗维奇(Kryshtofovich A N)来到嘉荫黑龙江边并采集到一批零散保存的恐龙骨骼化石，带回圣彼得堡，交恐龙学家里亚宾宁(Riabinin A N)研究，里亚宾宁认定是恐龙的胫骨或腓骨。1915—1916年冬，俄罗斯地质委员会专家任卡腾(Renngarten W P)在大致相当于当年古洛夫采集化石的“白石崖”(Belyie Kruchi)下的灰绿色砾岩中也发现了恐龙骨骼化石(Riabinin,1925)。根据这些线索，1916年和1917年的夏天，俄罗斯地质委员会组织了两个发掘队，在技师斯梯帕诺夫(Stepanov N P)率领下，沿黑龙江右岸，对几层含骨骼化石的灰绿色砾岩进行了发掘。到苏联十月革命前，所有发现的骨骼化石(包括一件不完整的鸭嘴龙类化石)都运送到圣彼得堡修复与研究(图7-1，2)。1918—1923年期间上述化石由斯梯帕诺夫修复，并于1924年在恐龙学家里亚宾宁指导下装架(图7-3)。

图6 与最早发现“满洲龙”化石有关的人：1. 马纳金；2. 古洛夫；3. 里亚宾宁；4. 克里斯托弗维奇(据Bolotsky I，2013)

Fig.6 The contributors related to discovery of the dinosaur *Mandschurosaurus*: 1. Manakin M M; 2. Gurov A I; 3. Riabinin A N; 4. Kryshitofovich A N (after Bolotsky I, 2013)

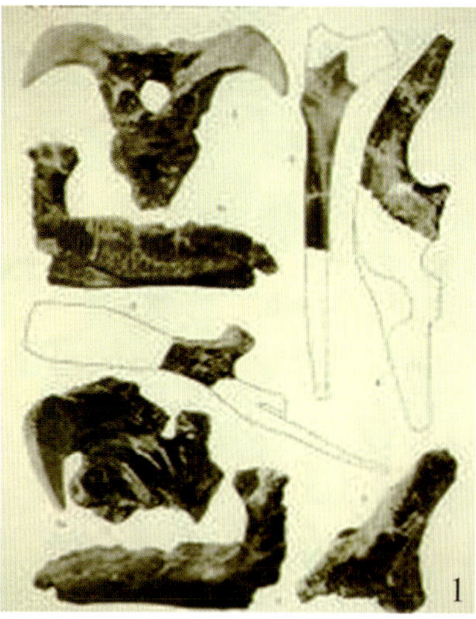

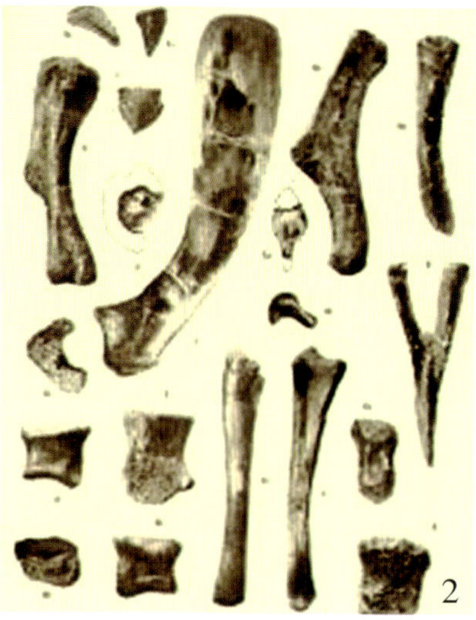

图7 保存在全俄地质博物馆的“满洲龙”模式标本及各部骨骼化石照片：1，2；零散保存的骨骼化石；3. 该馆现今陈放的“满洲龙”模式标本的骨架

Fig.7 The holotype of *Mandschurosaurus amurensis* Riabinin, housed in the All Russian Geological Museum (St-Petersburg, Russia)

里亚宾宁开始对其描述时，曾命名为黑龙江粗齿龙（*Trachodon amurense* Riabinin，1925）；后经进一步研究，命名为“黑龙江满洲龙”（*Mandschurosaurus amurensis* Riabinin, 1930），认为属于鸭嘴龙亚科（Hadrosaurinae）。论文分别于1925年和1930年发表（Riabinin, 1925, 1930a）。与此同时，他还描述了与恐龙伴生的龟化石*Aspederetes planicostatus*，兽脚类牙齿化石*Albertosaurus periculosus*，以及鸭嘴龙类*Saurolophus kryschtofovici*（sic）的左侧坐骨化石等；认定兽脚类牙齿化石属于暴龙类（Tyrannosauridae）（Riabinin，1930b）。由于*Albertosaurus*和*Saurolophus*两属恐龙的存在，里亚宾宁认为，产自黑龙江边的这一动物群与加拿大埃德蒙顿组（Edmonton Formation）动物群相似。上述满洲龙的模式标本一直保存在圣彼得堡的全俄地质博物馆。

图8 古脊椎动物学家杨钟健院士（右）与他的弟子董枝明教授

Fig.8 Vertebrate paleontologist, Academician Prof. Yang C C (right) and his disciple Dong Z M

我国学者对黑龙江嘉荫地区恐龙化石较大规模的发掘与研究实际上是从20世纪70年代开始的。但此前，著名恐龙学家杨钟健院士对产于黑龙江嘉荫的恐龙

化石一直十分关心(图8)。1956年在他率团赴苏联学术交流时,曾到圣彼得堡全苏地质博物馆查看陈列在该馆的我国嘉荫“满洲龙”化石的模式标本。此外,1956—1959年中国科学院黑龙江流域考察队在黑龙江沿岸进行路线地质调查时,曾报道过在嘉荫县城至太平村一带浅灰色砾岩夹页岩中产恐龙化石。

图9　黑龙江嘉荫恐龙博物馆展出的“满洲龙”(魏正一摄,2014)
Fig.9　*Mandchurosaurus* skeletons in the Museum of Heilongliang Prov. (photo by Wei Z Y,2014)

1977年,黑龙江省第一区调大队四分队在黑龙江边嘉荫渔亮子一带发现恐龙化石线索;黑龙江省博物馆杨大山、魏正一等随即率队在嘉荫渔亮子附近进行发掘,采集了千余件恐龙化石标本;1980年和1981年分别装架,该“满洲龙”骨架长9—11m、高4—6m(图9);此外,他们还发现了霸王龙类牙齿化石等(Yang et al.,1986;Yang,1987)。该馆组装的另一具“满洲龙”骨架现保存在中国地质大学(武汉)博物馆。2006年,该馆恐龙专家魏正一在嘉荫恐龙博物馆又主持装架了两具“满洲龙”。

1990—1991年,前长春地质学院(现吉林大学)刘翰教授率队在嘉荫龙骨山进行了恐龙化石发掘,之后在长春完成了两件较为完整的“满洲龙”化石骨架的装架,并在前长春地质学院博物馆(现吉林大学地质博物馆)展出。2001年比利时恐龙学家哥德弗洛伊特等将原命名“满洲龙”的化石重新命名为“嘉荫卡龙”(*Charanosaurus jiayinensis*)(Godefroit et al., 2000)(图10)。但对此,我国恐龙学家董枝明认为,还是保留原“满洲龙”命名为宜。

1992年起,黑龙江地质博物馆邢玉玲等率队在嘉荫龙骨山等地发掘,又发现一批恐龙化石;其中一件较大个体的恐龙长11.75m、高4m,由恐龙学家赵喜进命名为“巨型满洲龙”(*Mandschurosaurus magnus* MS),但未正式发表(图11,12),此外还有一些分散保存的恐龙骨骼及龟化石等(Xing et al., 1994)。2001年该馆又在嘉荫乌拉嘎晚白垩世地层中发掘出一批原地保存的恐龙化石,规模空前,包括鸭嘴龙类、甲龙类及恐龙皮肤化石等(图13)。

图10 前长春地质学院科考队采掘的鸭嘴龙化石，现命名为“嘉荫卡龙”

Fig.10 Hadrosaurid dinosaur exhibited in Jilin Univ. Geological Musuem, newly named *Charanosaurus jiayinensis*

图11 黑龙江地质博物馆展出的“巨型满洲龙”（未正式发表）

Fig.11 *Mandschurosaurus magnus* (MS) in Geol. Mus. HLJ

图 12 黑龙江地质博物馆原馆长邢玉玲(右2)
Fig.12 Xing YL, Ex-Director of Geol. Mus. HLJ (right 2nd)

图 13 嘉荫乌拉嘎恐龙化石群(黑龙江地质博物馆发现)(李春田摄, 2002)
Fig.13 Dinosaur fossils *in situ* found in Wulaga of Jiayin by Geol. Mus. HLJ (photo by Li C T, 2002)

事实上,自20世纪60年代以来,在人们关注黑龙江嘉荫恐龙化石的同时,嘉荫地区的地质调查、找矿及对其他古生物化石的研究,一直在不同程度地进行。嘉荫乌云煤矿自20世纪60年代已工业化开采;许多地质古生物专家先后来嘉荫、或研究地层、或采集和研究这里的古生物化石等,包括一些国外专家,如美国佛罗里达大学的古植物学专家等(罗玉兴,于庭相等,1983;张志诚,1984,1985;李蔚荣,1986;陶君容,熊宪政,1986a,b;郭双兴,1986;刘牧灵,1990;陈丕基等,1998;孙革等,1995;曹流,王鑫甫,1999;苗雨雁,2000;Manchester et al., 1999)。

1.2 黑龙江沿岸新十年

2002—2011年是黑龙江沿岸地质古生物研究快速发展的十年。2001年秋,面对国际学术界在白垩纪—第三纪之交(即K-T或K-Pg界线时期)事件地层古生物研究的"热点",我国古生物学家孙革凭借他多年在东北地区中、新生代地层古生物研究中已形成的科学目标和思路,决定率领一支科研队前往黑龙江边去寻找K-T(K-Pg)界线。2002年8月在国家自然科学基金重大国际合作项目("黑龙江流域白垩纪—第三纪生物群与K-T界线")的支持下,他以组织召开黑龙江流域白垩纪—第三纪生物群及K-T界线国际学术研讨会为契机,开启了主攻黑龙江晚白垩世生物群及K-T界线研究的大门(图14)。

为探索黑龙江嘉荫及其邻区晚白垩世—古新世生物群及K-Pg地层界线,搞清这一地区中生代、新生代之交时期生物群的演变史,特别是与之相关的恐龙灭绝原因，来自中、俄、德、美、英、比、日、韩、巴西等国20余位科学家应孙革之邀，会聚长春和嘉荫，共同开展对这一课题的合作研究。来自俄罗斯的有国际著名地层古生物学家阿克米梯耶夫（Akhmetiev M）院士，孢粉学家玛尔凯维奇（Markevich V），青年古植物学专家高洛夫涅娃（Golovneva L）、柯珠尔（Kodrul T）、布格达耶娃（Bugdaeva E），以及孢粉学专家凯金娜（Kezina T）；来自德国的有孢粉学家阿什拉夫（Ashraf A R）；来自英国的有微体古生物专家哈丁（Harding I）；来自美国的有国际著名古植物学家、美国科学院迪尔切（Dilcher D L）院士，古植物学家约翰森（Johnson K）及孢粉学家尼科斯（Nichols D）；来自日本的有日本著名地质学家冈田博有（Okada H）及古植物学家西田治文；来自巴西的有地质学家罗森贝格（Roisenberg A）等。他们中的许多人在K-Pg界线研究中已积累了丰富经验。来自中国的专家包括著名恐龙学家董枝明，古植物学专家孙春林、孙跃武，古地磁学专家杨惠心，地球化学专家雒昆利，以及黑龙江地区的专家邢玉玲、崔滨、海树林等。一时间，这一国际科研队成了国内外优秀专家的"群英会"。

十年来，本书作者们从中国的嘉荫到黑河，从俄罗斯的布拉戈维申斯克到昆都尔，穿越了著名的结雅河和布列亚河，沿黑龙江两岸中俄毗邻的大地行程近千

图14 首届黑龙江流域白垩纪—第三纪生物群与K-T界线国际学术研讨会（2002，长春）
Fig.14 The 1st Int'l Symposium on Cretaceous-Tertiary Biota and K-T Boundary in Heilongjiang River Areas (2002, Changchun)

公里。重点研究了中、俄境内的十余条剖面，包括嘉荫境内的永安村、太平林场、龙骨山、白山头、乌云煤矿及小河沿（钻孔）剖面，俄罗斯境内的白山（Belay Gora）、先锋煤矿及前进煤矿、阿哈拉—博古昌及昆都尔等剖面（图15，16）。在乌云小河沿实施了总深达342.63m的3个钻孔的钻探工程。科研队共采集孢粉、植物大化石等标本数千件。通过古生物学、地质学、古地磁学及地球化学等多学科综合研究，围绕嘉荫及其邻区（包括俄罗斯结雅—布列亚盆地）的白垩纪—古近纪生物群、恐龙灭绝及K–Pg界线等，开展了深入细致的合作研究（图17）。

本书作者们十年来合作的主要成果是：首次系统查明了嘉荫黑龙江沿岸地区晚白垩世—古新世植物大化石与孢粉化石的组成及时代，新建7个孢粉组合带及2个晚白垩世植物大化石组合；首建了古新世一个新的地层单位——乌云组“白头山段”，并完成了其同位素测年；首次查明嘉荫及其邻区晚白垩世恐龙动

图15　多国专家在嘉荫黑龙江边开展野外合作（2002）
Fig.15　Int'l research team working in the Heilongjiang River area of Jiayin (2002)

图16　多国专家在俄罗斯远东布列亚盆地野外工作（2003）
Fig.16　Int'l research team working in Bureya basin of Far Eastern Russia (2003)

物群至少由10个恐龙分类群（包括原定"满洲龙"）组成，并首次发现鸭嘴龙足迹化石——姜氏嘉荫足印（*Jiayinosauropus johnsoni* Dong et al.,2003）。通过孢粉化石等综合研究，在嘉荫确定了我国首个有确凿证据的陆相K-Pg界线；并提出火山活动、海平面下降和气候变冷等可能是嘉荫乃至东北亚地区恐龙灭绝的主要原因的新观点。作者们在中俄两国共召开了5次国际学术研讨会，发表论文30余篇，包括在德国《森肯堡学报》（*CFS*）、《白垩纪研究》（*Cretaceous Research*）、德国《自然科学杂志》（*Naturwissenschaften*）、俄罗斯《古生物学报》（*J. Paleont.*）及《地质学报（英文版）》（*AGS*）等上发表SCI论文十余篇。

辛勤耕耘结硕果。2011年8月20—24日，由吉林大学、沈阳师范大学、黑龙江省国土资源厅和伊春市政府共同主办，在黑龙江伊春举行伊春地质古生物国际会议，来自中、美、俄、英、德、法、日、韩、泰、印度、以色列、巴西、澳大利亚等15个国家共百余名专家出席会议。中国科学院院士李廷栋、中国地质学会常务副会长孟宪来、中国古生物学会理事长杨群、国土资源部环境司副司长陈小宁、黑龙江省副省长于莎燕、省国土资源厅厅长孙纲、伊春市委书记王爱文、市长高环、美国科学院院士迪尔切、俄罗斯科学院通讯院士阿克米梯耶夫、俄罗斯自然科学院院士克拉西洛夫及国际地层委员会副主席彭善池等亲莅会议（图18）。本次国际会议上，由孙革教授主持完成的国家自然科学基金重大国际合作项目"黑龙江流域白垩纪生物群与K-T界线研究"成果等得到国内外专家的高度评价，一

图17 第二届黑龙江流域白垩纪—第三纪生物群与K-T界线国际学术研讨会（2003，布拉戈维申斯克）

Fig.17 The 2nd Int'l Symposium on Cretaceous-Tertiary Biota and K-T Boundary in Heilongjiang (Amur) River Areas (2003, Blagoveshensk)

致认为该项目所确定的K-Pg界线成果达到了国际标准,该界线已成为我国首个具有国际对比标准的陆相K-Pg界线。8月24日,与会专家出席了在嘉荫乌云小河沿举行的K-Pg界线立碑典礼,共同见证了我国首个陆相白垩纪—古近纪地层界线国际性点位在嘉荫的确立(图19)。

中国古代描述"雄心壮志"最霸气的诗句莫过于唐代诗人贾岛的"十年磨一剑",意指用了十年时间磨一把好剑,彰显了胸怀大志的豪爽之气。此次多国科学家的精诚合作走过的十年艰苦的研究里程和作出的奉献,确也是胸怀目标、齐心合力、锲而不舍,实有"十年磨一剑"的精神。

图18 伊春地质古生物国际学术研讨会开幕式(2011.8.20),左起:阿什拉夫、孙纲、陈小宁、李廷栋、迪尔切、于莎燕、王爱文、阿克米梯耶夫、孟宪来、杨群、孙革

Fig.18 The Opening Ceremony of Int'l Symposium on Geology & Paleontology of Yichun, China (2011.8.20). From left: Ashraf A R, Sun G, Chen X N, Li T D, Dilcher D, Yu S Y, Wang A W, Akhmetiev M, Meng X L, Yang Q, Sun G

图19 K-Pg界线立碑仪式(2011.8.24,嘉荫小河沿)

Fig.19 Ceremony for the Monument of K-Pg Boundary in Jiayin (2011.8.24, Xiaoheyan)

1.3 科学问题的提出

1.3.1 白垩纪末期黑龙江地区是否曾出现“来自外星球的撞击”

白垩纪(距今约1.45亿—0.66亿年)是地球和生物演化历史中最重要的时期之一。白垩纪早期,陆地植物繁茂,带羽毛的恐龙、原始鸟类及其他爬行动物等空前发展。至晚白垩世,随着土伦期海平面达到自中生代以来的最高峰,气候和植被都发生巨大变化,地球上总体处于“升温”,被子植物迅速发展,植食性鸭嘴龙类开始出现,霸王龙等大型肉食性恐龙曾称霸陆地生物界。至白垩纪晚期,随着南大西洋的张开、火山活动的频繁以及马斯特里赫特期大规模海退等所造成的陆地、大陆架以及气候与洋流系统的改变等,大陆上的恐龙和海洋中的菊石都灭绝了,发生了地球自显生宙以来第5次、也是最大规模的一次生物灭绝与复苏事件,即白垩纪—古近纪生物演化事件。因此,研究白垩纪—古近纪地层(K-Pg)界线及其生物演化(特别是恐龙等生物大灭绝),对深入研究中生代时期地球及其生物演化规律也具有重要意义。

自20世纪美国科学家阿瓦列兹父子(Alvarez et al., 1980)首次报道了欧洲海相白垩系—第三系(K-T)界线地层岩石中发现大量铱(Ir)异常后,美国新墨西哥州等地陆相K-T界线岩石中也陆续发现大量铱异常(Orth et al., 1981),墨西哥尤卡坦半岛K-Pg界线时期外星物体留在地球上的撞击坑直径达180km(图20)。由于K-T(K-Pg)界线及其附近地层记录了距今约6600万年时期地球上曾发生了重要地质事件,地球生命演化历史曾发生了重大转折(“显生宙以来的第

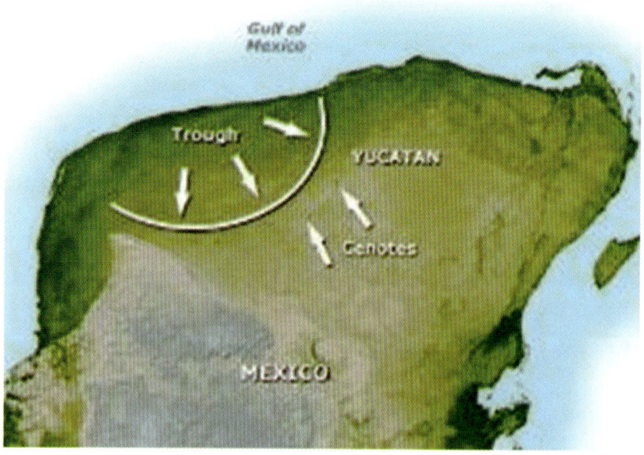

图20 墨西哥尤卡坦半岛K-Pg界线时期星外物体与地球碰撞事件的发现。右图为碰撞示意图(据Johnson K, 2008)

Fig.20 Impact of extraordinary body to the Earth in Yucatan Peninsula of Mexico. Right illustrating the impact (after Johnson K, 2008)

五次生物大灭绝与复苏”)，因此，此领域的研究一直引起科学界和社会的关注，也一直成为国际地学领域的前沿课题之一(图21)。

但是，地球是一个庞大的球体，半径约6370km，这样一个偌大的地球，当某一局部地区(例如北美)发生了“小行星撞击”事件，是否全球其他地区也同时发生了类似的事件？而且，即便是在北美，迄今发现的85个K-T界线点中，也仅见44个地点发现了“小行星撞击”的记录，其余地区在同一地质时期并没见有地球被“外星撞击”的记录(图22)。而且，在包括我国东北、俄罗斯远东在内的东北亚地区，通过地质学家多年研究，迄今尚未发现白垩纪末期出现类似北美“小行星撞击”事件的记录。有关恐龙灭绝事件发生的原因，目前美国、印度等国的一些科学家也一直在坚持“恐龙等生物灭绝可能与距今6600万年前印度德干高原(Deccan Plateau)的剧烈火山喷发活动有关”的观点(Keller，2011；McLean，1985)。因此，中国东北乃至东北亚地区的恐龙灭绝可能与“小行星撞击地球”并无关系。那么，中国东北乃至东北亚地区的恐龙灭绝到底与哪些原因有关呢？这曾是摆在本书作者们面前的重要科学问题之一。

图21　美国古植物学家约翰森(左)在丹佛K-T界线工作

Fig.21　American paleobotanist Johnson K working in the KTB in Denver basin, USA

图22　北美85个K-Pg(K-T)界线点，其中仅有44个点发现有Ir异常和天外来客事件(据Nichols，2008)

Fig.22　85 complete K-T boundary localities in North America, in which only about 44 sites with anomaly of Ir and the impact of “extraordinary body” to Earth (after Nichols, 2008)

1.3.2 如何在黑龙江嘉荫寻找有关“恐龙灭绝”的K-Pg界线

中国是全球陆相白垩纪发育最全的国家之一，但涉及陆相白垩纪—古近纪地层(K-Pg)界线附近的地层，迄今有望得以深入研究的只有两个地点：一是在黑龙江省嘉荫县沿黑龙江边，另一是在广东省南雄县的大塘一带(图23)。但广东南雄的K-Pg(K-T)界线地层及古生物化石保存并不理想，因此，其“K-Pg界线”的确定也一直处于争论状态，本书作者之一阿什拉夫曾亲自参加了这一界线研究；目前该K-Pg界线准确位置尚难以确定（赵资奎等，1991；Stets et al., 1995；童永生等，2002；张显球等，2008），也没有得到国际上的公认。

然而，在黑龙江嘉荫，由于陆相晚白垩世—古近纪地层沿江发育，古生物化石（包括恐龙）十分丰富。这里的晚白垩世地层渔亮子组产有以“满洲龙”为代表的恐龙化石，其下的太平林场组及永安村组产丰富的植物化石、叶肢介及瓣腮类等化石，永安村组还发现恐龙足迹化石，整个这一套河湖相沉积的时代属于晚白垩世毋庸置疑，特别是产有以“满洲龙”为代表的恐龙化石的渔亮子组的时代属于晚白垩世晚期（马斯特里赫特期，至少是其早中期）也基本上取得共识。而这里的古近纪，由于有著名的古近纪乌云煤矿，盛产古新世植物等化石，底部又夹有凝灰岩，时代佐证也较为充分。因此，在嘉荫黑龙江沿岸找寻与研究陆相K-Pg（K-T）界线具有得天独厚的有利条件（图24）。

图23 中德联合野外科研队在广东南雄县大塘剖面工作（1983年摄；阿什拉夫提供）

Fig.23 Sino-German research team working in Datang section of Nanxiong, Guangdong (photo by Ashraf A R, 1983)

但问题是，这里产“满洲龙”的渔亮子组之上，到产古新世化石和凝灰岩的乌云组底部之间，地表距离长达几十公里，K-Pg界线基本上被沿江第四纪所覆盖（图25），要在黑龙江沿江的这一第四纪覆盖区找寻K-Pg界线谈何容易！20世纪我国有众多学者曾多次来到嘉荫，试图在这

图24 嘉荫的黑龙江边晚白垩世地层剖面：1. 龙骨山，盛产恐龙化石；2. 太平林场组，盛产植物、叶肢介等化石

Fig.24 The geological sections in right bank of Heilongjiang River in Jiayin: 1. Longgushan yielding dinosaurs; 2. Taipinglinchang Fm yielding fossil plants and conchostracans

里找到这条地层界线，但因诸多方面的原因始终未能如愿。

那么，怎样去解决这一难题呢？即如何在晚白垩世晚期的渔亮子组之上、古新世乌云组之下去寻找这条有关恐龙灭绝的界线呢？

为系统深入地研究黑龙江嘉荫地区晚白垩世生物群及K-Pg界线，特别是解决嘉荫乃至东北亚地区恐龙灭绝原因等问题，自2002年9月起，孙革率领的多国科学家组成的科研队，在黑龙江省地质博物馆、伊春市国土资源局、嘉荫县国土局以及嘉荫恐龙博物馆的大力协助下，通过完成国家自然科学基金重大国际合作项目（2003—2005）、黑龙江国土资源厅地质勘查项目（2006—2011）以及国家自然科学基金地学部主任基金（2008）等项目，运用古生物学、地层学、地球化学、同位素年代学及古地磁学等综合研究，特别是实施了3个钻孔的钻探工程的开展，终于在嘉荫首次系统查明了晚白垩世—古新世的生物群及其地层，在嘉荫小河沿确定了我国首个具有确切证据的陆相K-Pg界线，并于2011年8月在嘉荫小河沿为K-Pg界线铸点立碑（图26）。与此同时，本书作者首次提出火山活动、海平面下降、气候变冷等极端环境的出现可能是导致黑龙江嘉荫地区（乃至整个东北亚）恐龙灭绝的主要原因的观点，得到了多国科学家们的支持。目前，黑龙江嘉荫地区的K-Pg界线点已被国际上列入全世界K-Pg（K-T）界线的第95号点。有关嘉荫地区晚白垩世—古新世生物群及K-Pg界线的研究成果，为我国及东北亚地区中、新生代之交时

图25　嘉荫龙骨山—乌云镇的黑龙江边远望，这里的K-Pg界线在地表被第四系所覆盖

Fig.25　Far-view on the right bank of Heilongjiang River between Longgushan and Wuyun town, covered by Quatenrary deposits

图26　伊春市副市长程洪胜（左2）与国内外专家共同为K-Pg界线碑揭幕（2011.8.24）

Fig.26　Unveiling ceremony of K-Pg monument by Vice-Mayor Cheng H S (left 2) et al. (2011.8.24)

期的生物演化研究作出了重要贡献。

本书介绍的本项目近十年来(2002—2011)取得的成果主要包括:

(1)嘉荫地区白垩纪—古近纪地层的划分,包括新建古新世早期的乌云组下部"白山头段"、原"富饶组"的重新划分和时代厘定,以及与国内外相关地层的对比,特别是与黑龙江左岸的俄罗斯结雅—布列亚盆地晚白垩世—古近纪地层及K-Pg界线的对比(参见第二章)。

(2)首次系统全面地报道了嘉荫地区晚白垩世生物群(包括恐龙、植物大化石、孢粉、叶肢介及介形类等)及古新世生物群,重点介绍了新建的嘉荫地区晚白垩世—古新世的7个孢粉组合、以及新建的嘉荫地区晚白垩世植物大化石的2个组合;与此同时,依据植物大化石角质层反映的CO_2等研究,较深入地分析嘉荫地区晚白垩世时期的古气候及其变化(参见第三章)。

(3)首次主要根据孢粉化石,结合同位素测年、古地磁及地球化学等资料,以"厘米级"的精度确定了嘉荫地区陆相K-Pg界线;并选定以嘉荫乌云小河沿XHY-2006钻孔为标准,确定其K-Pg界线位于22.00—22.05m之间(参见第四章)。

(4)通过研究恐龙在晚白垩世中晚期的兴衰、K-Pg界线附近的沉积及地球化学特征、孢粉等生物类群的变化以及古地理古气候环境等,探讨了曾称霸中生代的恐龙在黑龙江嘉荫地区灭绝的原因,提出了火山活动、海平面下降和气候变冷可能是嘉荫地区乃至整个东北亚地区灭绝原因的认识,并提出嘉荫及东北亚地区恐龙灭绝可能早于K-Pg界线时期的新观点(参见本书第五章)。

由于嘉荫盆地与松辽盆地的相似性和密切联系,嘉荫地区白垩纪—第三纪生物群、地层及K-Pg界线的研究,对未来在嘉荫、乃至松辽盆地的石油、天然气等基础地质研究将发挥重要作用。与此同时,为进一步开展嘉荫地区地质遗迹保护与未来地质旅游开发等也打下坚实的科学基础。

第二章　地　　层

2.1 晚白垩世地层

黑龙江嘉荫地区晚白垩世地层十分发育，并产有以恐龙为代表的丰富的动、植物化石，这便为研究这一地区的白垩纪—古近纪地层(K-Pg)界线创造了有利条件。嘉荫地区的晚白垩世地层主要集中出露在黑龙江右岸，典型剖面(自下而上)主要包括永安村组剖面、太平林场组剖面、龙骨山渔亮子组剖面等。在隔江对岸的俄罗斯的布列亚盆地，晚白垩世地层也很发育。晚白垩世时期，南北两方曾同属于结雅—布列亚盆地(图27)。

2.1.1 永安村组($K_{2}yn$)

永安村组地层见于嘉荫县城以东，沿黑龙江边从永安村—新桥—大洞村—兴农村一带零星出露，出露面积约56km²。主要岩石为黄灰色粉砂岩、细粒长石砂岩、泥灰岩、砾岩和薄层石膏等，出露厚度大于125m，沉积环境为滨浅湖相并夹河流相。该组顶部的细粒凝灰岩层与上伏的太平林场组油页岩层为整合接触(图28)。

图27　晚白垩世嘉荫及其邻区古地理图
Fig.27　Paleogeography of Jiayin and its adjacent areas in Late Cretaceous

永安村组产丰富的植物化石(包括孢粉，参见第三章)及动物化石(包括介形类、叶肢介、瓣鳃类等)。2002年9月，

图28　嘉荫永安村黑龙江右岸永安村剖面

Fig.28　Section of Yong'ancun Formation in the right bank of Heilongjiang (Amur) River, Jiayin, China

本书作者在砂岩中发现鸭嘴龙足迹化石——姜氏嘉荫足印(*Jiayinosauropus johnsoni* Dong et al., 2003)(图29)。植物大化石显示晚白垩世时代(Sun et al., 2007);孢粉化石进一步显示晚白垩世桑顿期(Markevichi et al., 2006)。本组底部与宁远村组火山岩之间推测为不整合接触(据黑龙江省地矿局,1993)。

本组典型剖面位于嘉荫永安村以东的黑龙江右岸(中心地理坐标:49°54′16″N,130°33′44″E),主要以灰色及灰绿黄色泥岩、砂质泥岩、粉砂岩为主,夹含砾砂岩、粗砂岩、砾岩、泥灰岩及薄煤层,顶部见薄层凝灰岩;地层产状总体上为300°—330°∠10°—20°;为一套滨湖—浅湖相、局部为河流相的细碎屑沉积。本组地层在红光、保兴、乌拉嘎一带也有分布。

图29　恐龙足迹——姜氏嘉荫足印

Fig.29　The dinosaur track *Jiayinosauropus johnsoni*

典型剖面上，本组地层层序如下：

上覆地层：太平林场组（K_2tp）

整　　合

（厚度：m）

永安村组（K_2yn）…… 总厚度 > 158.9

17. 灰绿色中酸性细粒凝灰岩 …… 11.6
16. 灰色粉砂岩与厚层状长石砂岩互层，产植物化石 …… 2.8
15. 褐灰色凸镜状薄层硅质胶结砾岩，含黄铁矿球状结核，产恐龙足迹等化石 …… 0.1
14. 灰色中厚层状粉砂岩 …… 11.8
13. 灰绿色粉砂岩与细砂岩互层，上部夹一薄层硬石膏；产鱼、叶肢介化石 …… 23.7
12. 黄色中厚层状含砾细粒长石砂岩夹少量泥岩 …… 5.3
11. 灰绿色泥灰岩夹薄层硬石膏 …… 10.9
10. 灰色、灰绿色粉砂岩夹薄层细粒长石砂岩，呈韵律互层，产植物化石 …… 116.0
9. 黄灰色厚层状细粒长石砂岩 …… 4.6
8. 灰绿色粉砂岩 …… 8.2
7. 灰黄色粉砂质泥岩 …… 15.6
6. 黄色厚层状含砾细粒长石砂岩，夹15cm厚褐煤层 …… 22.0
5. 灰色粉砂质泥岩夹薄层泥灰岩及少量石膏，产双壳类、介形类等化石 …… 1.9
4. 灰色粉砂岩泥岩夹少量细砂岩，产介形类化石 …… 9.5
3. 灰绿色含砾钙质长石砂岩 …… 2.0
2. 灰黄色细粒长石砂岩 …… 3.1
1. 深灰色薄层状粉砂岩，产介形类及植物等化石 …… > 9.8

（未　见　底）

推测永安村组角度不整合于宁远村组之上。

本组含丰富的植物大化石，经本书作者研究主要为准落羽杉—葛赫叶（*Parataxodium*-*Quereuxia*）组合，包括蕨类 *Equisetum* sp.，*Asplenium dicksonianum* Heer，*Arctopteris* sp.，*Cladophlebis* sp.；松柏类 *Cupressinocladus sveshnikovae* Ablajev，*Metasequoia disticha*（Heer）Miki，*Parataxodium* sp.；银杏类 *Ginkgo adiantoides*（Ung.）Heer；被子植物 *Trochodendroides arctica*（Heer）Berry；*Celastrinites* sp.，*Platanus* sp.，*Quereuxia angulata*（Newb.）Krysht.，*Cobbania corrugata*（Lesq.）Stockey et al.等，其中，水生被子植物葛赫叶（*Quereuxia*）较丰富（Sun et al.，2007，2011）。近来，卡波叶（*Cobbania*）在本组也有发现（详见第三章）。孢粉化石为 *Kuprianipollis santaloides*-*Duplosporis borealis* 组合，时代为晚白垩世桑

顿期(Markevich et al., 2006)。恐龙化石为姜氏嘉荫足印及零星骨骼,属鸭嘴龙类。上述化石表明本组时代应属于晚白垩世中期的桑顿期或桑顿晚期。

2.1.2 太平林场组(K_{2tp})

区内太平林场组主要出露于黑龙江右岸的嘉荫太平林场以及沿嘉荫至乌云公路一带,总面积约45km²;地层走向近NNE,向NW倾,倾角8°—12°;主要岩石为细粒长石砂岩、粉砂岩、泥岩、油页岩;沉积环境主要为深湖—浅湖相;厚约635.2m。底部的油页岩与下伏的永安村组细粒凝灰岩为整合接触,顶部的粉砂岩与渔亮子组的砂砾岩为平行不整合接触(图30)。剖面中化石丰富,粉砂岩中产植物化石;在顶部和下部的油页岩、泥质岩中产介形类和叶肢介化石。据李罡等(2004)研究,在嘉荫永安村,本组剖面底部的黑灰色页岩中产俞氏链叶肢介[*Halysestheria yui*(Chang),=青岗链叶肢介(*Halysestheria qinggangensis* Zhang et Chen],该种为嫩江阶的标准化石。因此,太平林场组区域上可与松辽盆地的嫩江组对比。

本组含丰富的植物大化石,经本书作者研究,主要为水杉—似昆兰树—卡波叶(*Metasequoia*-*Trochodendroides*-*Cobbania*)组合,包括蕨类 *Equisetum* sp., *Asplenium dicksonianum* Heer;银杏类 *Ginkgo adiantoides* (Ung.) Heer;松柏类 *Taxodium olrikii* (Heer) Brown, *Metasequoia distica* (Heer) Miki, *Sequoia* sp., *Pityophyllum* sp., *Pityospermum* sp., *Glyptostrobus* sp., *Cupressinocladus* sp., *Elatocladus* sp., *Larix*? sp.; 被子植物 *Araliaephyllum*? sp., *Trochodendroides arctica* (Heer) Berry, *T.*

图30 黑龙江嘉荫晚白垩世太平林场组(K_{2tp}),右图示太平林场组底部黑灰色页岩中产俞氏链叶肢介
Fig.30 Typical section of Taipinglingchang Fm in Jiayin of Heilongjiang(K_{2tp}). Right showing the basal bed of Taipinglingchang Fm yielding *Halysestheria yui*(Conchostracan)

taipinglinchanica Golovneva, Sun et Bugdaeva, *T. microdentata* Gol., Sun et Bugd., *Arthollia tschernyschewii* Gol., Sun et Bugd., *Celastrinites kundurensis* Gol., Sun et Bugd., *Viburnophyllum* sp., *Quereuxia angulata* (Newb.) Krysht., *Cobbania corrugata* (Lesq.)Stockey et al.等;其中,水生被子植物卡波叶更为丰富(Sun et al., 2007, 2011)(详见第三章)。孢粉化石为*Aquilapollenites conatus-Podocarpidites multesimus*组合,时代显示晚白垩世坎潘期(Markevichi et al., 2006)。

本组典型剖面位于嘉荫太平林场北,沿黑龙江右岸的龙骨山至太平林场,在向阳至育林之间也有分布(中心地理坐标:48°51′31″N,130°14′58″E)。

典型剖面上,本组地层层序如下:

上覆地层:渔亮子组(K_{2yl})

平行不整合

(厚度:m)

太平林场组(k_{2tp}) …… 总厚>635.2

12. 灰褐色薄层粉砂岩、泥质页岩、粉砂质泥岩、泥岩等,呈韵律互层,产植物化石 …… >15.8

11. 黄色厚层细粒长石砂岩,夹薄层粉砂岩、泥质页岩及煤线,产硅化木等植物化石 …… 83.7

10. 灰色厚层细粒长石砂岩与灰色、黄褐色薄层粉砂岩韵律互层 …… 21.0

9. 灰色厚层粉砂岩夹浅灰色细粒长石砂岩,含黄铁矿结核、琥珀及植物化石 …… 24.1

8. 黄色厚层细粒长石砂岩与薄层粉砂岩韵律互层 …… 32.9

7. 灰色中厚层泥质粉砂岩,夹细粒长石砂岩薄层,产植物化石 …… 69.4

6. 灰黄色细粒长石砂岩、粉砂岩、泥质页岩等呈韵律状互层,含砂岩凸镜体 …… 24.0

5. 灰色、褐色泥质粉砂岩夹灰色绿色细粒杂砂质长石砂岩,含砂岩凸镜体 …… 179.3

4. 土黄色粉砂岩夹砂质泥灰岩扁豆体,富产植物化石 …… 24.7

3. 灰色厚层状泥质粉砂岩 …… 121.5

2. 灰色厚层状泥岩 …… 26.1

1. 深灰色、灰色页片状油页岩,产介形类和叶肢介等化石 …… 12.7

整 合

下伏地层:永安村组(K_{2yn})

2.1.3 渔亮子组(K_{2yl})

区内渔亮子组地层主要分布于嘉荫沿黑龙江右岸的渔亮子村一带,在十里河、乌拉嘎一带也有零星分布。渔亮子组在本区的出露总面积约60km^2,出露厚度约287m。本组典型剖面位于嘉荫县渔亮子村以东的龙骨山(中心地理坐标:

图31 嘉荫龙骨山渔亮子组露头及其恐龙化石

Fig.31 Outcrop of Yuliangzi Fm and dinosaur fossils in Longgushan of Jiayin

48°51′30″N，130°13′40″E)，地层走向NNW，倾角10°左右。岩性为灰绿、黄色砾岩、含砾砂岩、砂岩和泥岩等；发育有斜层理和交错层理。沉积环境主要为河流相。富产恐龙等脊椎动物化石和孢粉化石(图31)。该组平行不整合或整合于太平林场组之上，与上覆富饶组的接触关系不明。

上覆地层：富饶组

断层？

(厚度：m)

渔亮子组(k_{2yl})：…………………………………………………………… 总厚287.5

12. 淡黄色中—厚层状含砾细砂岩、粗砂岩、细砂岩互层，产恐龙化石 …………………… 5.8

11. 灰黄绿色含砾—粗粒长石砂岩 ……………………………………………………… 6.5

10. 蛋青色含砾泥质细砂岩，厚层状，产恐龙化石及龟化石 ……………………………… 10.8

9. 灰绿色厚层状含砾泥质砂岩、夹黄色、灰白色砂砾岩 ………………………………… 30.5

8. 灰绿色、灰白色泥质交结厚层状砂砾岩 …………………………………………………… 24.8

7. 灰色含砾泥质交结粉砂岩，细—中粒砂岩，产恐龙化石及龟化石等 ………………………… 7.1

6. 黄色厚层状含砾砂岩、砾岩 …………………………………………………………………… 32.9

5. 浅灰色、浅黄色厚层状含砾砂岩，含砾泥质粉砂岩，产恐龙化石 …………………………… 20.4

4. 黄色厚层状砾砂岩，夹泥质粉砂岩，产恐龙化石 …………………………………………… 46.1

3. 灰绿色厚层状含砾泥质粉砂岩、细砂岩，底部有厚约1m的砾岩 …………………………… 38.2

2. 浅绿色、黄色砂砾岩夹灰绿色含砾砂岩，产恐龙化石 ……………………………………… 46.8

1. 灰绿色厚层状泥质胶结砂砾岩、含砾砂岩，底部有厚约1m的砾岩 ………………………… 12.0

整合至平行不整合

下伏地层：太平林场组(k_{2tp})

渔亮子组与上覆地层富饶组的接触关系在地表上被覆盖，但据产状估计可能为整合接触关系。渔亮子组与下伏太平林场组为平行不整合或整合接触。

本组为晚白垩世恐龙化石的主要产出层位，著名的满洲龙(*Mandschurosaurus*)最早发现于本组。近年来，经本书作者对本组的孢粉化石等研究表明，渔亮子组可分为上、下两部分：下部的孢粉化石属于*Aquilapollenites amygdaloides*-*Gnetaceaepollenites evidens*组合(即组合Ⅲ)，时代为晚白垩世马斯特里赫特期早期；上部的孢粉化石属于*Wodehouseia aspera*-*Parviprojectus amurensis*组合(即组合Ⅳ)，时代为马斯特里赫特期中期。因此，渔亮子组的时代很可能为早、中马斯特里赫特期(Markevichi et al., 2006; Sun et al., 2011)。

值得提及的是，2001—2002年黑龙江省地质博物馆曾在嘉荫乌拉嘎地区发现大量恐龙化石(图32)。经本书作者研究认为该地层属于渔亮子组；并根据这里的孢粉化石等研究，认为其层位可能属于渔亮子组上部，时代属于马斯特里赫特中期(Markevichi et al.,2006；Sun et al., 2011)。近年来，本书部分作者对产自乌拉嘎的恐龙化石进行了研究，新命名了“董氏乌拉嘎龙”(*Wulagasaurus dongi* God. et al., 2008)及“鄂伦春黑龙”(*Salaliyania elunchunorum* God. et al., 2008)等鸭嘴龙类新类群(Godefroit et al., 2008，2011)。

在对俄罗斯邻区相当于本组地层的古生物化石研究方面，近年来本书部分作者哥德弗洛伊特(Godefroit P)和尤里·保罗斯基(Bolotsky Yu)在黑龙江对岸的昆都尔、布拉戈维申斯克等地又发现“官帽龙”(*Olorotitan* Godefroit，Bolotsky et Alifanov, 2003)、“阿穆尔龙”(*Amurosaurus* Bolotsky et Kurzanov, 1991)、“克伯龙”(*Kerberosaurus* Bolotsky et Godefroit，2004)，以及“昆都尔龙”(*Kundursaurus* Godefroit et al., 2012)等鸭嘴龙类新的分类群(Godefroit et al., 2011；Sun et al.,

图32 乌拉嘎恐龙化石产地(左)及乌拉嘎渔亮子组上部地层
Fig.32 Dinosaur fossil site (left), and the upper Yuliangzi Fm in Wulaga of Jiayin

2011);俄罗斯青年学者伊万·保罗斯基(Bolotsky I)前不久又在本组发现一批霸王龙类(Tyrannosauridae)牙齿等化石(Bolotsky, 2013)。这些新发现为研究本区晚白垩世恐龙动物群组成及演化,以及渔亮子组的区域地层对比等均发挥了重要作用(详见第三章)。

渔亮子组含丰富的、以满洲龙为代表的恐龙等化石为该组时代确定提供了有力证据。该组发现的霸王龙类的威胁阿尔伯塔龙(*Albertosaurus periculosus* Riabinin, 1925)在北美发现于加拿大阿尔伯塔上白垩统,时代为马斯特里赫期(Russell, 1970)。嘉荫地区以满洲龙为代表的恐龙动物群的时代目前多数认为属于马斯特里赫特早中期(Markevich et al., 2006; Sun et al., 2011),但也有恐龙专家认为属于马斯特里赫特中晚期或晚期(Godefroit et al., 2008, 2011)。

2.1.4 富饶组(K_{2f})

富饶组是解决黑龙江嘉荫地区K-Pg界线问题最关键的地层之一,该组时代曾长期争论(刘牧灵,1990;黑龙江省地矿局,1993)。本书作者通过近十年的古生物学、同位素年代地层学等综合研究,基本上搞清了富饶组所含的古生物化石及相关地层时代,对原"富饶组"进行了重新划分,从而也为嘉荫地区K-Pg界线的确定,找到了开启之门。

原"富饶组"是黑龙江省第一区调队(1981)所建,是一套河湖三角洲相细碎屑沉积，主要由深灰色泥岩及细、粉砂岩组成，局部见砂岩、凝灰质角砾岩及酸性凝灰岩。该组主要见于黑龙江右岸原富饶公社小河沿村低缓丘陵的陡坎一带，地层倾角缓，分布面积不大，因地处原"富饶公社"地域内，故称为"富饶组"。该组与下伏产恐龙化石的渔亮子组接触关系不明，对该组时代长期争议：黑龙江省地层表曾将其置于晚白垩世（黑龙江省地矿局，1993），中国地层委员会曾将其作为"富饶阶"的建阶地点（陈丕基等，2004）；我国孢粉学家刘牧灵认为该组时代可能为白垩纪—第三纪过渡（刘牧灵，1990）。

自2002年起，本书作者对出露于乌云小河沿—白山头一带原"富饶组上部"地层（包括酸性凝灰岩、黑褐色细粉砂岩、炭质泥岩夹薄煤）及其孢粉、古植物大化石等进行了重新研究，发现了一批重要化石，其时代属于确切的古新世。据此，作者将原"富饶组上部"新命名为"白山头段"，隶属乌云组下段，时代属古新世；原"富饶组"的中下部（即整合于白山头段之下的一套砂岩、粉砂岩及粉砂质泥岩等地层，经钻孔揭示）为修订含义后的富饶组；从而使原"富饶组"的含义解体（Sun et al.，2002；孙革等，2005）。

然而，由于新划分的富饶组未能在地表出露，结合找寻K-Pg界线的需要，本书作者于2005、2006、2008年先后于嘉荫小河沿村以南实施了三个钻孔（XHY-2005，2006，2008），揭示了富饶组的组成（图34，35）（Sun et al.，2011）。根据钻孔岩芯所含丰富的孢粉化石研究，并结合古地磁、地球化学及同位素测年等综合研究，确认以XHY-2006钻孔岩芯22.00—22.05m的地层为富饶组之顶及K-Pg界线，富饶组的时代为晚白垩世最末期，即马斯特里赫特期晚期（详见第四章）。富饶组与上覆古新统乌云组下段（白山头段）的界线，即为白垩纪—古近纪地层K-Pg界线（Sun et al.，2011）。

图33 小河沿地区原"富饶组"上部地层
Fig.33 Previously upper Furao Fm in Xiaoheyan area

富饶组的孢粉化石十分丰富，本书作者目前已发现至少29属49种。其孢子以光面单缝孢 *Laevigatosporites* 为主，*Cyathidites minor*，*C. australis* 和 *Leiotriletes* sp.等次之。被子植物花粉以 *Marsypiletes cretacea* Robert.，*Orbiculapollis lucidus* (Chlon.) Chlon.，*Quercoidites minor* He et Sun，*Tricolpites variexinus* Coup.及 *T. microreticulatus* Belsky et al. 较为常见；鹰粉（*Aquilapollenites*）多样性强，至少10种以上；*Intergricorpus bertillonites* N. Mtch.，*I. bellum*

N. Mtch., *Pseudointegricorpus clarireticulatus* (Samoil.)Takah. 及 *Triprojectus amoenus* (Liu)Zhao 等重要分子也有出现。典型的分类群包括 *Marsypiletes cretacea*, *Tricolpites variexinus*, *Aquilapollenites stelkii*, *A. proceros*, *A. striatus*, *A. rigidus*, *Intergricorpus bellum*, *Pseudointegricorpus clarireticulatus* 等;其中,时代仅限于马斯特里赫特晚期的包括 *Aquilapollenites stelkii*, *A. conatus*, *Pseudointegricorpus clarireticulatus*, *Marsypites cretacea*, *Integricorpus bellum* 等。上述孢粉化石属于

图34　嘉荫小河沿的钻孔施工及钻孔采样成功(2006)

Fig.34　Drillings sites in Xiaoheyan of Jiayin, and celebration for success of drilling in 2006

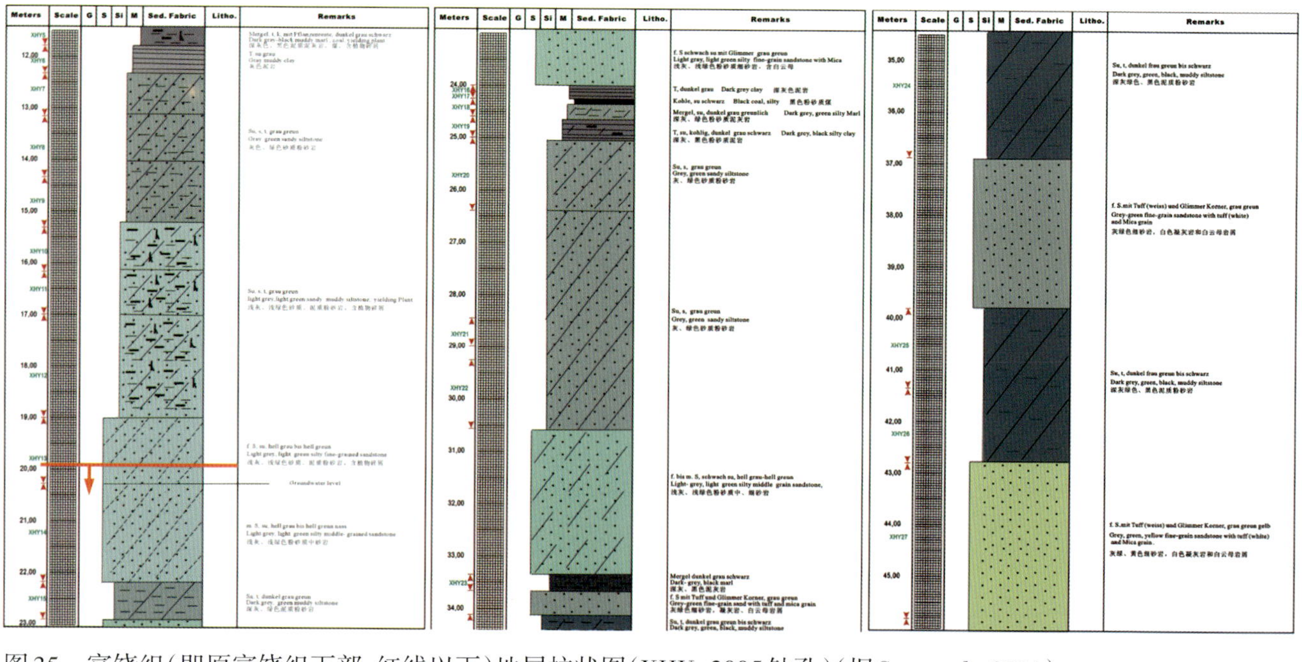

图35　富饶组(即原富饶组下部,红线以下)地层柱状图(XHY-2005钻孔)(据Sun et al., 2011)

Fig.35　Stratigraphic column of Furao Fm (shown by red line below)(borehole XHY-2005)(after Sun et al., 2011)

Aquilapollenites conatus-Pseudoaquila pollenites striatus 组合(即组合Ⅴ),时代为马斯特里赫特期晚期(Markevich et al., 2006,2011; Sun et al., 2011)(详见第三、第四章)。

2.2 古近纪地层

2.2.1 乌云组(E_{1w})

嘉荫地区的乌云组为含煤地层,由黑龙江省第一区调队于1958年命名,主要依据黑龙江省燃料工业厅207勘探队在嘉荫县乌云煤矿所采获的59-1钻孔岩芯资料(黑龙江省地矿局,1993)。乌云组主要分布于乌云煤矿区,但在平阳河口和白山头沿黑龙江边也有零星分布,总面积约15km²。本组岩层走向NE,倾角8°—12°。乌云组含煤段主要包括有砂砾岩、砂岩、粉砂岩、泥岩;上部灰褐色、黑色泥岩中夹4层煤,单层厚度0.35—5.9m不等(图36)。黑龙江省第一区调队认为,本组为盆地抬升期河流相过渡到河湖沼三角洲相沉积环境。本组与下伏富饶组为整合接触,其上被孙吴组不整合覆盖。

据黑龙江省燃料工业厅207勘探队乌云煤矿的59-1钻孔,本组层序如下:

未 见 顶

(厚度:m)

乌云组(E_{1w})	总厚>122.40
11. 灰黄色细砂岩	>6.80
10. 灰色粉砂岩夹灰色砂质页岩	9.40
9. 煤层	1.20
8. 深灰色粉砂岩平灰黑色炭质页岩	6.00
7. 煤层	1.00
6. 灰色粉砂岩	0.40
5. 煤层	4.80
4. 暗灰色砂质页岩夹煤	1.90
3. 浅灰色、浅褐色粉砂岩	8.00
2. 灰白色粗砂岩	74.60
1. 灰色砂质砾岩夹砂岩	8.30

整 合

下伏地层:富饶组(k_{2f})

图36 嘉荫乌云煤矿乌云组上部(含煤段)
Fig.36 Upper Wuyun Fm (Coal-bearing Member) in Wuyun Coal-Mine of Jiayin

乌云组上段(含煤段)植物大化石十分丰富,多年来对该组有众多研究论文发表(熊宪政,1986;冯广平等,2000;陶君容,2000; Manchester et al.,1999),本书在这里不一一赘述。自2002年以来,本书作者发现的乌云组含煤段植物大化石以被子植物为主,裸子植物中的水杉、银杏等植物亦有一定数量的出现。已发现的植物大化石包括苔藓类 *Tallites* sp.;有节类 *Equisetum* sp.;银杏类 *Ginkgo adiantoides* (Ung.) Heer, *Ginkgo jiayinensis* Quan;松柏类 *Glyptostrobus nordenskioldii*, *Metasequoia accidentalis* (Newb.) Chaney;被子植物 *Tiliaephyllum tsagajanicum* (Krysht. et Baik.) Krassilov, *Archaeampelos acerifolia* (Newb.) Mclver et Basinger, *Beringiaphyllum cupanioides* (Newb.) Manchester, Crane et Golovneva, *Myrica* sp., *Betula* sp., *Nuphar burejense*, *Nyssidium arcticum*, *Platanus raynoldsii* (Newb.) Brown, *Platanus* sp., *Trochodendroides arctica* (Heer) Berry, *Trochodendrospermum arcticum*, *Ulmus furcinervis* (Bors.) Ablajev 等(Sun et al., 2002, 2011;孙革等,2005)。孢粉化石显示为 *Triatriopollenites plicatus*-*Taxodiaceaepollenites* 组合(即组合Ⅶ),时代为古新世中晚期(详见第三章)。

2.2.2 乌云组下部"白山头段"的建立

2002年,本书作者在乌云小河沿西北、沿黑龙江右岸的白山头剖面(中心地理坐标:49°17.2′N, 129°32.7′E),发现厚约0.9m的酸性凝灰岩,其上为灰色及灰黑色粉砂岩夹炭质泥岩及薄煤线、以及黄灰色粉砂岩等。经研究,孢粉化石显示为 *Triatriopollenites confuses*-*Aquilapollenites spinulosus* 孢粉组合(即组合Ⅵ),时代为典型的古新世达宁期;植物大化石中,发现古新世达宁期典型分子 *Tiliaephyl-*

图37　乌云组白山头段实测剖面(据Sun et al., 2002,2011; 孙革等,2005)
Fig.37　Geological section of Baishantou M. of Wuyun Fm (after Sun et al.,2002,2005,2011)

lum tsagayanicum (Krysht. et Baik.)Krassilov(查加扬椴叶)等重要化石。据此,孙革等提出新建"白山头段",隶属乌云组下部,原乌云组为乌云组含煤段(Sun et al.,2002;孙革等,2005)(图37)。

此后,本书作者中的铃木茂之等进一步补充了对白山头段的凝灰岩的同位素测年研究,其结果分别为61.7±1.8Ma(FT法)和64.1±0.7Ma(U-Pb法)(Suzuki et al., 2004,2011)。这一时代确定为乌云组白山头段的建立,以及后来本区K-Pg界线的确定提供了重要参考证据。

乌云组下段(白山头段)植物化石也较为丰富。本书作者发现的植物大化石主要有:*Ginkgo adiantoides* (Ung.)Heer,*Taxodium olrikii* (Heer)Brown,*Nyssa* sp.,*Trochodendroides arctica* (Heer)Berry,*Archaeampelos acerifolia* (Newb.)Berry,*Tiliaephyllum tsagayanicum* (Krysht. et Baik.)Krassilov,*Platanus raynoldsii* (Newb.)Brown,*Platanus* sp,*Acer?* sp.等;其中,*Tiliaephyllum tsagayanicum*是古新世达宁期植物群的重要代表分子。

白山头段的孢粉化石也较丰富。本书作者发现的孢粉化石主要包括蕨类(有时可达53%)、裸子植物和被子植物,但总体上以被子植物为主。被子植物以接近胡桃科(Juglandaceae)的分子居多,如*Triatriopollenites confusus* Zakl., *T. plicoides* Zakl., *Triporopollenites plicatus* Krutz., *Juglanspollenites* sp., *Caryapol-*

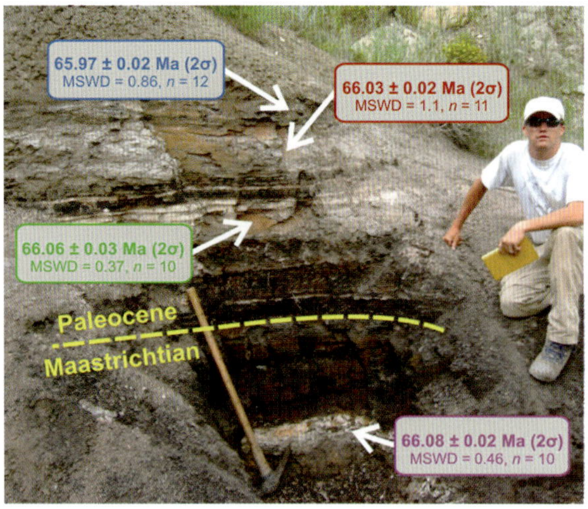

图38 北美丹佛K-Pg界线之上出现晚于65.5Ma的年龄值(据Johnson K,2007,私人通信)

Fig.38 The left showing occurrence of the some radiometric ages younger than 65.5Ma above the K-Pg boundary in the K-Pg section inDenver basin , US (after Johnson K,2007,pers. comm.)

lenites sp., *Carya gracilis* Mart., *Pterocaryapollenites* sp.等;山毛榉科也较多出现;*Orbiculapollis lucidus*较少(3.6%),鹰粉种类较之富饶组的明显减少(只有*Aquilapollenites cruciformis*, *A. subtilis*, *A. insignis*, *A. proceros*, *A. spinulosus*等);*Pentapollenites normalis* Takah. 不超过5%;*Wodehouseia*很少出现。桦科、杨梅科、紫树科、苦木科花粉常见。上述化石显示为*Triatriopollenites confuses*-*Aquilapollenites spinulosus*孢粉组合(组合Ⅵ),以*Triatriopollenites confusus*, *Momipites tenuipolus* Anders., *Rhoipites pissinus* Stanl., *Anacolosidites subtrudens* Sakl., *Aquilapollenites spinulosus*, *A. proceros*等为特色,时代为典型的古新世达宁期(详见Markevich et al., 2006, 2011)。

有关本组同位素年龄,近年来主要有两组有关乌云白山头凝灰岩的测年数据报道:一是李献华等(2004)SHRIMP U-Pb法测得的年龄66±1Ma,认为该火山岩属于"白垩系最顶部"(李献华等,2004);另一组是本书作者之一铃木茂之等测得的61.7±2.1Ma(F-T法)和64.1±0.7Ma(U-Pb法)(Suzuki et al., 2004;2011),经孢粉化石验证,李献华等(2004)和陈丕基等(2004)关于白山头组的时代结论明显有误,陈丕基等公布的白山头剖面第1、3、4层的鹰粉化石"*Aquilapollenites* cf. *augustus*"和"*A.* cf. *coriaceus*"实际上分别属于*A. spinulasus*和*A. subtillis*。其中,*A. spinulasus*在北美首见于古新世中期,*A. subtillis*也主要出现于古新世早中期(Nichols et al.,1986;Nichols & Sweet,1993)。因此,嘉荫乌云组下部白山头段的时代应属古新世(可能为达宁早中期),而并非晚白垩世马斯特里赫特期(孙革等,2005;Sun et al., 2011)。

从另一方面说,假如李献华等(2004)报道的白山头凝灰岩同位素测年结果(66±1Ma)是无误的,也不能排除白山头凝灰岩可能仍是属于古新世早期,而并非属于晚白垩世马斯特里赫特期。因为一是该年龄的上限可以是65Ma(即66-1Ma),另一方面在北美丹佛盆地也曾出现在K-Pg界线之上有个别大于65.51Ma的年龄(据Johnson,2007,私人通信;图38)。特别是,近年来根据$^{40}Ar/^{39}Ar$同位素测年研究,又开始将K-Pg界线时代划定为约66Ma(即

66.043±0.043Ma)(Renne et al., 2013),李献华等的测年结果与此更加接近。但重要的是,在将同位素测年结果应用时,应参考古生物化石等其他证据的验证。

总之,乌云组白山头段的建立,为解决原"富饶组"的划分对比与时代以及K–Pg界线等问题,创造了有利条件。

2.3 嘉荫地区中俄晚白垩世—古新世地层对比

2.3.1 与结雅—布列亚盆地的对比

嘉荫地区与其邻区俄罗斯结雅—布列亚盆地的晚白垩世—古新世地层基本一致,可以较好地开展地层对比。结雅—布列亚盆地的晚白垩世晚期—古新世地层称"查加扬群"(Tsagajan Group),划分为下、中、上三个组。其下、中查加扬组分别为晚白垩世马斯特里赫特中、晚期,上查加扬组的时代为古新世。俄罗斯学者以往对其K–Pg界线总体上划定在中、上查加扬组之间(IBP et al., 2001)。查加扬群在布列亚盆地的白山和阿哈拉—博古昌等地有较好的出露和研究(Krassilov, 1976;IBP et al.,2001;Akhmetiev,2004;Herman, 2009)(表1;图39)。

查加扬群下部(下查加扬组,即主要含恐龙层)也称乌杜楚坎组(Uduchukan Fm),主要出露在布拉戈维申斯克和嘉荫以北仅约30km的昆都尔一带。该组与嘉荫的渔亮子组在岩相及化石等方面基本一致。孢粉研究认为该组时代为晚白垩世马斯特里赫特早、中期,化石属于孢粉组合Ⅲ及Ⅳ(Markevich et al., 2006)。

表1　黑龙江嘉荫地区中俄晚白垩世—古新世地层对比表(据孙革等,2003)

<table>
<tr><td colspan="3">组／地区
年代</td><td colspan="4">俄罗斯
结雅—布列亚盆地</td><td colspan="2">中国
黑龙江嘉荫</td></tr>
<tr><td rowspan="2">古新统</td><td rowspan="2">达宁阶</td><td>上</td><td rowspan="5">查加扬群</td><td rowspan="2">上</td><td rowspan="2">上查加扬组</td><td>含煤亚组</td><td rowspan="2">乌云组</td><td>含煤段</td></tr>
<tr><td>下</td><td>砂岩亚组</td><td>白山头段</td></tr>
<tr><td rowspan="8">上白垩统</td><td rowspan="3">马斯特里赫特阶</td><td>上</td><td>中</td><td colspan="2">中查加扬组(布列亚组)</td><td colspan="2">富饶组</td></tr>
<tr><td>中</td><td rowspan="2">下</td><td colspan="2" rowspan="2">下查加扬组(乌杜楚坎组)
(主要恐龙层)</td><td colspan="2" rowspan="2">渔亮子组
(主要恐龙层)</td></tr>
<tr><td>下</td></tr>
<tr><td colspan="2">坎潘阶</td><td colspan="2" rowspan="2">昆都尔组</td><td colspan="2" rowspan="4">上扎维金组</td><td colspan="2">太平林场组</td></tr>
<tr><td colspan="2">桑顿阶</td><td colspan="2">永安村组</td></tr>
<tr><td colspan="2">柯尼亚克阶</td><td colspan="2" rowspan="2">博古昌组</td><td colspan="2" rowspan="3">?</td></tr>
<tr><td colspan="2">土仑阶</td></tr>
<tr><td colspan="2">赛诺曼阶</td><td colspan="4">下扎维金组</td></tr>
</table>

图39 俄罗斯布列亚盆地的白山剖面；下图为上查加扬组下段砂岩层

Fig.39 The section showing K-Pg boundary in Belay Gora, Russia.The lower showing the sandstone bed of lower Upper Tsagajan Fm

黑龙江左右两岸所产的晚白垩世的恐龙化石成为中、俄晚白垩世地层对比的重要标志。两岸恐龙化石共同组成同一个晚白垩世恐龙动物群，以鸭嘴龙类为主要代表，在俄罗斯昆都尔、布拉戈维申斯克等地发现官帽龙（*Olorotitan*）、阿穆尔龙（*Amurosaurus*）、克伯龙（*Kerberosaurus*）、及霸王龙类（Tyrannosauridae）等；在中国嘉荫龙骨山、乌拉嘎等地发现的化石为满洲龙（*Mandschurosaurus*）、卡龙（*Charonosaurus*）、乌拉嘎龙（*Wulagasaurus*）及黑龙（*Salaliyania*）等，也见有霸王龙类牙齿等（Godefroit et al., 2008, 2011; Sun et al., 2011; Bolotsky, 2013）（图40）。

在俄罗斯结雅—布列亚盆地的恐龙层之下，与中国永安村组及太平林场组相当的地层为扎维金组上部（upper Zavitin Fm）及与其相当的昆都尔组（Kundur Fm）。昆都尔组厚150—900m，可分为3部分：下部，砾岩、砂岩，偶夹凝灰岩，厚约350m；中部，砂岩、粉砂岩，厚约400m；上部，砂岩、粉砂岩和煤线，厚约150m，富含植物、双壳类、介形类和叶肢介化石，也为典型的湖相沉积。近年来由于赤塔—哈巴罗夫斯克之间M58公路修建，在阿哈拉地区的昆都尔车站附近，昆都尔组的中、上部被完好揭露。新发现表明：昆都尔组确位于查加扬群之下，昆都尔组上部的孢粉化石显示*Aquilapollenites conatus*-*Podocarpidites multesimus*组合（即组合Ⅱ），时代为坎潘期（Markevich et al., 2006）。昆都尔组上部植物大化石也显示坎潘期，和太平林场组植物化石基本一致（Golovneva et al., 2008；详见第三章）。据此，至少昆都尔组中、上部可以与太平林场组相对比；昆都尔组下部含粗碎屑和火山物质，这一特点似表明该组下部或许也可以包括与中国的永安村组相对比。当然，有关永安村组及太平林场组与俄罗斯昆都尔组乃至扎维金组上部的详细对比，还有待进一步研究。

图40 黑龙江两岸含恐龙地层可对比：1. 地理位置图；2,3. 嘉荫龙骨山恐龙化石点；4,5. 布拉戈维申斯克恐龙化石点

Fig.40 Well correlation of dinosaur-bearing beds in China and Russian sites by Heilongjiang (Amur) River : 1. Geographical position; 2, 3. Longgushan of Jiayin (CN); 4, 5. Blagoveshensk (RUS)

图41 俄罗斯先锋煤矿（左）及阿哈拉—博古昌（右）的上查加扬组

Fig.41 Upper Tsagajan Fm in Coal-Mine "Pionner" (left) and Akhara-Boguchan (right), Russia

黑龙江左右两岸地层对比的另一个明显标志是古新世的含煤地层。中国方面为乌云组含煤段，俄罗斯为达玛坎组（Darmakan Fm, 即上查加扬组）含煤段（也称"Kivda"层）。两方面的含煤段之下均为以砂岩为主，夹薄层凝灰岩，中国方面称"白山头段"，俄罗斯称"砂岩亚组"。俄罗斯的上查加扬组含煤段主要分

布于布列亚盆地的白山和阿哈拉—博古昌，其地层特征、化石及时代等均与中国的乌云组含煤地层一致（图41）。

2.3.2 与白山剖面K-Pg界线附近地层的对比

以往，俄罗斯方面长期以来在白山剖面研究中，一直将K-Pg（K-T）界线划定于第7—8层之间，第7层为泥质粉砂岩，其下（即第6层）为一薄层凝灰岩（IBP et al., 2001, p.40, fig.2.16）。这可能主要是考虑在阿哈拉—博古昌剖面、相当于此层的凝灰岩的同位素测年结果为68.6±4Ma（IBP et al., 2001）。但本书作者通过对阿哈拉—博古昌的凝灰岩的重新研究，测定俄罗斯此层凝灰岩的同位素年龄为66±1Ma（U-Pb, LA-ICP-MS法）（Knittel, Suzuki et al., 2013）。据此，本书作者认为，俄罗斯白山剖面的K-Pg界线可能应划定于原中查加扬组

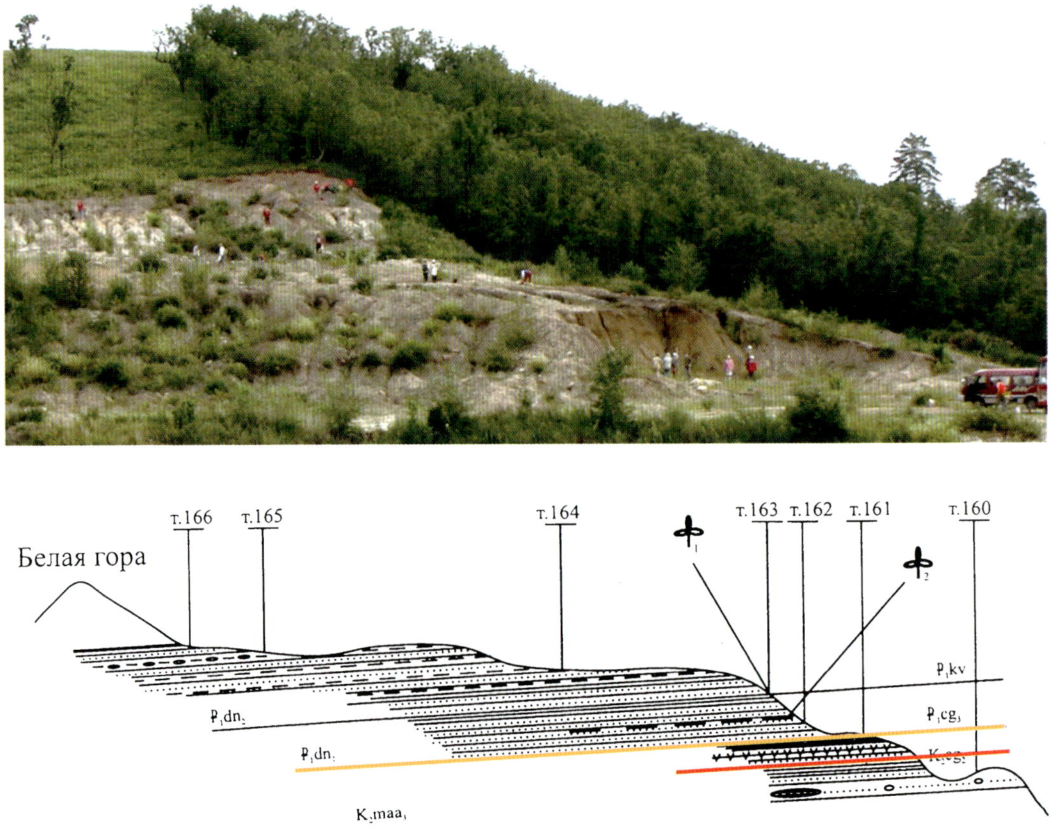

图42 俄罗斯白山剖面K-Pg界线讨论，橙黄色线为原界线（IBP et al., 2001）；红线为本书提议考虑的新界线位置

Fig.42 Discussion on K-Pg boundary at the Belay Gora section (RUS). Orange line showing the previous KTB (IBP et al., 2001); red line is suggested line for K-Pg boundary by the authors

(布列亚组)上部的凝灰岩之下;也就是说,其K–Pg界线可能位于中查加扬组(即布列亚组)的上部,而不是在中查加扬组与上查加扬组之间(图42)。参见本书作者新划定的地层对比表(表2)。

从俄罗斯白山剖面第6层凝灰岩之上的岩性及化石看,第9层黄灰色砂岩含植物化石 *Trochodendroides arctica* (Heer) Berry, *Platanus raynoldsii* (Newb.) Brown, *Taxodium olrikii* (Heer) Brown,以及 *Tiliaephyllum tsagayanicum* (Krysht. et Baik.) Krass.等(IBP et al., 2001, p.41),这与中国嘉荫白山头剖面中的乌云组白山头段所产化石十分相似。考虑到俄罗斯白山剖面与中国白山头剖面相距仅约30余公里,上述地层和有关对俄罗斯白山剖面K–Pg界线划分的建议似值得考虑。有关这一方面的问题还有待进一步探讨和验证。

表2　新划定的黑龙江嘉荫地区中俄晚白垩世—古新世地层对比表

<table>
<tr><th colspan="3">组　地区
年代</th><th colspan="4">俄罗斯
结雅—布列亚盆地</th><th colspan="2">中国
黑龙江嘉荫</th></tr>
<tr><td rowspan="2">古新统</td><td rowspan="2">达宁阶</td><td>上</td><td rowspan="5">查加扬群</td><td rowspan="2">上</td><td rowspan="2">上查加扬组</td><td>含煤亚组</td><td rowspan="2">乌云组</td><td>含煤段</td></tr>
<tr><td>下</td><td>砂岩亚组</td><td>白山头段</td></tr>
<tr><td rowspan="8">上白垩统</td><td rowspan="3">马斯特里赫特阶</td><td>上</td><td>中</td><td colspan="2">中查加扬组(布列亚组)</td><td colspan="2">富饶组</td></tr>
<tr><td>中</td><td rowspan="2">下</td><td colspan="2" rowspan="2">下查加扬组(乌杜楚坎组)
(主要恐龙层)</td><td colspan="2" rowspan="2">渔亮子组
(主要恐龙层)</td></tr>
<tr><td>下</td></tr>
<tr><td colspan="2">坎潘阶</td><td colspan="2" rowspan="2">昆都尔组</td><td colspan="2" rowspan="4">上扎维金组</td><td colspan="2">太平林场组</td></tr>
<tr><td colspan="2">桑顿阶</td><td colspan="2">永安村组</td></tr>
<tr><td colspan="2">柯尼亚克阶</td><td colspan="2" rowspan="2">博古昌组</td><td colspan="2" rowspan="3">?</td></tr>
<tr><td colspan="2">土仑阶</td></tr>
<tr><td colspan="2">赛诺曼阶</td><td colspan="4">下扎维金组</td></tr>
</table>

第三章 生 物 群

3.1 晚白垩世生物群

迄今发现的嘉荫地区晚白垩世生物群主要是晚白垩世中、晚期的生物群，时代为桑顿期至马斯特里赫特期，距今8500万—6600万年(85—66Ma)。这里的生物化石十分丰富，主要以恐龙和植物(包括孢粉)化石为代表，也见有叶肢介、瓣鳃类及介形类等无脊椎动物化石。这些化石的发现为研究嘉荫地区地层划分与对比、恢复古地理古气候，以及找寻和确定K-Pg界线等，提供了宝贵的依据。

3.1.1 晚白垩世植物大化石

① 永安村组植物组合

迄今已知的嘉荫地区晚白垩世植物群最早的组合为“永安村组植物组合”：准落羽杉—葛赫叶(*Parataxodium-Quereuxia*)组合，主要产于嘉荫永安村一带沿黑龙江右岸出露的永安村组。永安村组分上下两部分，植物化石主要产于该组的中上部，部分产自中下部。上部主要为黄褐色具交错层砂岩、灰绿色砂岩及浅褐灰色粉砂岩和泥岩，厚约166m(据本书作者阿什拉夫及哈丁的剖面测量，2002)。植物大化石主要发现3层：

(1)YN-1：距永安村组顶界165m出露，产植物化石的岩石主要为厚约2m的暗灰色页岩(中心地理坐标：48°50′56.8″N，130°31′51.0″E)；

(2)YN-2：距永安村组顶界115—120m出露的灰色粉砂岩(中心地理坐标：48°50′59.3″N，130°31′30.7″E)；

(3)YN-3W：中下部化石层，是近期新发现，产植物化石的岩石主要为灰黄色砂岩及粉砂岩，局部夹深灰色泥岩，砂岩也具交错层理，含较丰富的植物化石

图43 晚白垩世永安村组化石产地：1. 该组中上部；2. 该组中下部
Fig.43 Upper Cretaceous Yong'ancun Fm:1. mid-upper part of the Yong'ancun Fm; 2. mid-lower part of the Fm）

和瓣鳃类化石等（中心地理坐标：48°50′58.2″N，130°32′17.2″E）（图43）。

永安村组植物化石迄今共发现13属16种以上，以松柏类和被子植物占优势；包括有节类、真蕨类、银杏类、松柏类和被子植物等（图44）。主要组成为：

蕨类植物：

有节类 Equisetales

1 似木贼（未定种）*Equisetites* sp.

真蕨类 Filicales

2 迪克逊铁角蕨 *Asplenium dicksonianum* Heer

裸子植物：

银杏类 Ginkgoales

3 铁线蕨型银杏 *Ginkgo adiantoides* （Ung.）Heer

4 具毛银杏 *Ginkgo pilifera* Samylina

松柏类 Coniferales

5 小松型籽 *Pityospermum minutum* Samylina

6 司氏柏型枝 *Cupressinocladus sveshnikovae* Ablajev

7 柏型枝（未定种）*Cupressinocladus* sp.

8 准落羽杉（未定种）*Parataxodium* sp.

9 红杉（未定种）*Sequoia* sp.

10 二列水杉 *Metasequoia disticha* （Heer）Miki

11 水松（未定种）*Glyptostrobus* sp.

被子植物：

图44 晚白垩世永安村组植物化石：1. 迪克逊铁角蕨；2. 准落羽杉（未定种）；3. 二列水杉；4. 司氏柏型枝；5. 水松（未定种）；6. 铁线蕨型银杏；7，8，16. 北极似昆栏树；9. 披针型似昆栏树；10—13. 具棱葛赫叶；14. 准紫树（未定种）；15. 似南蛇藤叶（未定种）

Fig.44 Late Cretaceous plants from Yong'ancun Fm: 1. *Asplenium dicksonianum*; 2. *Parataxodium* sp.; 3. *Metasequoia disticha*; 4. *Cupressinocladus sveshnikovae*; 5. *Glyptostrobus* sp.; 6. *Ginkgo adiantoides*; 7, 8, 16. *Trochodendroides arctica*; 9. *Trochodendroides lanceolata*; 10–13. *Quereuxia angulata*; 14. *Nyssidium* sp.; 15. *Cerastrophyllum* sp.

11 北极似昆栏树 *Trochodendroides arctica* (Heer)Berry

12 披针型似昆栏树 *T. lanceolata* Golovneva

13 似南蛇藤叶(未定种) *Celastrophyllum* sp.

14 具棱葛赫叶 *Quereuxia angulata* (Newb.)Krysht.

15 褶皱卡波叶 *Cobbania corrugata* (Lesq.)Stockey et al.

16 准紫树属(未定种) *Nyssidium* sp.

孙革等(Sun et al., 2007)将永安村组植物组合称为*Parataxodium*-*Quereuxia*组合,时代为晚白垩世。孢粉化石研究认为时代为桑顿期(Markevich et al., 2006)。本书作者综合考虑,本组合时代不排除为桑顿晚期—坎潘早期。

② 太平林场组植物组合

嘉荫地区晚白垩世植物群中晚期的第二个组合为"太平林场组植物组合":水杉—似昆栏树—卡波叶(*Metasequoia*-*Trochodendroides*-*Cobbania*)组合。太平林场组主要沿嘉荫以西约9km的黑龙江右岸的太平林场以及嘉荫至乌云公路两侧一带出露,为典型的湖相沉积。该组分上下两部分:下部主要为深灰色页岩,产介形类和叶肢介等化石;上部主要为褐灰色粉砂岩,产丰富的植物化石(图45)。本组上部(中心地理坐标:48°51′27.5″N, 130°15′33.2″E)化石主要发现2层:

(1)TP-1:距太平林场组顶界约16m出露的、厚约0.5m的粉砂岩,已发现的植物化石以水生被子植物为主;

(2)TP-2:距太平林场组顶界约5m出露的、厚约0.8m的暗灰色粉砂岩,化石十分丰富,以被子植物为主,但保存状况多为印痕化石。

图45 嘉荫晚白垩世太平林场组化石产地

Fig.45 Fossil sites in Upper Cretaceous Taipinglinchang Fm of Jiayin

图46　嘉荫太平林场组植物化石（1）：1. 似木贼（未定种）；2，3. 二列水杉；4. 红杉（未定种）；5. 柏型枝（未定种）；6. 似叶状体（未定种）；7. 北极似昆栏树；8. 太平林场似昆栏树；9. 披针型似昆栏树；10. 短尖头似昆栏树；11. 松型籽（未定种）；12，13. 车尔尼雪夫阿朔叶；14，15. 昆都尔似南蛇藤

Fig.46　Fossil plants from Taipinglinchang Fm of Jiayin (1): 1. *Equisetum* sp.; 2, 3 *Metasequoia disticha*; 4. *Sequoia* sp.; 5. *Cupressinocladus* sp.; 6. *Thallites* sp.; 7. *Trochodendroides arctica*; 8. *T. taipinglinchanica*; 9. *T. lanceolata*; 10. *T. microdentata*; 11. *Pityospermum* sp.;12, 13. *Arthollia tschernyschewii*; 14, 15. *Celastrinites kundurensis*

太平林场组植物化石迄今共发现约27属38种；包括苔藓类、有节类、蕨类、银杏类、松柏类和被子植物等，被子植物12属21种，已占优势（58%）；松柏类9属10种，也占较大比例（26%）（图46—48）。

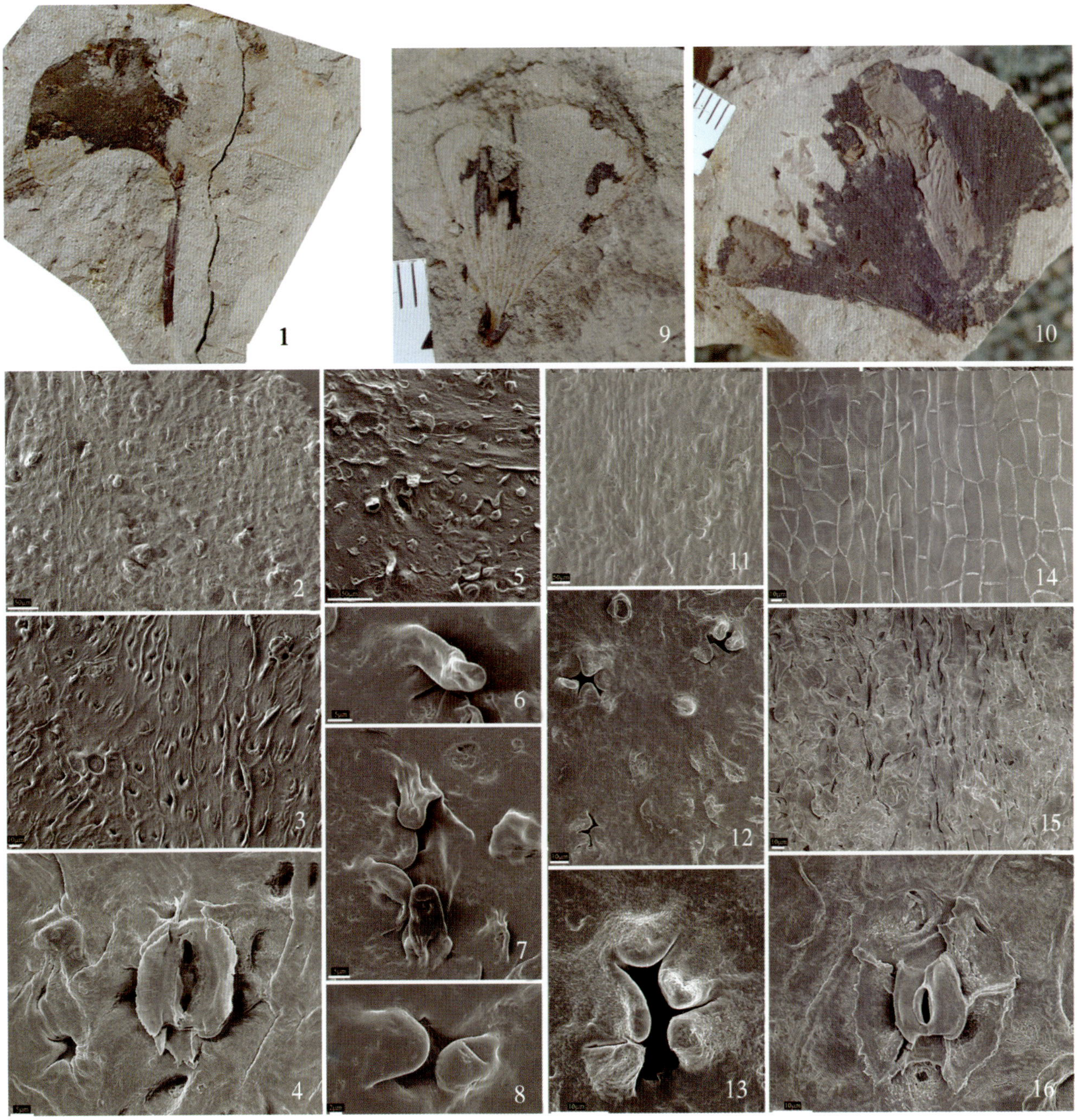

图47　太平林场组植物化石（2）：1—8. 具毛银杏；2—8. 示叶表皮细胞构造；9—16. 铁线蕨型银杏，11—16. 示叶表皮细胞构造

Fig.47　Fossil plants from Taipinglinchang Fm (2): 1-8. *Ginkgo pilifera*; 2-8. cuticles of leaf; 9-16. *Ginkgo adiantoides*, 11-16. cuticles of leaf

图48　嘉荫太平林场组植物化石(3)：1. 惚叶?(未定种)；2. 扭曲荚叶(未定种)；3. 车尔尼雪夫阿朔叶；4—7. 褶皱卡波叶；8，9. 具棱葛赫叶；10. 复原图，据Stockey et al., 2007

Fig.48　Fossil plants from Taipinglinchang Fm of Jiayin (3)：1. *Araliaephyllum*? sp.; 2. *Viburnophyllum* sp.; 3. *Arthollia tschernyschewii*; 4–7. *Cobbania corrugate*; 8，9. *Quereuxia angulata*; 10. a reconstruction after Stockey et al., 2007

各分类群具体名单如下[带*者为引用张志诚(1983)的资料]:

苔藓类 Bryophytes:

1 似叶状体(未定种) *Thallites* sp.

有节类 Equisetales

2 似木贼(未定种) *Equisetites* sp.

真蕨类 Filicales

3 迪克逊铁角蕨 *Asplenium dicksonianum* Heer

4 北极蕨(未定种) *Arctopteris* sp.

5 枝脉蕨(未定种) *Cladophlebis* sp.

裸子植物:

银杏类 Ginkgoales

6 具毛银杏 *Ginkgo pilifera Samylina*

7 铁线蕨型银杏 *Ginkgo adiantoides* (Ung.)Heer

松柏类 Coniferales

8 落叶松(未定种) *Larix* sp.

9 查加扬罗汉松(相似种) cf. *Podocarpus tsagajanicus* Krassilov*

10 小松型籽 *Pityospermum minutum* Samylina

11 司氏柏型枝 *Cupressinocladus sveshnikovae* Ablajev

12 柏型枝(未定种) *Cupressinocladus* sp.

13 准落羽杉(未定种) *Parataxodium* sp.

14 奥尔瑞克落羽杉 *Taxodium olrikii* (Heer)Brown*

15 红杉(未定种) *Sequoia* sp.

16 二列水杉 *Metasequoia disticha* (Heer)Miki

17 水松(未定种) *Glyptostrobus* sp.

被子植物:

18 北极似昆栏树 *Trochodendroides arctica* (Heer)Berry

19 太平林场似昆栏树 *T. taipinglinchanica* Golovneva, Sun et Bugdaeva

20 短尖头似昆栏树 *T. microdentata* Gol., Sun et Bugd.

21 披针型似昆栏树 *T. lanceolata* Golovn.

22 密脉悬铃木 *Platanus densinervis* Zhang*

23 中华悬铃木 *Platanus sinensis* Zhang*

24 瑞诺“悬铃木” “*Platanus*”*raynoldsii* (Newb.)Brown*

25 悬铃木(未定种) *Platanus* sp.

26 东方似翅子 *Pterospermites orientalis* Zhang*

27 黑龙江似翅子 *Pterospermites heilongjiangensis* Zhang*

28 扭曲荚(相似种) *Vibernum* cf. *contortum* Lesq.*

29 北方诺登斯基果(相似种) *Nordenskioideia* cf. *borealis* Heer*

30 车尔尼雪夫阿朔叶 *Arthollia tschernyschewii* Gol., Sun et Bugd.

31 阿朔叶(未定种) *Arthollia* sp.

32 昆都尔似南蛇藤 *Celastrinites kundurensis* Gol., Sun et Bugd.

33 似南蛇藤(未定种) *Celastrinites* sp.

34 扭曲荚叶(未定种) *Viburnophyllum* sp.

35 惚叶?(未定种) *Araliaephyllum*? sp.

36 褶皱卡波叶 *Cobbania corrugata* (Lesq.) Stock., Rothw. et Johns.

37 具棱葛赫叶 *Quereuxia angulata* (Newb.) Krysht.

38 莲(未定种) *Nelumbo* sp.

孙革等将太平林场组植物组合称为*Metasequoia-Trochodendroides-Cobbania*组合,时代认为属于晚白垩世坎潘期(Sun et al., 2007)。孢粉化石研究与植物大化石研究意见一致,认为时代为坎潘期(Markevich et al., 2006)。

俄罗斯结雅—布列亚盆地含晚白垩世植物群的是扎维金组(Zavitin Fm)上部及其相当层位昆都尔组(Kundur Fm)。昆都尔组上部植物组合与太平林场植物组合十分相似,至少含20个共同的分类群,如*Ginkgo pilifera*, *Sequoia* sp., *Metasequoia* sp., *Cupressinocladus* sp., *Trochodendroides lanceolata*, *T. taipinglinchanica*, *Arthollia orientalis*, *Celastrinites kundurensis*, *Quereuxia angulata*, *Cobbania corrugate*等。昆都尔的悬铃木类(Platanoids)似更丰富些。昆都尔与太平林场植物群中最具地层意义的是*Ginkgo pilifera*, *Cobbania corrugate* 和*Celastrinites*等三个分类群。其中,*Ginkgo pilifera*最晚不超过坎潘期 (Samylina, 1967; Golovneva, 2005);*Celastrinites*首见于桑顿期,但在马斯特里赫特期最具特征,该属的*C. septentrionalis*(Krysht.)Golovn.种在科尼亚克高原(Koryak Upland)繁盛于马斯特里赫特中期的喀卡诺特组(Kakanaut Fm),该组也产恐龙 (Golovneva, 1994)。*Cobbania corrugate*在北美常见于坎潘期—马斯特里赫特期 (Johnson, 2002),在西伯利亚北部哈坦伽河(Khatanga River)地区也见于坎潘早期 (Abramova, 1983; Golovneva, 2005);那里该层位曾同时发现有坎潘早期的海相瓣鳃类*Inoceramus patootensiformes*(Zakharov et al., 2002)。昆都尔与太平林场植

物群就植物大化石显示的时代为坎潘期或坎潘期—马斯特里赫特期，但考虑到其上为含恐龙的渔亮子组和下查加扬组，其时代为马斯特里赫特早中期，因此，太平林场植物群和昆都尔植物群晚期组合的时代似为坎潘期—马斯特里赫特早期。但结合孢粉研究结果，时代为坎潘可能更合适些（Markevich et al., 2006; Sun et al., 2011）。在东北亚地区，与太平林场和昆都尔植物群相似的植物群有：库页岛（Sakhalin Island）的宗克尔植物群（Zonk'erian flora, 坎潘早期；Krassilov, 1979）；科尼亚克高原的巴里科夫植物群（Barykovian flora, 桑顿期—坎潘早期；Herman & Lebedev, 1991）以及穆梯诺植物群（Mutino flora, 坎潘早期）及西姆植物群（Sym flora, 坎潘期）（Abramova, 1983; Golovneva, 2005）等。

太平林场植物群与与库页岛的宗克尔植物群相似，但后者具有更多的喜热分子，包括苏铁类和具全缘及革质叶子的被子植物（如 *Myrtophyllum*, *Thernstroemites*, *Magnoliaephyllum* 等）。与更北些的科尼亚克高原的巴里科夫植物群相比，后者也是具有更多的喜热分子。因此，太平林场植物群似更接近于西伯利亚北部的坎潘期暖温带植物群，而与滨太平洋的喜热植物群有一定差别。说明嘉荫地区太平林场植物群在晚白垩世坎潘期可能地处位置更偏于内陆、且地势略高。

需要提及的是，太平林场植物组合虽然一些组分与永安村组较为相似（如蕨类、银杏类及松柏类等），但太平林场组合中的被子植物分子明显增加（已达到58%），也显示出了从晚白垩世中晚期，被子植物在逐渐向新生代的特征过渡。

纵观黑龙江嘉荫地区晚白垩世植物群，主要是以蕨类、银杏类、松柏类及被子植物为组成成分。其中，在桑顿期阶段（以永安村组植物组合为代表），松柏类和被子植物共同占优势；至坎潘期阶段（以太平林场组植物组合为代表），被子植物逐渐更占优势（已达58%），松柏类逐渐退居第二位（约占26%）；说明被子植物更向优势发展。从整个嘉荫地区晚白垩世植物群的组成成分看，其中喜温喜湿植物占较大比例（如蕨类和银杏类等），松柏类中既有常绿组分（如红杉、柏型枝等）又有落叶组分（如落叶松、落羽杉、水松、水杉等）；被子植物主要以落叶阔叶为主。因此，嘉荫地区晚白垩世植物群似为一地处距海不远、但偏于内陆的、暖温带—温带的常绿针叶及落叶阔叶混交林植被，可能代表暖温带—温带气候类型（图49）。从大量水生被子植物（如葛赫叶、卡波叶等）的存在看，嘉荫地区晚白垩世似水体丰富，雨量较为充沛，为植物生长提供了良好条件。当然，这些水生被子植物或许也是植食的鸭嘴龙类恐龙的食物来源之一（图48-10）。

嘉荫地区晚白垩世植物群的另一个特点是，出现了一些既在晚白垩世出现、

图49　晚白垩世嘉荫地区景观复原（据Godefroit, 2007，私人通信）

Fig.49　Reconstruction of paleoenvironment of Jiayin area (after Godefroit,2007, pers. comm.)

又在古近纪出现的分子，如似昆栏树（*Trochodendroides*）、悬铃木（*Platanus*）、白令叶（*Beringlaphyllum*）等。当然，植物群中的一些属种，如*Celastrinites*、*Arthollia*、*Quereuxia*及*Cobbania corrugata*等，迄今已知仅在白垩纪中晚期出现，而于白垩纪末期灭绝（Golovneva, 1994; Samylina,1988）。因此，嘉荫地区晚白垩世植物群可视为是处于被子植物自中生代晚期向新生代发展的“过渡阶段”。晚白垩世之后，我国嘉荫，乃至整个东北地区的被子植物进入新生代发展阶段，其特征与现生被子植物植被特征逐渐接近。

3.1.2 晚白垩世孢粉

黑龙江嘉荫地区晚白垩世孢粉化石十分丰富，这些化石为研究嘉荫地区晚白垩世的地层划分与对比、晚白垩世生物演化，特别是确定晚白垩世—古近纪地层界线（K-Pg界线）等发挥了重要作用。

中国学者对嘉荫地区孢粉化石研究主要集中在20世纪80—90年代。孢粉学者刘牧灵（1990）曾发表有关嘉荫地区富饶组的孢粉化石研究成果，提出富饶组应属于晚白垩世（马斯特里赫特期）至古新世（达宁期）的过渡，为后来在嘉荫地区正确确定K-Pg界线奠定了重要基础。此后，孢粉学者曹流及王鑫甫（1999）曾研究过嘉荫地区渔亮子组的晚白垩世孢粉化石，丰富了嘉荫地区晚白垩世晚期孢粉研究的内容。自2002年以来，本科研队的孢粉学家们（以玛尔凯维奇、阿什拉夫、尼科斯等为首）开始了对嘉荫地区晚白垩世孢粉化石群新一轮研究，取得了突出重要的成果（图50）。

经本书作者玛尔凯维奇等研究，嘉荫地区晚白垩世孢粉化石群可划分为5

图50 嘉荫孢粉研究的三位主要专家：1. 玛尔凯维奇；2. 阿什拉夫；3. 尼科斯
Fig.50 Leading palynologists in study of palynofloras of Jiayin: 1. Markevich V; 2. Ashraf A R; 3. Nichols D

个孢粉组合(Markevich et al., 2006)，年代自新至老分别是：

Ⅴ 三棱鹰粉—条纹假鹰粉(*Aquilapollenites conatus*-*Pseudoaquilapollenites striatus*)组合。以富饶组为代表，时代为马斯特里赫特晚期。

Ⅳ 粗糙沃氏粉—黑龙江小突粉(*Wodehouseia aspera*-*Parviprojectus amurensis*)组合。以渔亮子组上段为代表，马斯特里赫特中期。

Ⅲ 阿米格黛鹰粉—明确买麻藤粉(*Aquilapollenites amygdaloides*-*Gnetaceaepollenites evidens*)组合。以渔亮子组下段为代表，马斯特里赫特早期。

Ⅱ 三棱鹰粉—多皱罗汉松粉(*Aquilapollenites conatus*-*Podocarpidites multesimus*)组合。以太平林场组为代表，时代为坎潘期。

Ⅰ 三塔库波里粉—北方双型孢(*Kuprianipollis santaloides*-*Duplosporis borealis*)组合。以永安村组为代表，时代为桑顿期。

1. 三塔库波里粉—北方双型孢(*Kuprianipollis santaloides*-*Duplosporis borealis*)组合(组合Ⅰ)

本组合主要以嘉荫永安村组的孢粉化石为代表，可分为早、晚两个亚组合。

(1)早期亚组合(Yn-01)：本亚组合的孢粉分异度相对较低，主要以裸子植物的松科和杉科的花粉，以及银杏苏铁粉(*Ginkgocydophytus*)为主，蕨类孢子中以桫椤科和蚌壳蕨科为主。被子植物花粉主要以胡桃科、山毛榉科和悬铃木科为主。代表性分子主要包括*Duplosporis borealis*及*Tricolpites gracilis*等。在结雅—布列亚盆地，这一亚组合显示的时代为桑顿早期。

(2)晚期亚组合(Yn-02,03)：蕨类孢子主要以蕨科、桫椤科、蚌壳蕨及紫萁科为主；裸子植物中，接近于松科、杉科和银杏类的花粉常见。被子植物花粉以库波里粉(*Kuprianipollis*)最为常见。代表性分子主要包括*Kuprianipollis santaloides, K. elegans, Tricolpites reticulatus, Cranwellia striata* 等；细弱鹰粉(*Aquilapollenites subtilis*)常见。在结雅—布列亚盆地，这一亚组合显示的时代为桑顿晚期。

纵观本组合的代表性分子主要有：*Cicatricosisporites dorogensis* Pot. et Gell., *Rouseisporites reticulatus* Chlon., *Cyathidites minor* Coup., *Classopollis classoides* Pfl. emend Poc. et Jans., *Laevigatosporites ovoideus* Takah., *Taxodiumpollenites hiatus* Pot. et Kremp., *Kuprianipollis elegans* (Zakl.) Kom., *K. santaloides* (Zakl.) Kom., *Cetripites cretaceus* Poc. 等，时代为桑顿期(Markevich et al., 2006)(图51)。

2. 三棱鹰粉—多皱罗汉松粉(*Aquilapollenites conatus-Podocarpidites multesimus*)组合(组合Ⅱ)

本组合主要以嘉荫太平林场组的孢粉化石为代表，可分为早、晚两个亚组合。

(1)早期亚组合(Tp-01)：本亚组合的孢粉以蕨类孢子为主，主要以桫椤科和水龙骨科为代表(可达25%)。裸子植物以松科花粉最为繁盛。被子植物花粉主要以悬铃木科、山毛榉科、榆科、胡桃科和杜鹃花科为代表。本亚组合常见分子主要有*Pterisporites cretacea, Podocarpidites ellipticus, P. multesimus, Aqulapollenites*

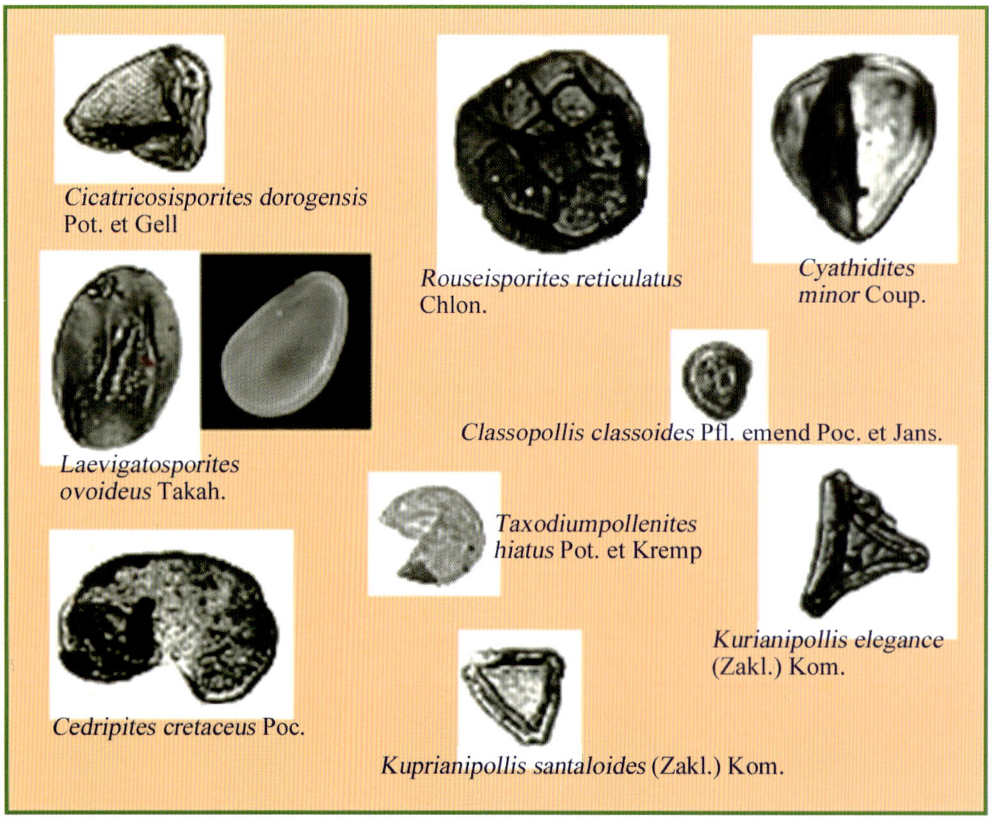

图51 三塔库波里粉—北方双型孢组合(组合Ⅰ)(据Markevich et al., 2006)

Fig.51 *Kuprianipollis santaloides-Duplosporis borealis* Assemblage (Ass. Ⅰ)(after Markevich et al., 2006) *rombicus, A. amplus*等。这一亚组合显示的时代为坎潘早期。

(2)晚期亚组合(Tp-02,03):本亚组合的孢粉以松科和杉科为主,买麻藤科、掌鳞杉科和银杏类的花粉少见。蕨类孢子少见。被子植物花粉分异度较高(可达30个分类群),主要以山毛榉科、悬铃木科、榆科、胡桃科为代表,鹰粉(*Aquilapollenites*)不多,仅占4%—5%。常见分子主要包括*Polycingulatus densatus, Aquilapollenites conatus, Rhus* sp.等。这一亚组合显示的时代为坎潘晚期(Markevich et al., 2006)(图52)。

3. 阿米格黛鹰粉—明确买麻藤粉(*Aquilapollenites amygdaloides*-*Gnetaceaepollenites evidens*组合(组合Ⅲ)

本组合主要发现于嘉荫龙骨山渔亮子组下段含恐龙层的孢粉化石。其裸子植物的花粉主要以松科和杉科占优势;但银杏粉及买麻藤粉增加(但后者只有6个种)。被子植物花粉中,三沟粉占优势;主要以榆科、胡桃科、桦科、山毛榉科和杜鹃花科常见。代表性分子主要包括*Tricolpites mataurensis, T.reticulatus, Retitrescolpites concinnatus, Kurtzipites tricuspidatus*等。这一组合显示的时代为马斯特里

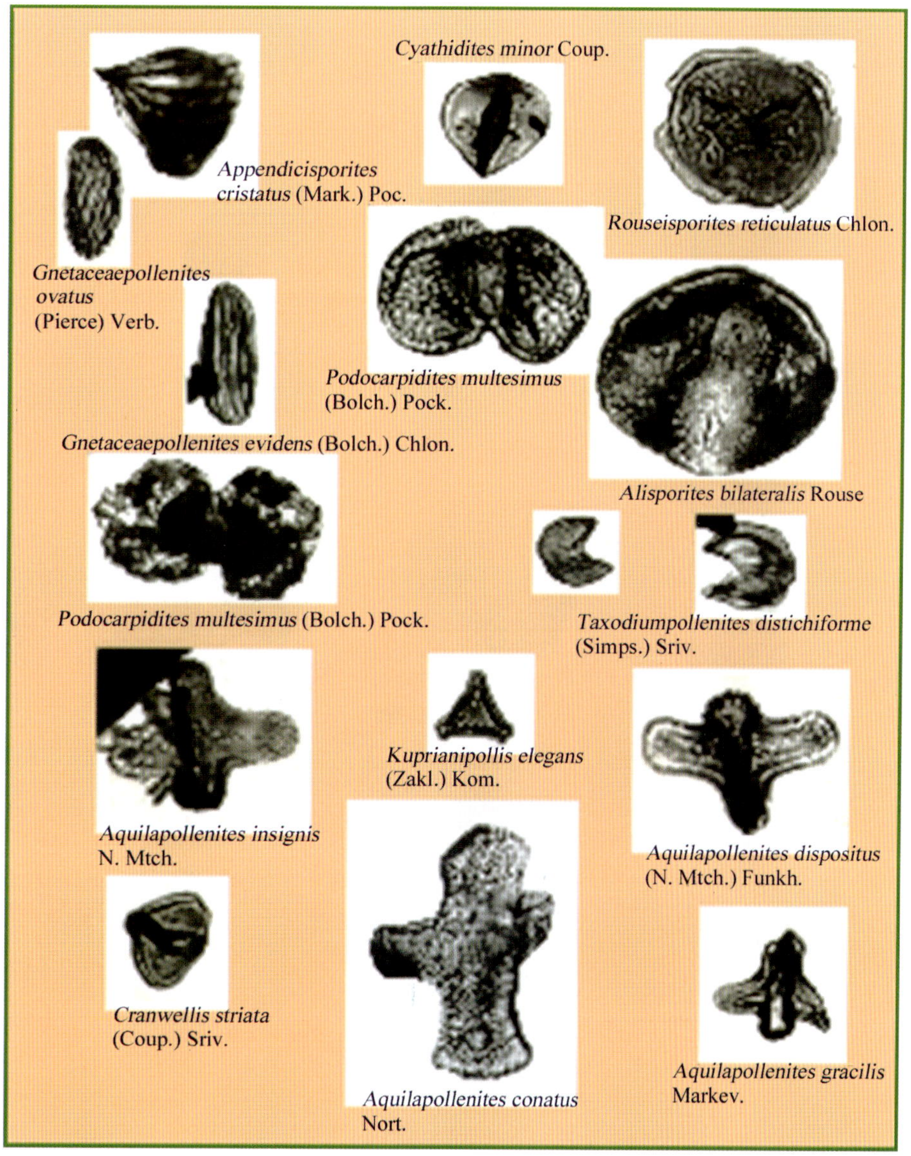

图52 三棱鹰粉—多皱罗汉松粉组合(组合Ⅱ)(据Markevich et al., 2006)

Fig.52 *Aquilapollenites conatus*-*Podocarpidites multesimus* Assemblage (Ass. Ⅱ) (after Markevich et al., 2006)

赫特早期(Markevich et al., 2006)(图53)。

曹流及王鑫甫(1999)在研究嘉荫渔亮子组晚白垩世孢粉化石时,曾报道了槐叶萍科的*Ariadnaesporites*的发现。该属曾见于荷兰、葡萄牙、加拿大及美国等地晚白垩世坎潘期—马期特里赫特期地层中。

4. 粗糙沃氏粉—黑龙江小突粉(*Wodehouseia aspera-Parviprojectus amurensis*)组合(组合Ⅳ)

本组合主要发现于嘉荫乌拉嘎渔亮子组上段含恐龙层的孢粉化石,裸子植物的花粉(主要为松科、杉科和银杏粉)和蕨类孢子(主要为*Laevigatosporites* 和 *Cyathidites* 等)较多。被子植物花粉可达44%,以现生被子植物科占优势,以桦科、胡桃科、山毛榉科、榆科和杨梅科(Myricaceae)等为主,而且多样性增加,似代表气候适度温和。代表性分子主要包括*Proteacidites mollis, Aquilapollenites rigidus, Parviprojectus amurensis, Wodehouseia aspera, W. gracilis* 等。这一组合被玛尔

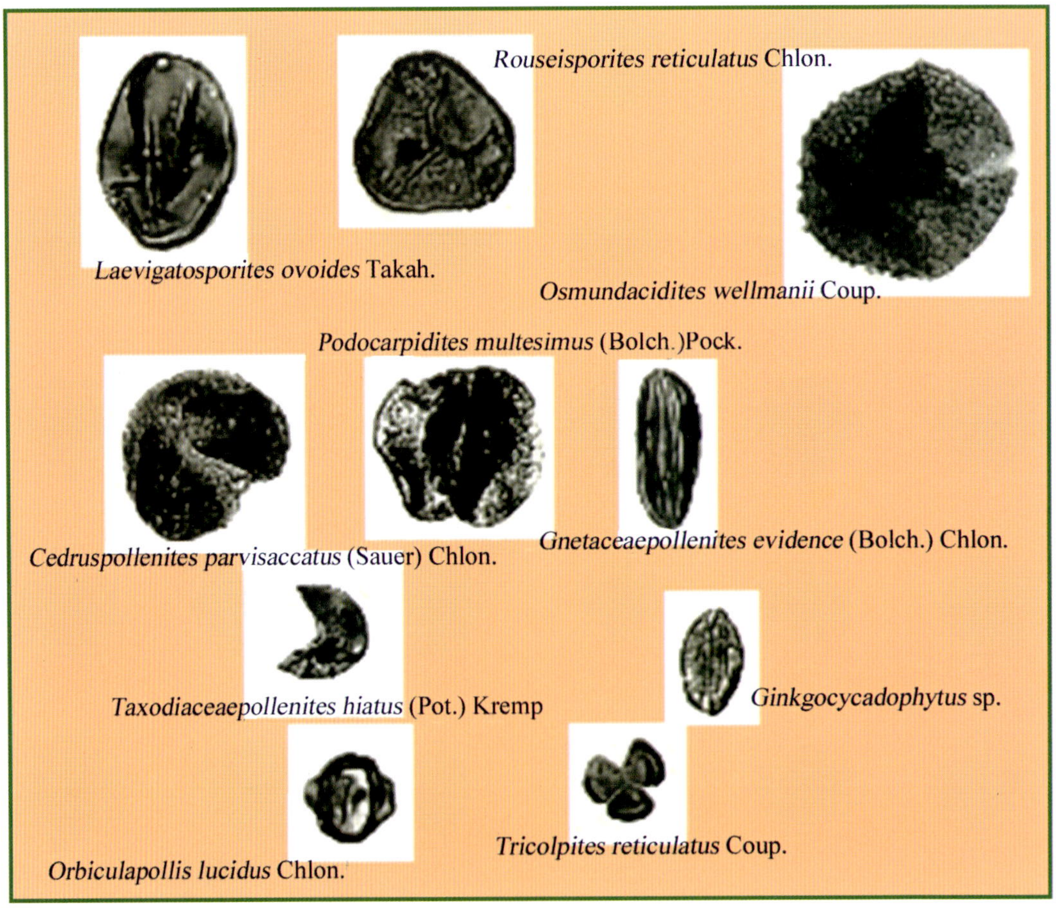

图53 阿米格黛鹰粉—明确买麻藤粉组合(组合Ⅲ)(据Markevich et al., 2006)

Fig.53 *Aquilapollenites amygdaloides-Gnetaceaepollenites evidens* Assemblage (Ass. Ⅲ) (after Markevich et al., 2006)

凯维奇等划定为 *Wodehouseia aspera–Parviprojectus amurensis* 组合(粗糙沃氏粉—黑龙江小突粉组合;组合Ⅳ),显示时代为马斯特里赫特中期(Markevich et al., 2006)(图54)。

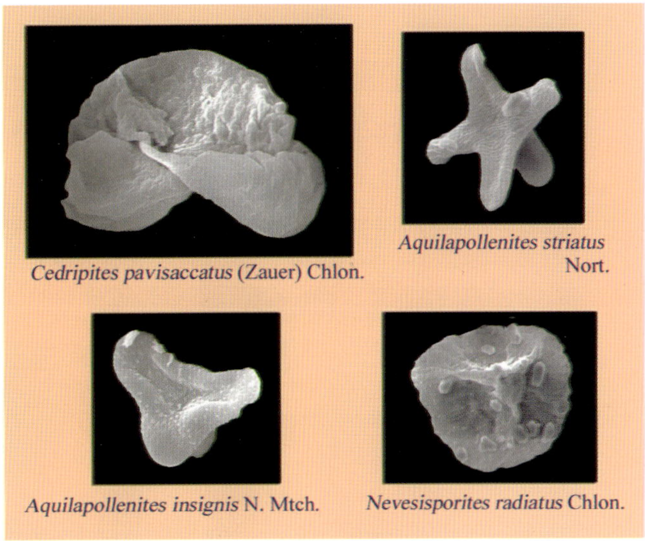

图54 粗糙沃氏粉—黑龙江小突粉组合(组合Ⅳ)(据Markevich et al., 2006)

Fig.54 *Wodehouseia aspera - Parviprojectus amurensis* Assemblage (Ass.Ⅳ)(after Markevich et al., 2006)

5. 三棱鹰粉—条纹假鹰粉(*Aquilapollenites conatus–Pseudoaquilapollenites striatus*)组合(组合Ⅴ)

富饶组(指本书作者新划定的富饶组)的孢粉化石十分丰富,为该组时代确定及K-Pg界线的确定提供了宝贵依据。目前本书作者已发现至少29属49种,属于三棱鹰粉—条纹假鹰粉(*Aquilapollenites conatus–Pseudoaquilapollenites striatus*)组合(即组合Ⅴ)。本组合主要发现于嘉荫乌云镇附近的富饶组,样品采自位于乌云小河沿附近的三个钻孔(XHY-2005, 2006, 2008)的岩芯。经本书作者详细分析和研究,富饶组的孢粉化石主要以裸子植物的杉科(约占50%)和被子植物的榆科(约25%)占优势。孢子中,主要以单缝的 *Laevigatosporites* 占优势,*Cyathidites minor, C. australis, Leiotriletes* spp.等居第二位。被子植物具有较为丰富的多样性,其花粉主要以榆科、桦科、杨柳科、胡桃科、杨梅科和桃金娘科(Myrtaceae)等为代表;三龙眼科(Loranthaceae)、桑寄生科(Proteaceae)及木兰科少见。鹰粉的分异度达到最高,已发现至少14个种,包括 *Aquilapollenites attenuatus* Funkh., *A. rigidus* Nort., *A. spinulosus* Funkh., *A. stelkii* Sriv., *A. catenireticulatus* Sriv., *A. striatus* Funkh., *A. conatus* Nort. , *A. insignis* N. Mtch., *A. subtilis* N. Mtch., *A reductus* Nort., *A. proceros* Samoil., *A. amurensis* (Bratz.), *A. quadricretaceus* N. Mtch., *A. rombicus* (Samoil.) Stanl. 等。*Intergricorpus bertillonites* N. Mtch., *I. bellum* N. Mtch., *Pseudointegricorpus clarireticulatus* (Samoil.) Takah. 及 *Triprojectus amoenus* (Liu) Zhao 等也均有出现。

本组合最典型的代表性分子为:*Marsypiletes cretacea, Tricolpites variexinus, Aquilapollenites stelkii, A. proceros, A. striatus, A. rigidus, Intergricorpus bellum, Pseudointegricorpus clarireticulatus* 等8种;其中,仅见于马斯特里赫特期的孢粉为:*Aquilapollenites funkhouseri, A.reductus, Pseudoaquilapollenites striatus, Pseudo-*

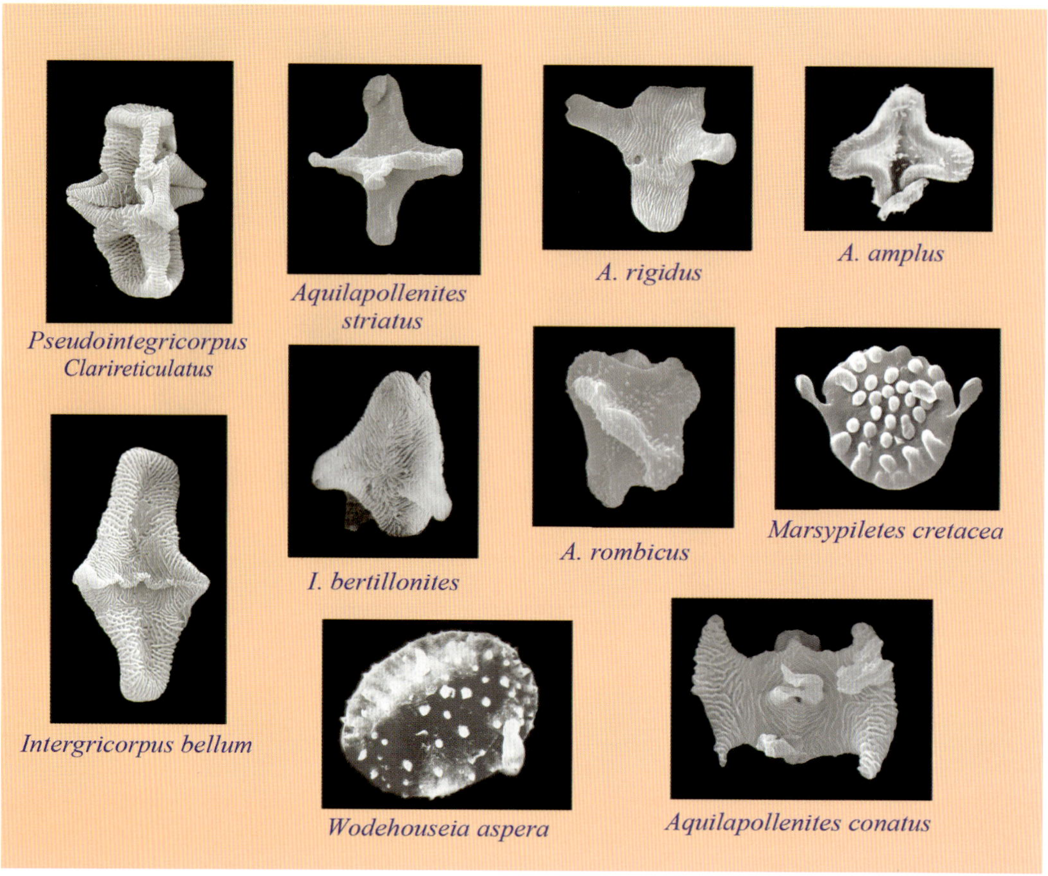

图55 三棱鹰粉—条纹假鹰粉组合(组合Ⅴ,马斯特里赫特晚期)(据Markevich et al., 2006, 2011)

Fig.55 *Aquilapollenites conatus-Pseudoaquilapollenites striatus* Assemblage (Ass.Ⅴ, late Maasterichtian)(after Markevich et al., 2006, 2011)

integricorpus clariretuculatus, Marsypiletes cretacea, Zlivisporites novomexicanus, Rugulatisporites quintus, Wodehouseia stanley 等。特别是,*Aquilapollenites reductus, Marsypiletes cretacea* 等是马斯特里赫特期最晚期灭绝的分子。该组合与俄罗斯结雅—布列亚盆地的中查加扬组孢粉植物组合一致,时代属于马斯特里赫特晚期(Markevich et al., 2011)(图55)。

3.1.3 晚白垩世无脊椎动物

嘉荫地区晚白垩世永安村组、太平林场组等地层产较为丰富的叶肢介、介形类等无脊椎动物化石(黑龙江省地质矿产局,1993),反映了此期这一地区湖沼、河流等水体的广泛存在。本书作者及课题组就永安村组、太平林场组的介形类化石开展了部分工作,并在永安村组中下部新发现瓣鳃类化石。

(1)介形类

嘉荫地区晚白垩世介形类主要产于永安村组及太平林场组。

永安村组的介形类样品采自永安村组层型剖面,化石较为丰富,显示了以蜂孔女星介—三角形狼星介—脊状枣星介(*Cypridea favosa*-*Lycopterocypris triangularis*-*Ziziphocypris concta*)为代表的介形类组合。该组合主要成员包括:*Cypridea favosa* Ye, *C. sunghuajiangensis* Ye, *C. tenuis* Raun, *C. exornata* Ye, *C. concinaformis* Su, *Mongolocypris tera* (Su), *M. curtorostrata* Hao, *M. porrecta* (Su), *M. infidelis* (Ye), *Lycopterocypris triangularis* Ye, *Rhinocypris* sp., *Ziziphocypris concta* (Cea), *Z. simakovi* (Mandelstam), *Candona glaber* (Su), *C. prona* (Su), *C. disjuncta* Hao 等。该组合以 *Cypridea*、*Mongolocypris*、*Lycopterocypris* 和 *Ziziphocypris* 等属居优势,优势种 *Cypridea favosa*、*Lycopterocypris triangularis* 及 *Ziziphocypris concta* 在松辽盆地仅见于姚家组。永安村组介形类组合与姚家组第二、第三

图56 嘉荫晚白垩世介形类化石:1. 蜂孔女星介;2. 似灵巧女星介;3. 圆形蒙古星介;4. 松花江女星介;5,6. 脊状枣星介;7. 瘦女星介;8. 三角形狼星介;9. 优雅女星介。1—8产自永安村组,9产自太平林场组(据张立君鉴定,2014)

Fig.56 Ostrocods from Upper Cretaceous of Jiayin: 1. *Cypridea favosa* Ye; 2. *Cypridea concinaformis* Su; 3. *Mongolocypris tera* (Su); 4. *Cypridea sunghuajiangensis* Ye; 5,6. *Ziziphocypris concta* (Cea); 7. *Cypridea tenuis* Ruan; 8. *Lycopterocypris triangularis* Ye; 9. *Cypridea perelegana* Ten. 1-8 from Yong' ancun Fm, 9 from Taipinlglinchang Fm(identified by Zhang L J, 2014)

段第10介形类组合(叶得泉等,2002)可对比,故永安村组中上部的时代应为晚白垩世科尼亚克—桑顿期(据张立君鉴定,2014)(图56,1-8)。

太平林场组的介形类样品采自太平林场组层型剖面的第4层。主要有优雅女星介(*Cypridea perelegana* Ten)和年轻刺星介相似种(*Rhinocypris* cf. *primaeva* Li)等,优雅女星介化石曾见于松辽盆地嫩江组(图56-9)。

(2)叶肢介

嘉荫地区晚白垩世叶肢介化石也较为丰富。据中科院南京古生物所李罡研究员等(2004)报道,在嘉荫永安村以东的沿江剖面上,于太平林场组底部的黑灰色页岩中,已发现俞氏链叶肢介(图57)。由于该种的首现是嫩江阶底界的生物标志,因此,已建议全国地层委员会将嫩江阶的界线层型剖面由钻井岩芯剖面(黑龙江省肇州县光荣乡郑德福屯的25号钻孔)改为嘉荫县永安村东的永安村组和太平林场组界线的地表露头剖面(李罡等,2004)。本作者曾核查了这一地层界线(图30)。

(3)瓣鳃类

嘉荫地区晚白垩世瓣鳃类化石发现不多,仅在嘉荫永安村以东的沿江永安村组剖面上发现。经我国古瓣鳃类学家、中科院南京古生物所沙金庚研究员鉴定,认为可能属于新属种(面告,2014)(图58)。

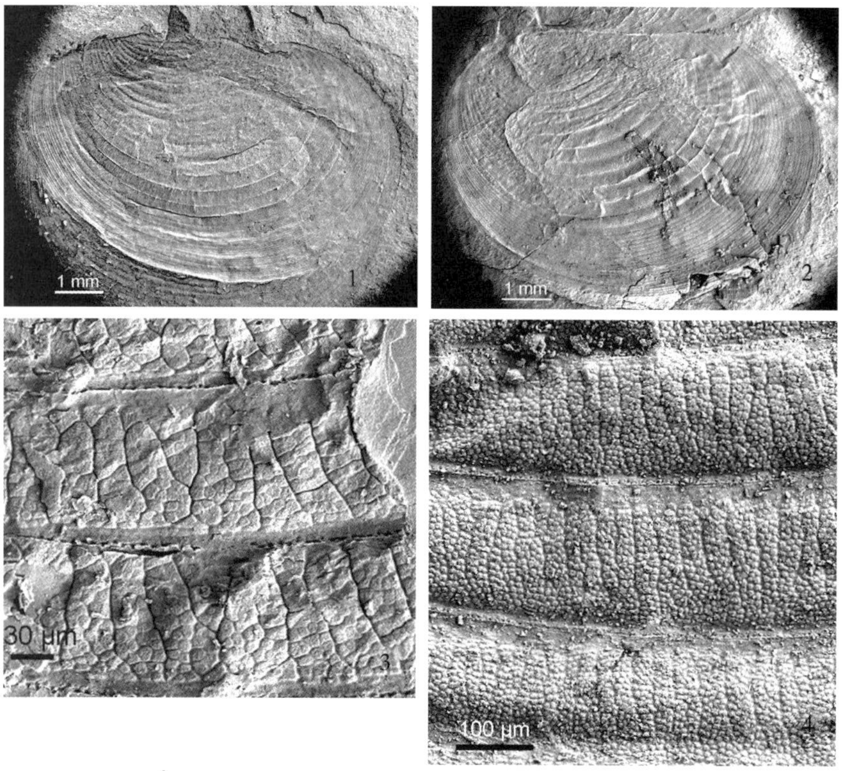

图57 嘉荫地区晚白垩世俞氏链叶肢介(太平林场组底部)(据李罡等,2004):1. 俞氏链叶肢介雄性个体;2. 雄性个体;3,4. 壳表面装饰

Fig.57 Conchostracan *Halysestheria yui* (Chang) from Taipinglinchang Fm in Yong'ancun of Jiayin: 1. male; 2. female; 3, 4. decoration of shell surface (after Li et al., 2004)

图58 嘉荫地区晚白垩世瓣鳃类：1，2. 瓣鳃类（属种待定），产出层位为永安村组（据沙金庚鉴定，2014）；3. 化石产地（永安村东山）
Fig.58 Bivalves from Upper Cretaceous Yong'ancun Fm of Jiayin (identified by Sha J G, 2014): 1,2. Bivalves; 3. fossil site (east hill of Yong'ancun)

3.1.4 晚白垩世恐龙动物群

自嘉荫地区1902年发现恐龙化石及俄罗斯专家里亚宾宁（Riabinin，1925，1930）正式命名黑龙江满洲龙（*Mandschurosaurus amurensis* Riabinin）以来，有关黑龙江嘉荫的恐龙化石的研究工作几乎中断了近40年。

中国学者涉足嘉荫地区的恐龙化石研究，且真正开展较大规模的恐龙化石发掘，是从20世纪80年代开始的（杨大山、魏正一等，1983—1985；刘翰等，1989—1992；邢玉玲等，1994—1999；黑龙江地质博物馆，2001—2002等）。此间，本书作者中的部分学者开展了有关嘉荫及其邻区的恐龙研究工作，如哥德弗洛伊特（2000，2001）、尤里·保罗斯基（1999—2001）、董枝明（2001）等。上述研究为嘉荫地区晚白垩世恐龙研究和本科研队的新一轮研究工作奠定了重要基础。

2002—2011年，以中外恐龙学者、我国董枝明、比利时哥德弗洛伊特和俄罗斯尤里·保罗斯基为首的恐龙研究组（图59）在嘉荫龙骨山、永安村、乌拉嘎，以

图59 领导嘉荫恐龙研究的三位专家:1. 董枝明;2. 哥德弗洛伊特;3. 尤里·保罗斯基
Fig.59 Leading experts in study of dinosaurs in Jiayin:1. Dong Z M;2. Godefroit P;3. Bolotsky Yu

及邻区俄罗斯昆都尔和布拉戈维申斯克等5个产地,开展了对本区晚白垩世恐龙动物群的详细深入研究,迄今已发现了至少10个晚白垩世恐龙分类群(董枝明等,2003;Godefroit et al., 2000,2003,2004,2008,2011;Bolotsky et al.,1991,2004)(图60)。

总结本书作者们十余年来在恐龙研究方面最主要成果包括:(1)首次确定并深入研究了嘉荫及其邻区晚白垩世恐龙动物群5个主要恐龙化石点,包括中国的嘉荫龙骨山、乌拉嘎、永安村,以及俄罗斯的布拉戈维申斯克和昆都尔(图61);(2)首次基本搞清了黑龙江流域的嘉荫及其邻区的晚白垩世恐龙动物群的组成,它们既包括植食的鸭嘴龙类(Hadrosaurid),也包括肉食的暴龙类(Tyrannosaurid);在鸭嘴龙类中,具空心头冠的兰氏龙亚科占90%以上。

本书作者近十年来首次详细确认的黑龙江流域晚白垩世10个恐龙分类群包括:

鸭嘴龙类 Hadrosaurid

鸭嘴龙科 Hadrosauridae

鸭嘴龙亚科 Hadrosaurinae

黑龙江满洲龙 *Mandschurosaurus amurensis* (Riab.)Riabinin,1930 (龙骨山)

马氏克伯龙 *Kerberosaurus manakini* Bolotsky et Godefroit, 2004 (布拉戈维申斯克)

董氏乌拉嘎龙 *Wulagasaurus dongi* Godefroit et al.,2008 (乌拉嘎)

那氏昆都尔龙 *Kundurosaurus nagornyi* Godefroit,2012 (昆都尔)

兰氏龙亚科 Lambeosaurinae

嘉荫卡龙 *Charonosaurus jiayinensis* Godefroit et al.,2000 (龙骨山)

图60 黑龙江嘉荫及其邻区晚白垩世恐龙动物群：1. 满洲龙；2. 卡龙；3. 乌拉嘎龙；4. 黑龙；5. 官帽龙；6. 昆都尔龙；7. 阿穆尔龙；8，9. 克伯龙；10. 嘉荫足印；11. 暴龙类（牙齿）

Fig.60 Late Cretaceous dinosaurs in Jiayin and its neighboring areas: 1. *Mandschurosaurus*; 2. *Charonosaurus*; 3. *Wulagasaurus*; 4. *Sahaliyania*; 5. *Olorotitan*; 6. *Kundurosaurus*; 7. *Amurosaurus*; 8, 9. *Kerberosaurus*; 10. *Jiayinosauropus*; 11. Tyrannosaurid (teeth)

鄂伦春黑龙 *Sahaliyania elunchunorum* Godefroit et al.,2008（乌拉嘎）

里氏阿穆尔龙 *Amurosaurus riabinini* Bolotsky et Kurzanov, 1991（布拉戈维申斯克）

阿哈拉官帽龙 *Olorotitan arharensis* Godefroit et al., 2003（昆都尔）

鸭嘴龙亚科（分类位置待定）Hadrosaurinae *Insetae Sedis*

姜氏嘉荫足印 *Jiayinosauropis johnsoni* Dong et al., 2003（永安村）

图61 黑龙江嘉荫及其邻区晚白垩世恐龙5个主要产地：1. 龙骨山；2. 乌拉嘎；3. 永安村；4. 布拉戈维申斯克；5. 昆都尔

Fig,61 Five sites of Late Cretaceous dinosaurs in Jiayin and its neighboring areas：1. Longgushan；2. Wulaga；3. Yong'ancun；4. Blagoveshensk；5. Kundur

暴龙类 Tyrannosaurid

霸王龙类 Tyrannosaurid（龙骨山，昆都尔，布拉戈维申斯克）

上述恐龙分类群简分述如下。

黑龙江满洲龙 *Mandschurosaurus amurensis* Riabinin，1930

产地：嘉荫龙骨山（中心地理坐标：48°51′27.6″N，130°14′37.7″E）

层位与时代：渔亮子组下段，马斯特里赫特早期

模式标本保存：全俄地质博物馆（圣彼得堡）

黑龙江嘉荫的恐龙化石1902年被发现后，连同克里斯托维奇（1914）采集的胫骨化石，及此后由俄罗斯地质委员会科考队采集的分散保存的标本，全部运回前全苏地质博物馆（圣彼得堡）。化石由技师斯梯帕诺夫修复、装架，同时由恐龙学家里亚宾宁研究。里亚宾宁最初将此其命名为“黑龙江粗齿龙”（*Trachodon amurense* Riabinin，1925），后修订命名为黑龙江满洲龙（*Mandschurosaurus amurensis* Riabinin, 1930）（图62）。

图62 满洲龙：1. 保存在全俄地质博物馆（圣彼得堡）的满洲龙模式标本；2. 里亚宾宁；3. 斯梯帕诺夫（据Bolotsky I, 2013）

Fig.62 *Mandschurosaurus*: 1. holotype of *Mandschurosaurus*, housed in All Russian Geological Museum (St.-Petersberg); 2. Riabinin A N; 3. Stepanov N P (after Bolotsky I, 2013)

多年来，对满洲龙（*Mandschurosaurus*）的命名一直在讨论中（Godefroit et al., 2000，2011）。但我国恐龙学家董枝明认为，“黑龙江满洲龙（*Mandschurosaurus amurensis*）正型标本尽管材料不全，但标本是确切的，并不存疑，产地层位清楚，记述可信，其属种名有优先权”（董枝明，2009）。目前，除俄罗斯专家肯定这一命名外，我国黑龙江大部分博物馆（如黑龙江省地质博物馆、伊春地质博物馆及嘉荫神州恐龙博物馆等）也均照这一命名（图63）。

马氏克伯龙 *Kerberosaurus manakini* Bolotsky et Godefroit, 2004

产地：俄罗斯布拉戈维申斯克（中心地理坐标：50°16′11.6″N，127°28′33.1″E）

层位与时代：乌杜楚坎组，即下查加扬组（lower Tsagayan Fm），马斯特里赫特早期

模式标本保存：俄罗斯科学院自然资源管理所博物馆（布拉戈维申斯克）

布拉戈维申斯克位于黑龙江左岸、中国黑河市对岸，是俄罗斯一侧一大型恐龙化石产地，1981年由恐龙专家尤里·保罗斯基发现。该产地位于布拉戈维申斯克市中心，出露面积约$200m^2$，至1990年已发掘出数百件恐龙骨骼化石，其中90%以上属于兰氏龙亚科鸭嘴龙类。伴生的还有阿穆尔龙（*Amurosaurus riabinini*）（Bolotsky & Kurzanov，1991；Godefroit et al.，2004）、分散保存的兽脚类牙齿化石和龟化石碎片等。产恐龙层位为乌杜楚坎组，即下查加扬群（lower

图63 嘉荫龙骨山的满洲龙化石：1. 董枝明教授与嘉荫恐龙博物馆的满洲龙化石；2. 嘉荫龙骨山恐龙化石新发现

Fig.63 *Mandschurosaurus* found in Longgushan of Jiayin: 1. Prof. Dong Z M with dinosaur fossils; 2. new site of *Mandschurosaurus* in Longgushan, Jiayin

Tsagayan Group),出露厚度仅2—3m,恐龙化石产于该组下部厚75cm的岩层(图64,65)。

马氏克伯龙(*Kerberosaurus manakini*)主要是依据头骨化石而确定的一个鸭嘴龙类的新类群。其上颌骨的齿骨具50个齿列,每列具5颗连续排列的牙齿,其中2枚较强,牙齿近菱形,较长、直而对称。

董氏乌拉嘎龙 *Wulagasaurus dongi* Godefroit, Hai, Yu et Lauters, 2008

产地:嘉荫乌拉嘎(中心地理坐标:48°23′40.9″N,130°08′44.6″E)

层位与时代:渔亮子组上段,马斯特里赫特中期

图64 马氏克伯龙(由Atuchin A复原)

Fig.64 *Kerberosaurus manakini*(reconstructed by Atuchin A)

图65 发掘克伯龙(*Kerberosaurus*)现场,保罗斯基博士父子为沈阳师范大学师生在现场讲解(2014)

Fig.65 The site bearing dinosaur *Kerberosaurus*. Dr. Bolotsky Yu and his son introduced the excavation to the teachers and students of SNU, China (2014)

模式标本保存：黑龙江省地质博物馆（哈尔滨）

乌拉嘎龙（*Wulagasaurus*）是黑龙江省地质博物馆在嘉荫乌拉嘎采集，2008年由哥德弗洛伊特和海树林等正式发表。乌拉嘎龙的头骨和头后骨骼显示了一系列相对原始的特征，包括，具短的矢状嵴，外枕骨与上枕骨之间距离很短，颧骨突下只有一个小孔，齿骨相对较长，但其牙间隙相对较短，肱骨的三角嵴前弯（图66）。乌拉嘎龙与其他基干鸭嘴龙类和兰氏龙亚科的分类群相似，其矢状嵴相对较短；而在鸭嘴龙亚科其他属种中，顶骨的矢状嵴要更长（Godefroit et al., 2008）。

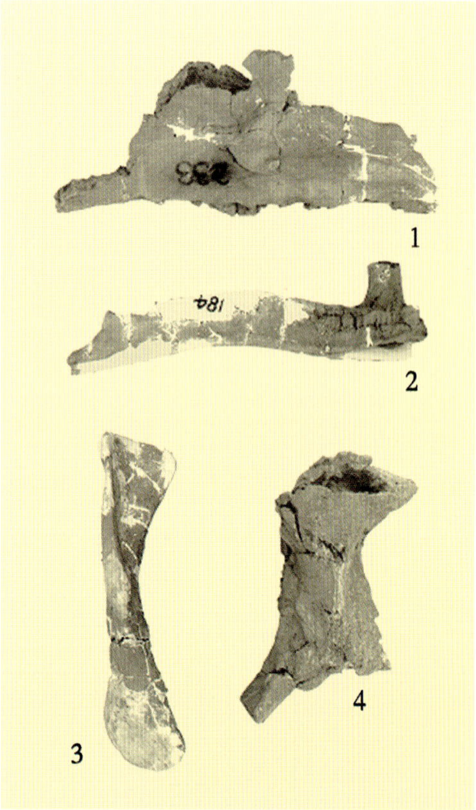

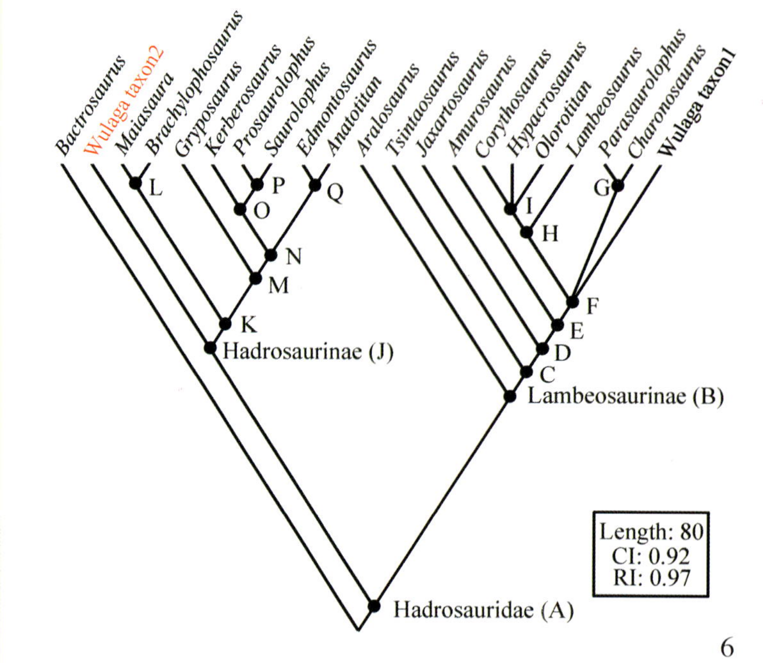

图66 董氏乌拉嘎龙：1. 左上颌骨；2. 右齿骨；3. 右肱骨；4. 头骨；5. 乌拉嘎恐龙化石产地；6. 分支序列图

Fig.66 *Wulagasaurus dongi*: 1. left maxilla; 2. right dentary; 3. right humerus; 4. braincase; 5. locality of dinosaur fossils in Wulaga; 6. phylogenetic diagram

那氏昆都尔龙 *Kundurosaurus nagornyi* Godefroit, Bolotsky et Lauters, 2012

产地:俄罗斯昆都尔(中心地理坐标: 49°04′57.5″N ,130°51′34.1″E)

层位与时代:乌杜楚坎组,即下查加扬群,马斯特里赫特早期

模式标本保存:俄罗斯科学院自然资源管理所博物馆(布拉戈维申斯克)

昆都尔龙(*Kundurosaurus*)属于鸭嘴龙亚科,发现于俄罗斯布列亚盆地昆都尔附近的晚白垩世乌杜楚坎组。主要特征为:鼻骨外侧有明显的厚嵴,并形成围鼻凹的后边缘,向后可达鼻骨后突;肩胛骨近端的后骨板明显向外伸展,与假肩峰突近平行;肠骨前髋臼突较直,微下弯,且未达到耻骨柄与坐骨柄的基部水平面;肠骨后髋臼突沿长轴强烈扭曲,因此其外表面逐渐向其背侧弯曲。

化石产地位于昆都尔村南东约10km、赤塔—哈巴罗夫斯克公路南侧。地层为乌杜楚坎组,化石产出岩层由黄灰色泥质岩(含伊利石及高岭土)、粗砂岩夹细砾岩等组成,距布列亚组(Bureya Fm)底界3.25m,相当于查加扬群的下部。从岩相看,似反映快速堆积,沉积及化石骨骼的定向反映可能由一次事件引起。阿哈拉官帽龙化石 1999年由尤里·保罗斯基领导发掘,2002年规模加大,2003年正式命名,属兰氏龙亚科。伴生化石还发现有兽脚类牙齿化石(Alifanov & Bolotsky,2002)及龟化石(Lindholmemydid)等。根据孢粉化石鉴定意见,本化石所在的乌杜楚坎组为马斯特里赫特早期(Markevich et al.,2006)。

2013年7月,黑龙江伊春地质博物馆安装了昆都尔龙骨架(模型),这是昆都尔龙在中国的首次展示(图67)。

图67 那氏昆都尔龙:1. 昆都尔龙复原骨架(伊春地质博物馆展品);2. 在伊春地质博物馆装架(2013)

Fig.67 *Kundurosaurus nagorryi*: 1. reconstruction of *Kundurosaurus*; 2. working for skeleton mounted in Yichun Geological Museum(2013)

嘉荫卡龙 *Charonosaurus jiayinensis* Godeforit et al.,2000

产地:嘉荫龙骨山黑龙江右岸640航标附近(中心地理坐标:48°51′27.6″N,130°14′37.7″E)

层位与时代:渔亮子组下段,马斯特里赫特早期

模式标本保存:吉林大学地质博物馆(长春)(图68,69)

本分类群的模式标本是吉林大学刘翰教授等于1989—1992年期间在嘉荫龙骨山附近的黑龙江640航标附近采集,原命名为黑龙江满洲龙(*Mandschurosaurus amurensis*)。2000年起经比利时恐龙学家哥德弗洛伊特等研究,命名为新的分类群"嘉荫卡龙"(Godefroit et al., 2000,2011)。目前,对此分类群的命名仍在讨论(董枝明,2009)。

鄂伦春黑龙 *Sahaliyania elunchunorum* Godefroit, Hai, Yu et Lauters, 2008

产地:嘉荫乌拉嘎(中心地理坐标:48°23′40.9″N,130°08′44.6″E)

层位与时代:渔亮子组上段,马斯特里赫特中期

模式标本保存:黑龙江省地质博物馆(哈尔滨)

图68　吉林大学地质博物馆

Fig.68　Geological Museum of Jilin Univ.

图69　中德科学中心专家参观保存在吉林大学地质博物馆的嘉荫卡龙(2005)

Fig.69　*Charonosaurus jiajnensis*. The experts of Sino-German Science Center visiting the Museum

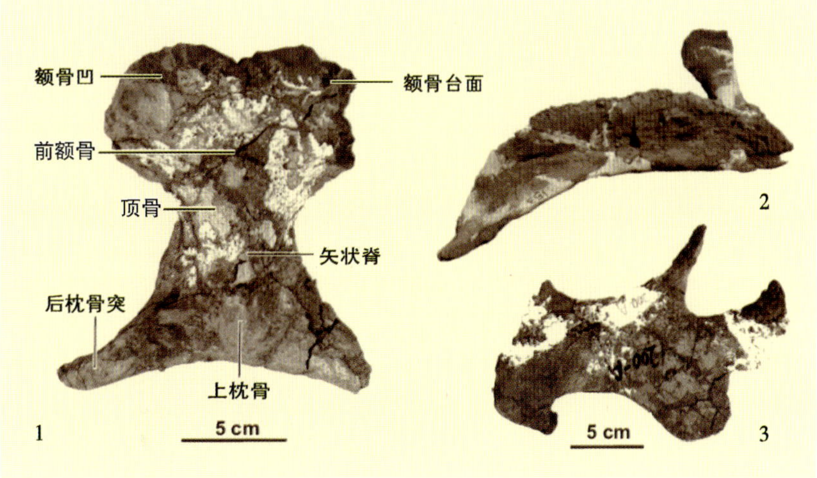

图70 鄂伦春黑龙：1. 头骨；2. 右齿骨；3. 左颧骨

Fig.70 *Sahaliyania elunchunorum*: 1. braincase (dorsal view); 2. right dentary (medial view); 3. left jugal (lateral view)

鄂伦春黑龙与乌拉嘎龙产于同地点、同层位(渔亮子组上段)，但属于鸭嘴龙科的兰氏亚龙科。其头骨和头后骨骼独具特征，包括如顶骨侧凹；副枕突细长；矢状嵴发育微弱；前耻骨突向背侧膨大等(Godefroit et al., 2008)(图70)。

里氏阿穆尔龙 *Amurosaurus riabinini* Bolotsky et Kurzanov, 1991

产地：俄罗斯布拉戈维申斯克(中心地理坐标：50°16′11.6″N，127°28′33.1″E)

层位与时代：乌杜楚坎组，即下查加扬组，马斯特里赫特早期

模式标本保存：俄罗斯科学院自然资源管理所博物馆(布拉戈维申斯克)

俄罗斯恐龙学者尤里·保罗斯基(1981)在布拉戈维申斯克市中心一个大约200m^{2}的地方发现大型恐龙化石，至1990年已发掘出数百件恐龙骨骼，其中90%以上属于兰氏龙亚科鸭嘴龙类。Bolotsky和Kurzanov(1991)简要报道并命名了里氏阿穆尔龙后，Godefroit et al. (2004)详细描述了这一分类群(图71)。阿穆尔龙大小可能与中国的巨型山东龙(*Shantungosaurus giganteus*)接近或略大。里氏阿穆尔龙模式标本上颌的齿骨上见有39颗牙齿。

阿哈拉官帽龙 *Olorotitan arharensis* Godefroit, Bolotsky et Alifanov, 2003

产地：俄罗斯昆都尔(中心地理坐标：49°04′57.5″N，130°51′34.1″E)

层位与时代：乌杜楚坎组，即下查加扬组，马斯特里赫特早期

模式标本保存：俄罗斯科学院自然资源管理所博物馆(布拉戈维申斯克)

阿哈拉官帽龙的正模为近于完整的头骨化石，显示为一成年个体，形体大，长约8m；头骨长而大，可能由于具发育的空心的颅嵴，呈帽冠形，形态奇特；具成对状鼻骨；有一条笔直的喙缘，伸长的脖子由18节颈椎组成(鸭嘴龙亚科以前有

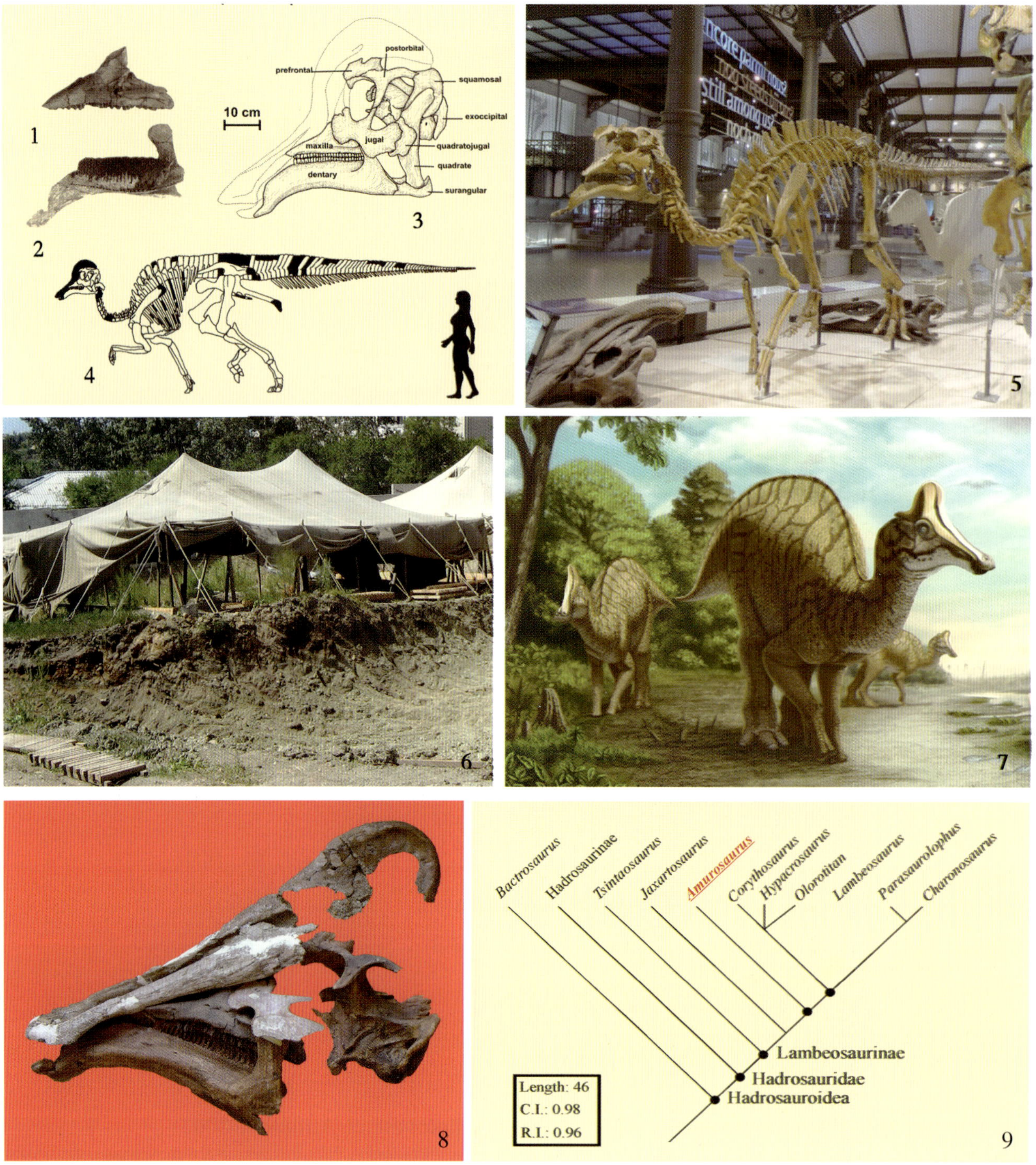

图71　里氏阿穆尔龙：1. 左上颌骨；2. 左下颌骨；3. 头骨复原；4. 骨架总体复原（1—4据Godefroit et al., 2004）；5. 保存在比利时皇家自然博物馆的阿穆尔龙骨架（孙革摄，2012）；6. 化石产地（布拉戈维申斯克）；7. 阿穆尔龙复原景观（Atuchin A绘制，据Bolotsy I, 2013）；8.阿穆尔龙头骨；9. 阿穆尔龙分支序列图（据Godefroit et al., 2004）

Fig.71　*Amurosaurus riabinini*: 1. left maxilla; 2. left dentary; 3. reconstruction of skull; 4. reconstruction of whole skeleton(1-4, after Godefroit et al., 2004); 5. skeleton exhibited in Royal Museum (NH)of Belgium (photo by Sun G, 2012); 6. locality of fossils in blagoveshensk; 7. paleoenvironmental reconstruction of *Amurosaurus* (by Atuchin A; after Bolotsy I, 2013); 8. skull of *Amurosaurus*; 9. phylogenetic diagram (after Godefroit et al., 2004)

图72 阿哈拉官帽龙：1. 官帽龙头骨；2. 官帽龙完整骨架的发现（蹲立者为尤里·保罗斯基博士）；3. 在昆都尔恐龙化石点工作（2003）；4. 伊春地质博物馆官帽龙骨架模型装架（2013）

Fig.72 *Olorotitan arharensis*: 1. skull; 2. nearly complete skeleton of *Olorotitan* (Dr. Bolotsky Yu squating); 3. working in dinosaur site in Kundur (2003); 4. mounting skeleton of *Olorotitan* in Yichun Geological Museum (2013)

图73 姜氏嘉荫足印：1. 足印化石的模式标本; 2. 约翰森博士（2002）

Fig.73 *Jiayinosauropis johnsoni* Dong et al., 2003: 1. holotype of the track fossil; 2. Dr. Johnson K (2002)

具15节颈椎的报道）；胫骨与腓骨等长（图72）。

姜氏嘉荫足印 *Jiayinosauropis johnsoni* Dong et al., 2003

产地：嘉荫永安村（中心地理坐标：48°50′57″N，130°31′24″E）

层位与时代：永安村组，桑顿晚期

模式标本保存：黑龙江省地质博物馆（哈尔滨）

2002年9月，本书作者在嘉荫永安村考察永安村剖面时，由约翰森最先发现此化石（图73），经董枝明等研究发表，认为该足印属于鸭嘴龙科，并命名为姜氏嘉荫足印（*Jiayinosauropis johnsoni* Dong et al., 2003）（董枝明等, 2003）。由于鸭嘴龙亚科与兰氏龙亚科的足迹的详细区别目前尚不清楚，本书作者认为本足印化石属于鸭嘴龙科，但详细亚科级分类待定（Hadrosaurinae *Insetae Sedis*）。

霸王龙类 Tyrannosaurid indet（牙齿化石，属种未定）

产地：中国嘉荫龙骨山，俄罗斯布拉戈维申斯克、昆都尔

层位与时代：渔亮子组、乌杜楚坎组，马斯特里赫特期

暴龙类化石（Tyrannosaurid）在嘉荫及其邻区（如俄罗斯布拉戈维申斯克及昆都尔等地）晚白垩世马斯特里赫特期地层中，主要以分散保存的恐龙牙齿化石为代表。近年来主要由俄罗斯青年学者伊万·保罗斯基（2013）研究（图74）。目前，这些兽脚类（特别是暴龙类）恐龙牙齿化石至少已发现50余件标本。这些牙齿分属于不同的颌骨和不同的分类阶元。通过研究这些肉食类恐龙牙齿的大小、磨损与替换、咀嚼功能以及埋藏特征等，对恢复晚白垩世时期嘉荫及其邻区恐龙动物群的生态系统、古生物地理以及洲际对比等具有重要意义。

此外，近年来，我国学者吕君昌等（2009）对嘉荫地区晚白垩世的恐龙牙齿化石也做了深入的研究工作，提出这里的兽脚类恐龙牙齿至少分属于霸王龙类、驰龙类、白鲨齿龙、福井盗龙等6个不同分类群（吕君昌，韩建新，2009）。

3.2 古新世生物群

嘉荫地区古新世生物群十分发育，主要以植物（包括孢粉）化石为代表。这些化石从一个侧面反映了在恐龙灭绝后，生物群的又一次大规模复苏。嘉荫地区古新世生物群主要可划分为白山头段和乌云含煤段两个生物组合。

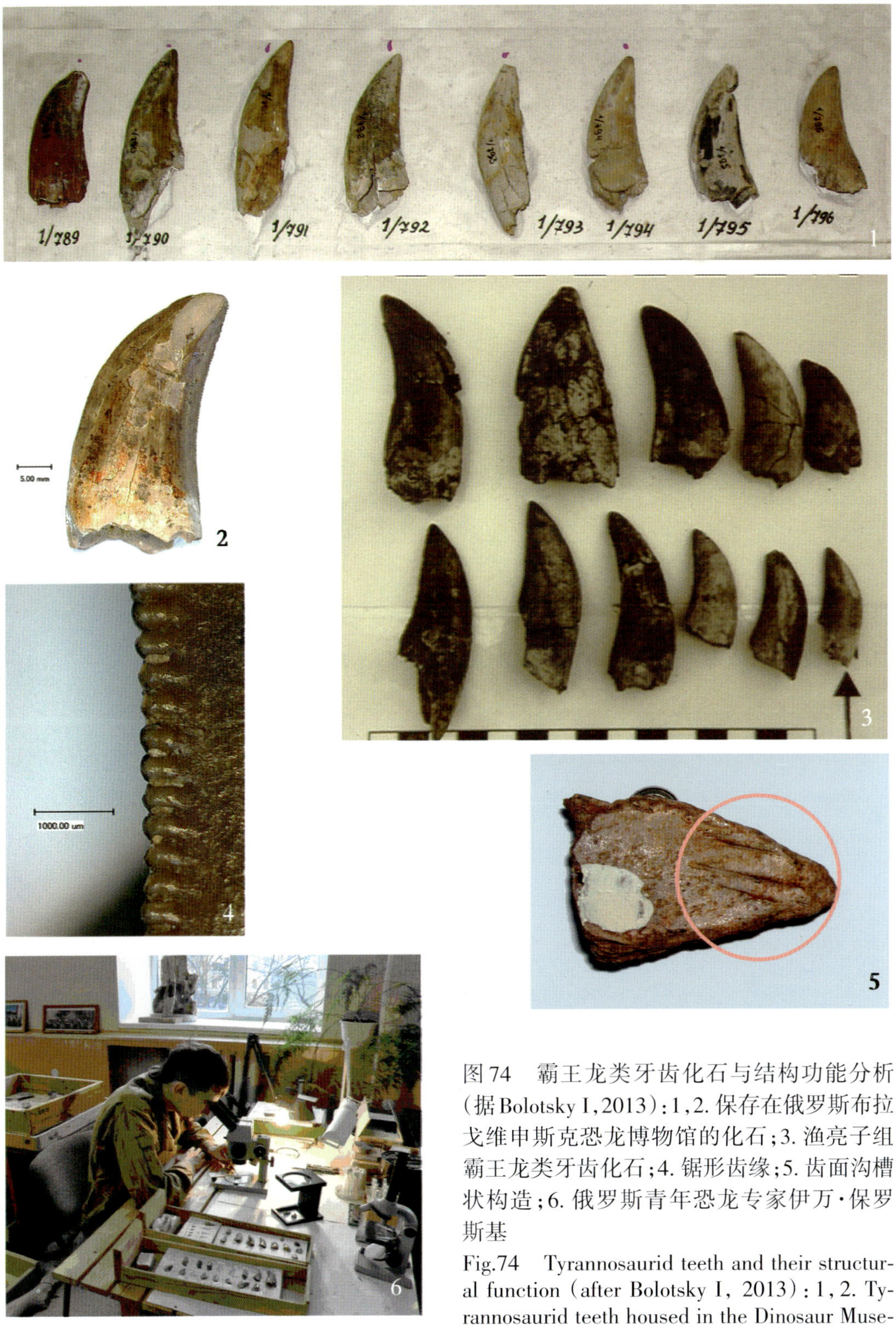

图74 霸王龙类牙齿化石与结构功能分析（据Bolotsky I，2013）：1，2. 保存在俄罗斯布拉戈维申斯克恐龙博物馆的化石；3. 渔亮子组霸王龙类牙齿化石；4. 锯形齿缘；5. 齿面沟槽状构造；6. 俄罗斯青年恐龙专家伊万·保罗斯基

Fig.74 Tyrannosaurid teeth and their structural function (after Bolotsky I, 2013): 1, 2. Tyrannosaurid teeth housed in the Dinosaur Museum of IGNM RAS in Blagoveshensk; 3. Tyrannosaurid teeth from Yuliangzi Fm in Jiayin; 4. serrated edges; 5. grooves on surface of tooth; 6. Russian young expert in dinosaurs Bolotsky I

3.2.1 白山头段

自2002年起，本书作者在乌云白山头附近的乌云组下部白山头段，发现大量植物大化石及孢粉化石（图75，76），植物大化石主要包括*Ginkgo adiantoides*（Ung.）Heer, *Taxodium olrikii*（Heer）Brown, *Tiliaephyllum tsagajanicum*（Krysht. et Baik.）Krassilov, *Archaeampelos acerifolia*（Newb.）Berry, *Beringiaphyllum cupanioides*（Newb.）Manchester et al., *Platanus raynoldsii* Newb., *Platanus* sp., *Trochodendroides arctica*（Heer）Berry, *Nyssa* sp.等（孙革等，2005）。其中，查加扬椴叶（*Tiliaephyllum tsagayanicum*）为俄罗斯查加扬植物群达宁期的典型代表分子，具有标志性的意义（Sun et al., 2002; 孙革等，2005）。

乌云组白山头段的孢粉化石显示为混杂三孔庭粉—小刺鹰粉（*Triatriopollenites confuses-Aquilapollenites spinulosus*）组合（组合Ⅵ，参见Markevich et al., 2006, 2011）。这一孢粉组合以蕨类孢子和裸子植物花粉为主占整个孢粉组合约53%；孢子中以光面单缝孢（*Laevigatosporites*）和较平滑的三缝孢为主。被子植物花粉十分丰富，部分样品可达42%；主要代表性的分子有：*Triatriopollenites confusus* Zakl., *T. plicoides* Zakl., *Triporopollenites plicatus* Krutz., *Juglanspollenites* sp., *Caryapollenites* sp., *Carya gracilis* Mart., *Pterocaryapollenites* sp.等；鹰粉（*Aquilapollenites*）只有少数几个种，沃氏粉（*Wodehouseia*）几乎很少见到。这一孢粉组合的时代为典型的古新世达宁早期。整个组合的代表性分子为：*Triatriopollenites confusus, Momipites tenuipolus* Anders, *Rhoipites pissinus* Stanl., *Anacolosidites subtrudens* Sakl., *Aquilapollenites spinulosus, A. proceros*等；其中，时代仅限于

图75　嘉荫乌云白山头古新世植物化石采集（2002）
Fig.75　Collecting Paleocene fossils in Baishantou of Wuyun, Jiayin（2002）

达宁早期的孢粉主要有 *Triatriopollenites confusus*, *T. plectosus*, *Aquilapollenites spinulosus*, *A. subtilis* 等(图 77)。

3.2.2 乌云含煤段

乌云组上部(含煤段)的植物化石十分丰富,以被子植物为主,裸子植物水杉、银杏等亦有一定数量出现。本书作者发现的主要分子有:苔藓类 *Tallites* sp.; 有节类 *Equisetum* sp.; 银杏类 *Ginkgo adiantoides* (Ung.) Heer., *G. jiayinensis* Quan; 松柏类 *Glyptostrobus nordenskioldii* (Heer) Brown, *Metasequoia accidentalis* (Newb.) Channy; 被子植物 *Tiliaephyllum tsagajanicum* (Krysht. et Baik.) Krassilov, *Archaeampelos acerifolia* (Newb.) Berry, *Beringiaphyllum cupanioides* (Newb.) Manchester et al., *Myrica* sp., *Betula* sp., *Nuphar burejense* Krassilov, *Nyssidium arcticum* (Heer) Iljinskaja, *Platanus raynoldsii* Newb., *Platanus* sp., *Trochodendroides arctica* (Heer) Berry, *Trochodendrospermum arcticum* (Brown) Krassilov, *Ulmus furcinervis* (Bors.) Ablajev 等 (Sun et al., 2002; 孙革等, 2005)(图 78,79)。

图 76 查加扬椴叶化石

Fig.76 *Tiliaephyllum tsagajanicum*

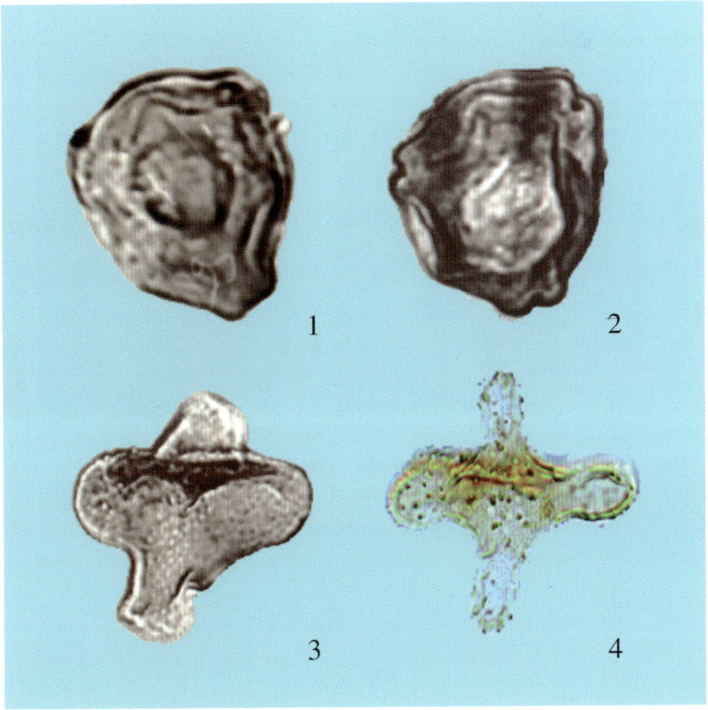

图 77 嘉荫达宁早期主要孢粉化石(据 Markevich et al., 2006, 2011): 1. *Triatriopollenites confusus*; 2. *T. plectosus*; 3. *Aquilapollenites subtilis*; 4. *A. spinulosus*

Fig.77 Some key-elements of early Danian pollen and spores in Jiayin (after Markevich et al., 2006, 2011): 1. *Triatriopollenites confusus*; 2. *T. plectosus*; 3. *Aquilapollenites subtilis*; 4. *A. spinulosus*

乌云组上部(含煤段)的孢粉化石显示为三孔庭粉—杉槭粉(*Triatriopollenites plicatus*-*Taxodiaceaepollenites*)组合(组合Ⅶ),代表性分子主要有:*Triatriopollenites plicatus*, *Aquilapollenites spinulosus* Funkh., *Ulmoideipites krempii* Anders., *Quercuspollenites* sp.以及*Taxodiaceaepollenites*等(参见Markevich et al., 2006, 2011),时代为古新世中—晚期(图80)。

图78 乌云组含煤段的裸子植物:1—5. 欧洲水杉;6. 嘉荫银杏;7. 诺尔登斯基水松

Fig.78 Gymnosperms from Coal-bearing Member of Wuyun Fm: 1–5. *Metasequoia accidentalis*; 6. *Ginkgo jiayinensis*; 7. *Glyptostrobus nordenskioldii*

图79 乌云组含煤段的被子植物：1. 槭叶蛇葡萄；2. 北极似昆栏树；3，5. 白令叶；4. 杨梅(未定种)；6. 瑞诺悬铃木；7，11. 叉脉榆；8—10. 桦(未定种)；12. 北极紫准树

Fig.79 Angiosperms from Coal-bearing Member of Wuyun Fm：1. *Archaeampelos acerifolia*; 2. *Trochodendroides arctica*; 3，5. *Beringiaphyllum cupanioides*; 4. *Myrica* sp.; 6. *Platanus raynoldsii*; 7，11. *Ulmus furcinervis*; 8–10. *Betula* sp.; 12. *Nyssidium arcticum*

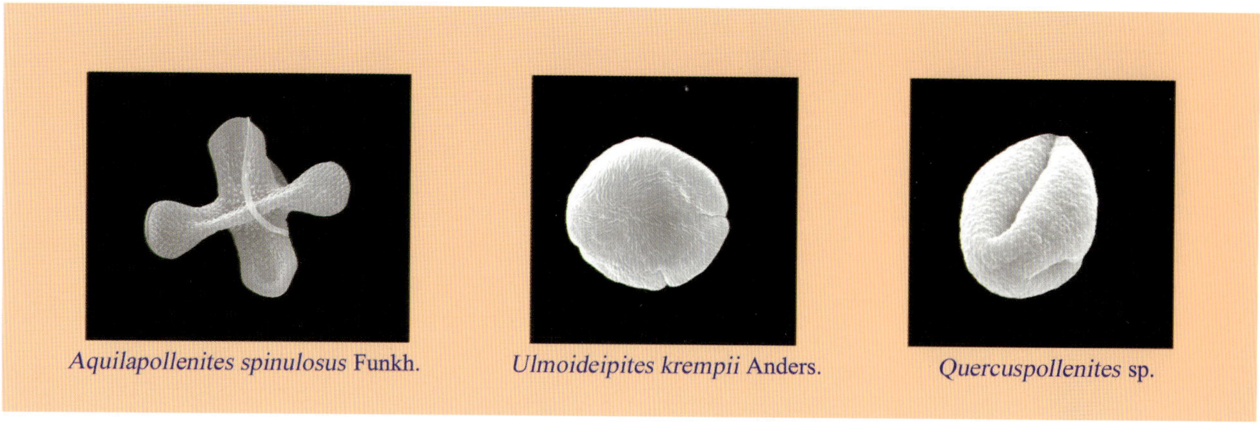

图80 乌云组含煤段的代表性孢粉化石

Fig.80 Palynological representatives from Coal-bearing Member of Wuyun Fm

3.3 木化石

黑龙江嘉荫及其邻区俄罗斯结雅—布列亚盆地的晚白垩世和古新世木化石较为常见,它们从一个侧面反映了白垩纪—古近纪界线前后的植被组成,同时为研究这一地区的古地理环境等提供了宝贵资料。本科研队的木化石研究主要由日本木化石专家寺田和雄(Terada K)博士(福井恐龙博物馆)、西田治文(中央大学)及孙革合作完成(Terada et al., 2011)。

本书报道的木化石,43件采自于黑龙江嘉荫龙骨山的太平林场组及白山头的乌云组下部,85件采自俄罗斯结雅—布列亚盆地的上查加扬组(达宁期)。

作者对这些木化石分别进行了切片和解剖研究。总体上还是可以发现白垩纪—古近纪界线前后的木化石的不同;同时也发现了中国嘉荫乌云组与俄罗斯结雅—布列亚盆地上查加扬组在木化石方面的相似性(图81,82)。

嘉荫晚白垩世的木化石可见宽孔异木[*Xenoxylon latiporosum* (Cramer) Gothan],代表了异木属时代较新的类型。另见有落羽杉型木(未定种)(*Taxodioxylon* sp.),该标本可能产于古新世的乌云组或是马斯特里赫特期的富饶组。

乌云组的木化石包括松柏类和双子叶被子植物。松柏类包括水杉型落羽杉型木[*Taxodioxylon sequoianum* (Mercklin) Gothan]和黑龙江云杉型木(*Protopiceoxylon amurense* Du)。后者属于松科的现生属油杉(*Keteleeria*)或长苞铁杉(*Nothotsuga*),这两个属在中国均属于濒危属。乌云组的双子叶被子植物包括金缕梅木相似属(cf. *Hamamelidoxylon*)及一暂时未定名的分类群,其散孔材具有多种类型的木射线。

图81 木化石及其产地：1，2.木化石；3，4. 嘉荫白山头；5—8. 俄罗斯先锋煤矿（据Terada et al., 2011）

Fig.81 Fossil woods and their localities: 1, 2. fossil woods; 3, 4. Baishantou of Jiayin; 5-8. Pioneer Coal-Mine of Russia (after Terada et al., 2011)

图82 木化石及其产地俄罗斯白山(据Terada et al., 2011)
Fig.82 Fossil woods and their locality, Belay Gora of Russia(after Terada et al., 2011)

俄罗斯结雅—布列亚盆地上查加扬组木化石包括水杉型落羽杉型木(*Taxodioxylon sequoianum*)和金缕梅木相似属(未定种)(cf. *Hamamelidoxylon* sp.)。与在嘉荫发现的木化石相似,这与两地的地层对比是一致的(图83—87)(Terada et al., 2011)。

3.4 晚白垩世嘉荫地区古气候与古环境

3.4.1 植物化石的反映

植物界是地球陆地生物界的重要组成部分,也是古气候与古环境变化的"晴雨表"。黑龙江嘉荫及其邻区晚白垩世生物群中,植物化石较为丰富,其中的一些植物化石具有较好的气候与古环境指示意义。

首先需要提到的是嘉荫地区的晚白垩世银杏类化石(如*Ginkgo adiantoides*, *G. pilifera*等),它们具有重要的生态指示意义。联系现生银杏(*Ginkgo biloba* L.)看,现今银杏其自然群落多分布于北纬30°附近的暖温带环境;最繁茂的

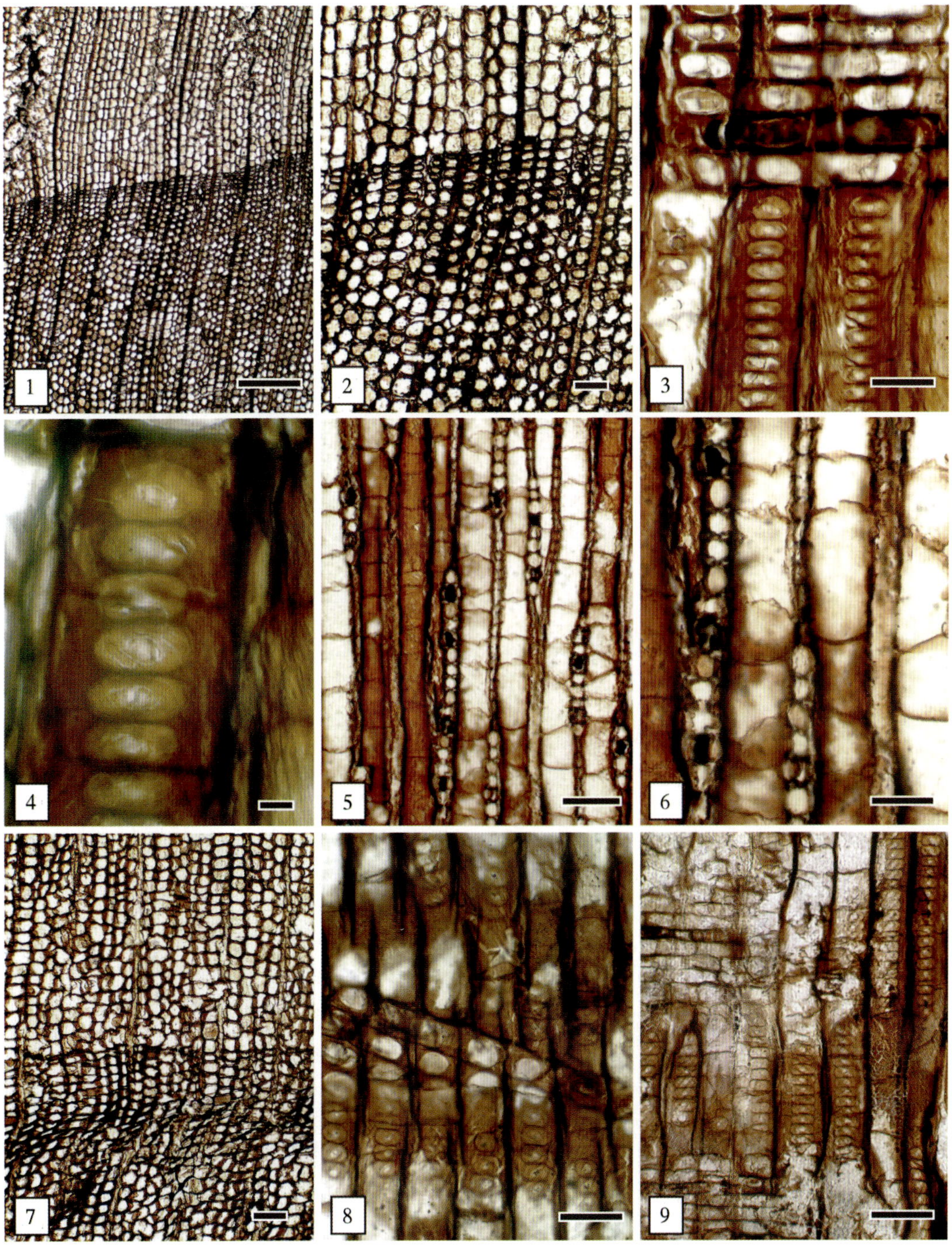

图83 嘉荫龙骨山木化石宽孔异木：1，2，7. 横切面，比例尺分别为500μm、100μm、100μm；3，4，8，9. 纵切面，比例尺分别为50μm、50μm、10μm、100μm；5，6. 弦切面，比例尺分别为100μm、50μm（据Terada et al.，2011）

Fig.83 Fossil woods *Xenoxylon latiporosum* from Longgushan of Jiayin：1，2，7. cross sections，bars=500μm，100μm，100μm；3，4，8，9. radial sections，bars=50μm，50μm，10μm，100μm；5，6. tangential sections，bars=100μm,50μm（after Terada et al.，2011）

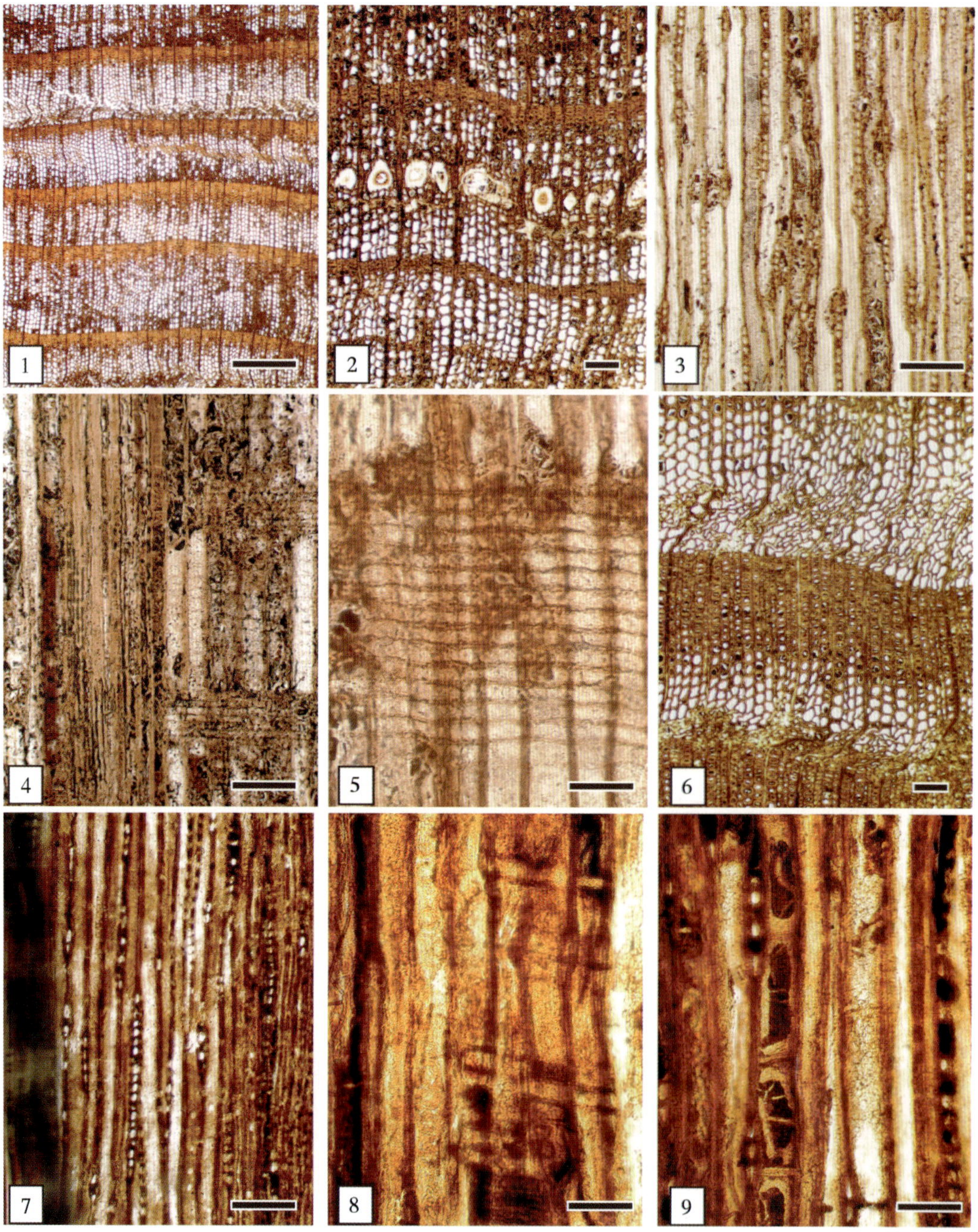

图84 嘉荫白山头和俄罗斯先锋煤矿木化石：1—5. 水杉型落羽杉型木；1，2. 横切面，比例尺分别为500μm、100μm；3. 弦切面，比例尺为100μm；4，5.纵切面，比例尺分别为100μm，50μm；6—9. 落羽杉型木（未定种），化石产自嘉荫白山头；6. 横切面，比例尺为100 μm；7，9. 弦切面，比例尺分别为100μm、50μm；8. 纵切面，比例尺为100μm（据Terada et al., 2011）

Fig.84 Fossil woods from Baishantou of Jiayin (CN) and Pioneer Coal-Mine (RUS): 1–5. *Taxodioxylon sequoianum*; 1, 2. cross sections, bars=500μm, 100μm; 3. tangential section, bar=100μm; 4, 5. radial sections, bars=100μm, 50μm; 6–9. *Taxodioxylon* sp., from Baishantou of Jiayin; 6. cross section, bar=100μm; 7, 9. tangential sections, bars=100μm, 50μm; 8. radial section, bar=100μm (after Terada et al., 2011)

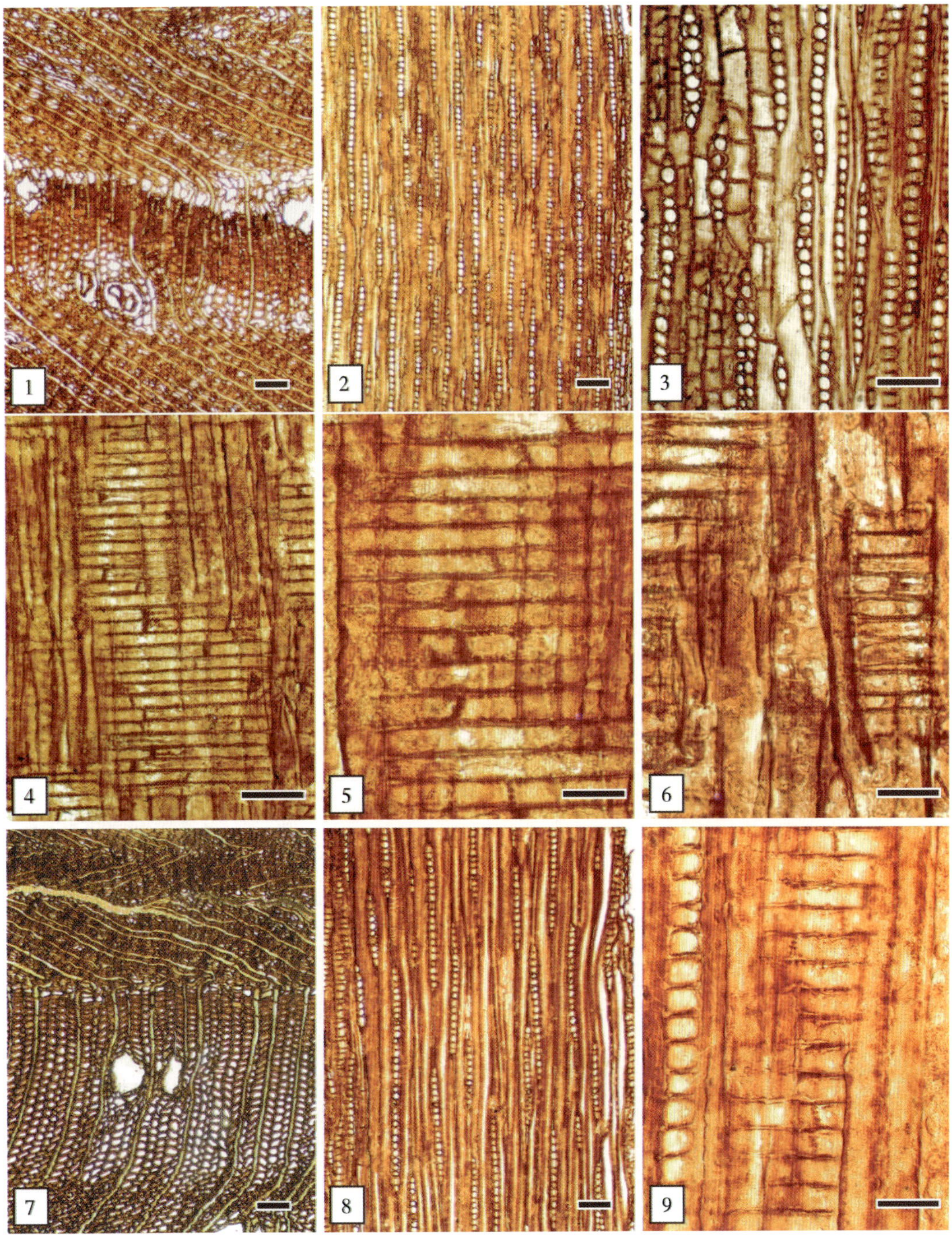

图85　黑龙江云杉型木，化石产自嘉荫白山头：1，7. 横切面，比例尺为100μm；2，3，8. 弦切面，比例尺为100μm；4—6，9. 纵切面，比例尺分别为100μm、50μm、50μm、50μm（据Terada et al.，2011）

Fig.85　*Protopiceoxylon amurense* Du (from Baishantou of Jiayin): 1, 7. cross sections, bars= 100μm; 2, 3, 8. tangential sections, bars=100μm; 4–6, 9. radial sections, bars=100μm, 50μm, 50μm, 50μm (after Terada et al., 2011)

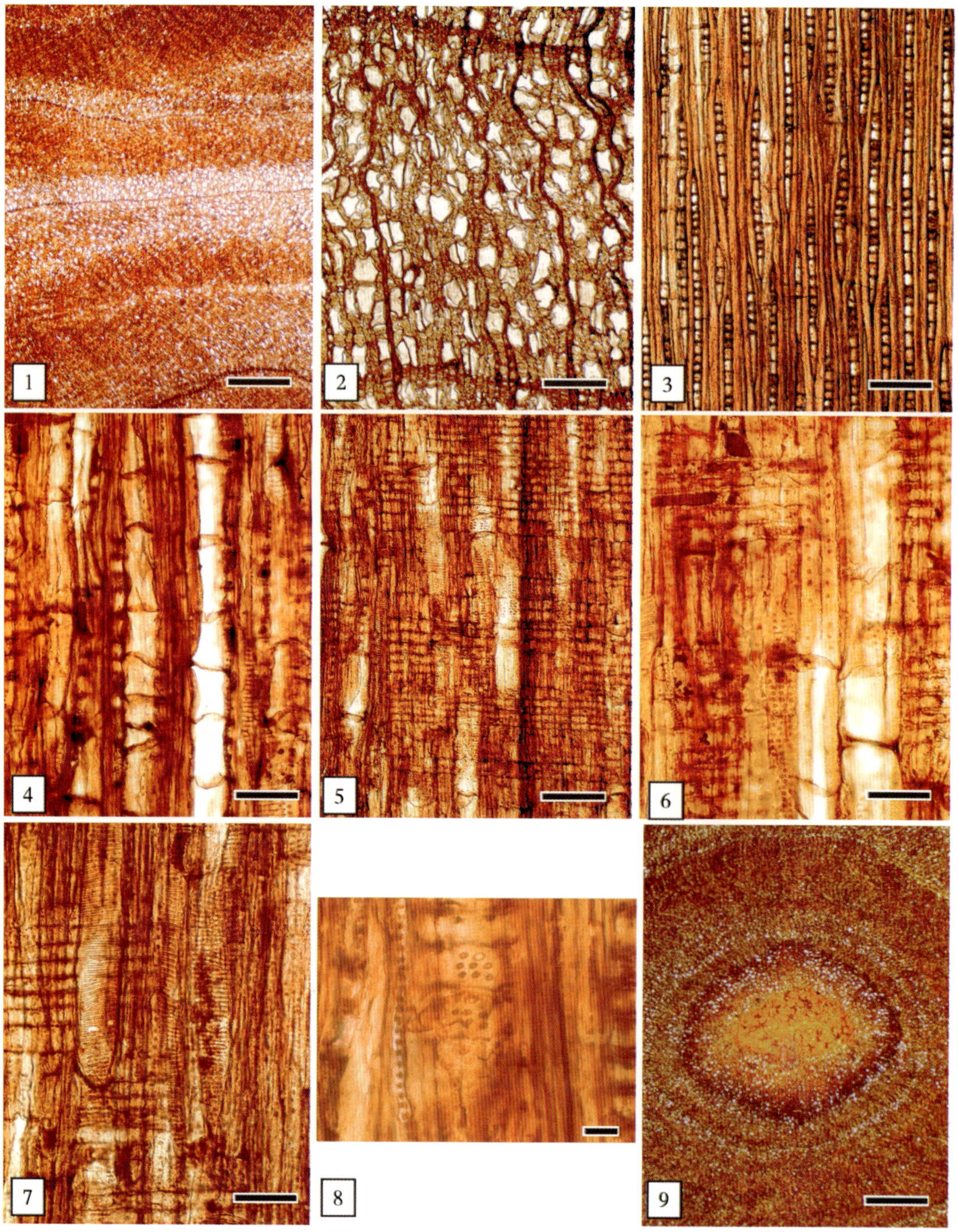

图86 金缕梅木相似属(未定种):1—8. 产自俄罗斯白山;9. 产自嘉荫白山头;1,2,9. 横切面,比例尺分别为500μm、100μm、500μm;3,4. 弦切面,比例尺分别为100μm、50μm;5—8. 纵切面,比例尺分别为100μm、50μm、50μm、10μm(据Terada et al.,2011)

Fig.86 cf. *Hamamelidoxylon* sp.: 1-8. from Belay Gola, Russia; 9. from Baishantou of Jiayin; 1, 2, 9. cross sections, bars=500μm, 100μm, 500μm; 3, 4. tangential sections, bars=100μm, 50 μm; 5-8. radial sections, bars=100μm, 50μm, 50μm, 10μm (after Terada et al., 2011)

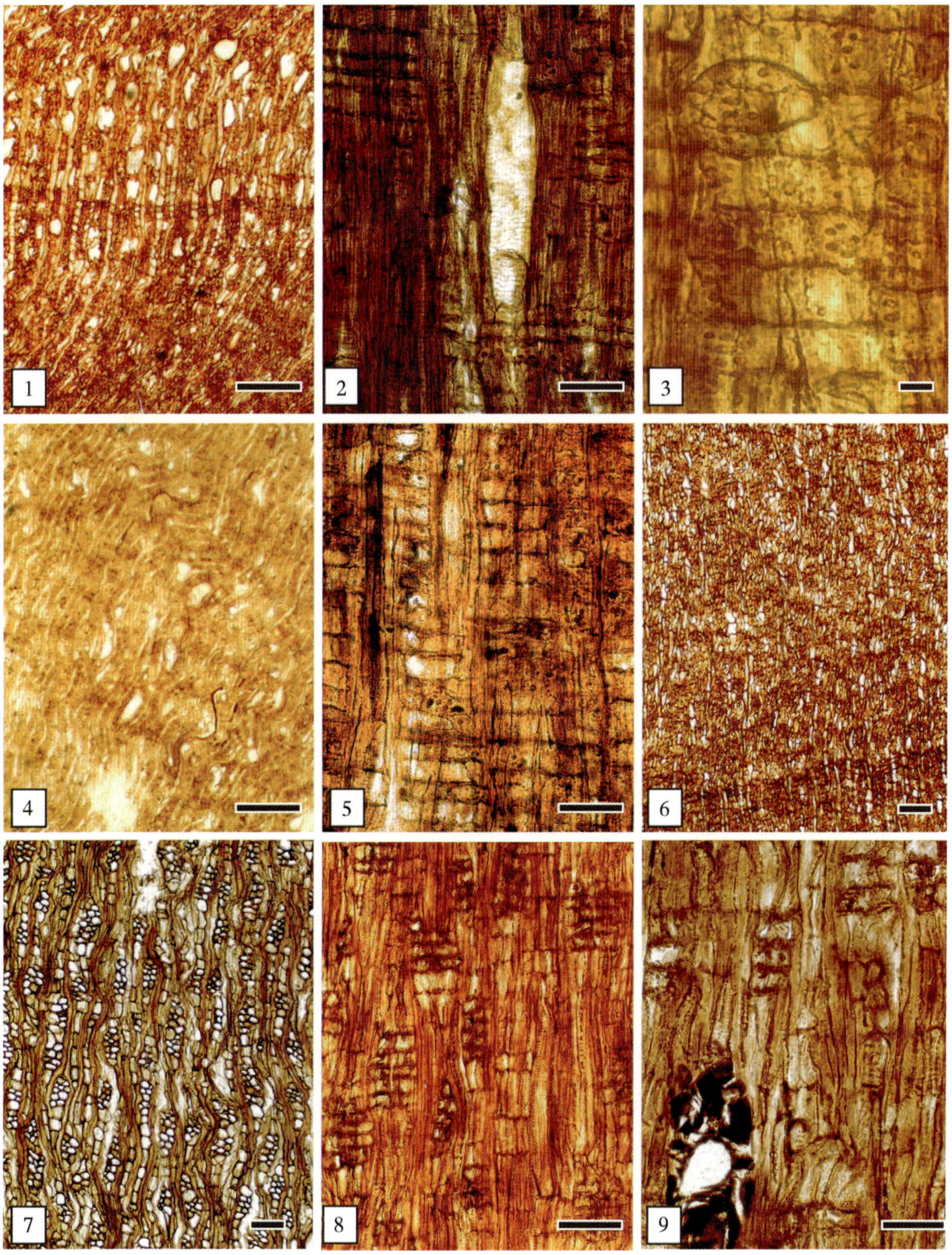

图87 嘉荫白山头木化石：1—5. 金缕梅木相似属（未定种）；1，4. 横切面，比例尺为100μm；2，5. 弦切面，比例尺为50μm；3. 纵切面，比例尺为10μm；6—9. 散孔木材；6. 横切面，比例尺为100μm；7. 弦切面，比例尺为100μm；8，9. 纵切面，比例尺分别为100μm，50μm（据 Terada et al.，2011）

Fig.87 Fossil woods from Baishantou of Jiayin: 1–5. cf. *Hamamelidoxylon* sp. ; 1, 4. cross sections, bars=100μm; 2, 5. tangential sections, bars=50μm; 3. radial section, bar=10μm; 6–9. "diffuse porous wood"; 6. cross section, bar=100μm; 7. tangential section, bar=100μm; 8, 9. radial sections, bars=100μm, 50μm (after Terada et al., 2011)

地区，如长江流域的洼地或深山山麓，气候温湿，年均温约9—18℃，年均降水量600—1500mm（He et al.，1997）。银杏属分布的其他地区大体也在我国东部的沈阳以南至福建以北，气候总体上偏温暖潮湿。因此，似可推测，嘉荫地区晚白垩世（至少是晚白垩世中至中晚期）的气候曾是温暖而湿润的。特别需要指出的是，在东北亚地区晚白垩世至古近纪地层中，许多*G. adiantoides*发育于北纬40°以北地区，说明当时全球气候似更温暖，地表温度远高于现代；当然，不排除它们也曾受到东邻古太平洋暖流的影响。

从松柏类反映的古气候与古环境看，水松（*Glyptostrobus*）、水杉（*Metasequoia*）、落羽杉（*Taxodium*）及红杉（*Sequoia*）等松柏类植物的共同存在，反映了暖温带气候。水杉被称为“活化石”，现存仅一种*Metasequoia glyptostrobus*，其自然群落中仅有约5000棵成年植株，主要分布在我国暖温带气候的长江流域，降水量相对较高。红杉为常绿植物，中生代晚期曾繁盛于北半球，也是松柏类孑遗的植物之一，生长于稳定的温暖潮湿性气候；古新世至始新世（65—38Ma）其分布范围达到最大，甚至接近于北极地区（Florin，1963）；近岸红杉分布于美国中西部、格陵兰、斯匹次卑尔根、欧洲及日本近海岸地带。根据红杉的生活习性特征可推断，晚白垩世嘉荫地区的温度和湿度均较现代要高，植被总体上具有暖温带或温带至暖温带的植被性质。

从被子植物看，嘉荫及其邻区晚白垩世植物群中含较多的悬铃木科植物（如*Platanus*等），现生悬铃木科植物多生长于气候温暖且湿润的环境；在我国现今，大体分布在北京—大连一线以南，浙闽交界一带以北。此外，嘉荫及其邻区晚白垩世水生被子植物也较繁盛，如葛赫叶和卡波叶等，广泛分布于永安村组（桑顿期）至太平林场组（坎潘期）；它们的分布也反映了这一地区曾相对温暖潮湿，并具有广布的水体（如河、湖等）。

但从大范围的古地理环境看，嘉荫及其邻区晚白垩世时期，地势可能相对略高，处于低山或丘陵地貌，至海岸有一定的距离。主要证据是：其植物群中含较多的松柏类（如*Glyptostrobus, Metasequoia, Taxodium*及*Larix*等），被子植物中也缺少近海分子；这一特点与俄罗斯鄂霍次克—楚克特及锡霍特—阿林火山带等山地植物群（Lebedev, 1987）有些相似。晚白垩世的水杉和落叶松（*Larix*）等最早见于俄罗斯锡霍特—阿林火山带山地植物群（Samylina, 1988）。结雅—布列亚盆地（包括嘉荫及其邻区）的桑顿期—坎潘期植物群总体上反映了上述山地植物群的特点。嘉荫地区地处小兴安岭地区北缘，晚白垩世火山岩分布广泛，这一特点与鄂霍次克—楚克特及锡霍特—阿林较为相似；当然，俄罗斯的后两个地区

图88 东北亚地区晚白垩世古生态环境复原(据Herman A,2012,报告多媒体*)
Fig.88 Paleoenvironmental reconstruction of NE Asia region in Late Cretaceous (after Herman A,2012, PPT**)

还兼受到一定的海洋暖流的影响(图88)。

从植物群中的被子植物特征看,嘉荫及其邻区晚白垩世被子植物的叶片通常较小,如悬铃木科的叶子最长仅6—8cm,似昆兰树(*Trochodendroides*)叶长一般小于4—5cm;这些叶子较俄罗斯哈坦加盆地(Khatanga Basin)坎潘期植物群要小两倍以上。对比东北亚地区其他晚白垩世植物群,以小叶型被子植物为主的萨哈林(Sakhalin)和科尼亚克高地(Koryak Upland)的桑顿期—早坎潘期植物群的被子植物,除具有小叶型为主的特点外,还出现具全缘、革质的叶子,指示了更温热些的亚热带或暖温带气候,并具有一定的或季节性的降雨,可能包括有季节性的干旱(Krassilov, 1979; Herman & Lebedev, 1991)。而嘉荫及其邻区这一时期的植物群被子植物为小叶型,通常非全缘,以质地薄且具齿缘叶为主。这些特点表明,嘉荫及其邻区在桑顿晚期—坎潘期的气候可能相对偏温和湿润,且很可能具有季节性的相对略凉的特点。这里松柏类的繁盛也是一个证明。这样的气候似说明,嘉荫及其邻区的地势在这一时期可能相对略高,植物群可能生长在坡地,如悬铃木科及似昆兰树等被子植物所反映的地势特点。当然,一些蕨类及有节类等则生长在邻近谷底潮湿的河湖低地。

然而,从孢粉证据看,嘉荫及其邻区这一时期的植物群含有大量喜热喜湿分子(Markevich et al.,2005a,b)。玛尔凯维奇等解释其原因认为,嘉荫及其邻区

* 北太平洋地区阿尔必—古新世植物群(中国广州报告,多媒体)。
** Albian-Paleocene flora of North Pacific Region. Lecture in Guangzhou, China; PPT.

此间距低地（近海一带）可能也并非很远（Markevich & Bugdaeva, 2001a）。

3.4.2 动物化石的反映

从动物化石对古环境与古气候的指示看，嘉荫及其邻区晚白垩世中—晚期（桑顿晚期至坎潘期）叶肢介、介形类及瓣鳃类等水生无脊椎动物化石繁盛（参见3.1.3），鱼类等水生脊椎动物在太平林场组也有发现（据海树林面告, 2014），反映了湖沼等水体的存在，这些水生动物可能均生长在温暖的气候环境。

就恐龙而言，嘉荫及其邻区晚白垩世95%以上的恐龙为植食的鸭嘴龙类（Hadrosauridae），它们以大量的植物为食，温暖潮湿的环境是这些植物赖以生存和繁茂的保证。由于在嘉荫永安村组已发现鸭嘴龙类恐龙足迹化石——姜氏嘉荫足印（*Jiayinosauropus johnsoni*）和零星恐龙骨骼化石，表明至少在晚白垩世中期的桑顿晚期，已有鸭嘴龙类恐龙在本地区生存。至马斯特里赫特期，鸭嘴龙类恐龙在本地区的繁衍和发展已达到了顶峰（参见3.1.4）。这些庞然大物赖以生存的基础——植物界的繁茂程度可想而知（图88，89）。此外，卡波叶等水生被子植物的大量生长可能也是鸭嘴龙类恐龙的食物来源之一，鸭嘴龙类的鸭嘴状的吻部形态或许也与它们长期适应摄取水中漂浮植物及饮水等有关（参见Stockey et al., 2007）。马斯特里赫特期，嘉荫及其邻区的恐龙可能主要生活在河湖边，气候为暖温带且不时有些干燥的环境（Markevich & Bugdaeva, 2001a）。

晚白垩世嘉荫及其邻区的恐龙、其他陆生脊椎动物、水生无脊椎动物和脊椎动物以及繁茂的植物等，共同组成一个庞大而多级的"生物链"，书写了黑龙江嘉荫乃至东北亚地区晚白垩世中—晚期生物乐园绚丽的篇章。

图89　嘉荫地区晚白垩世中晚期恐龙及其生活的古地理环境复原图：1. 阿穆尔龙；2. 克伯龙（据Bolotsky I，2013）

Fig.89　Paleogeographical reconstruction for dinosaurs living in Jiayin area in middle-late Late Cretaceous：1. *Amurosaurus*；2. *Kerberosaurus* (after Bolotsky I，2013)

当然，在晚白垩世的最晚期，嘉荫地区的生态环境可能出现了突发性的改变，包括其邻近地区可能发生了强烈的火山活动，气候可能曾一度出现突然变冷，大气中有害气体可能降临。这些恶劣环境的影响可能是导致恐龙等生物集群灭绝的主要原因(Akhmetiev, 2004; Sun et al., 2011)(详见5.3)。

图90 永安村组的砂岩透镜体
Fig.90 The sandy lens in the Yong'ancun Fm

3.4.3 沉积相的反映

如同本书在第二章中所述，嘉荫及其邻区晚白垩世中—晚期的沉积环境曾经历了从河流—湖泊相(以永安村组为代表，图90)→湖泊相(以太平林场组为代表)→河流相(以渔亮子组为代表)→再次湖泊相(以富饶组为代表)的演变过程。永安村组砂砾岩层的多次出现，反映了这一时期(桑顿期或桑顿晚期)河流相沉积发育；当然，大量泥岩和粉砂岩的存在也反映了当时的湖泊环境可能已初具规模。此期，嘉荫及其邻区的河湖周围地势有一定起伏，很可能为低缓的山地；其坡地上可能生长着繁茂的松柏类(如*Larix*, *Cupressinocladus*, *Metasequoia*等)、银杏类(如*Ginkgo pilifera, G. adiantoides*等)等；悬铃木类被子植物(Platanoid等)可能生长地势略低(Krassilov, 1972)。

以太平林场组为代表的细碎屑沉积(泥岩及粉砂岩等)反映了这一时期(坎潘期)的湖相沉积，分布可能相当广泛。叶肢介(如俞氏链叶肢介)和介形类(如优雅女星介及年轻刺星介等)等化石证据表明，太平林场组相当于此期松辽盆地的嫩江组(李罡等，2004)。嫩江组的湖泛甚至可能与局部海侵有关(高瑞琪，1999；万晓樵等，2012)。从植物化石所产出的泥岩及细粉砂岩的岩相看，它们指示的沉积环境基本上应为低能量沉积的湖相。所有这些都表明，嘉荫地区晚白垩世中—晚期可能曾处于较为温湿的环境。如前所述，从与化石材料对应的现生分类群的生态环境的相关分析表明，嘉荫地区晚白垩世中—晚期的气候可能为暖温至中温，且降水量可能较高。当然，根据古植物分布的"三向地带性"，纬向、经向及古地理位置等三方面均是古环境恢复重建中需要考虑到的因素(孙革，1987)。根据嘉荫地区晚白垩世的植物化石及沉积学特征，综合推测晚白垩世中—晚期，嘉荫地区存在浅湖(水体内)、湖岸、沙洲、林前湿地及山前坡地等，其植被也随不同的地域形成不同的古植物群落。

3.4.4 古气候定量研究

近年来，古大气CO_2重建研究为古气候的定量分析研究提供了可能；当然，其结果通常也要得到古植物化石和其他相关研究的验证。19世纪末，Wagner(1892)曾对大气CO_2含量与植物气孔之间的关系做了尝试性研究，但至Woodward等(1987a，b)利用气孔密度与大气CO_2之间的反比关系定量恢复了工业革命之前的大气CO_2含量，古植物学方法才真正进入到定量研究阶段。此后，以植物化石表皮材料作为有效信息载体，研究地质时期古CO_2的含量的工作不断得到发展(Beerling & Chaloner，1994；Retallack, 2001; Beerling et al.，2002；Royer，2003)。目前较多使用的，通常以中、新生代植物为载体的研究古气候方法主要包括：(1)共存分析法(CA：Co-existence Approach；Mosbrugger et al.，1997)，即通过最亲缘类群，利用现生植物气候标定数据库(CLIMBOT)进行对比，之后利用CCIMIST计算机进行计算；(2)气候与叶片多变量分析法(CLAMP：Climate Leaf Analysis Multivariate Program)，即通过木本双子叶植物叶相组合，重建中高纬度古气候，计算气候密度/气候指数(气孔/单位面积：普通表皮细胞数目)，运用叶片角质层所推算的CO_2指示研究古气候；(3)现存最近对应种比较法(NLE：Nearest Living Equivalent)，即利用化石植物与其现存最近对应种的气孔比率(stomatal ratio, SR)重建地史时期的大气CO_2浓度；(4)叶相分析法(LPM：Leaf Physiognomy Method)，即基于叶片形态特征和气候参数之间的关系定量研究古气候；等等。

以古大气CO_2重建来定量研究古气候，是基于近年来在全球碳循环变化(包括地史时期的)对地球生物圈及整个全球气候变化影响研究取得的成果。研究表明，地史时期的温室效应和全球气候变暖、臭氧层被破坏、酸雨等，都曾对地球陆地生态系统曾产生重要影响。大气中的CO_2含量越高，通常反映陆地上的温度越高。而作为陆地生态系统的重要组成部分——植物界，由于其特有的光合作用等，与CO_2之间的关系则表现更为明显。据Retallack(2001)依据银杏类(Ginkgoalean)化石的研究，距今约2.7亿—2.6亿年的二叠纪晚期，陆地表层大气中的CO_2浓度曾是现今地球CO_2浓度的近10倍，晚白垩世中—晚期也曾是现今地球CO_2浓度的2倍左右；地球表面的温度与CO_2浓度的增长大体上成正比(图91)。

植物角质层(cuticle)是植物体(主要是叶片)表面的保护层，由脂肪酸聚合体组成，性质稳定，故在化石中经常保存，被称为化石角质层(fossil cuticle)。气

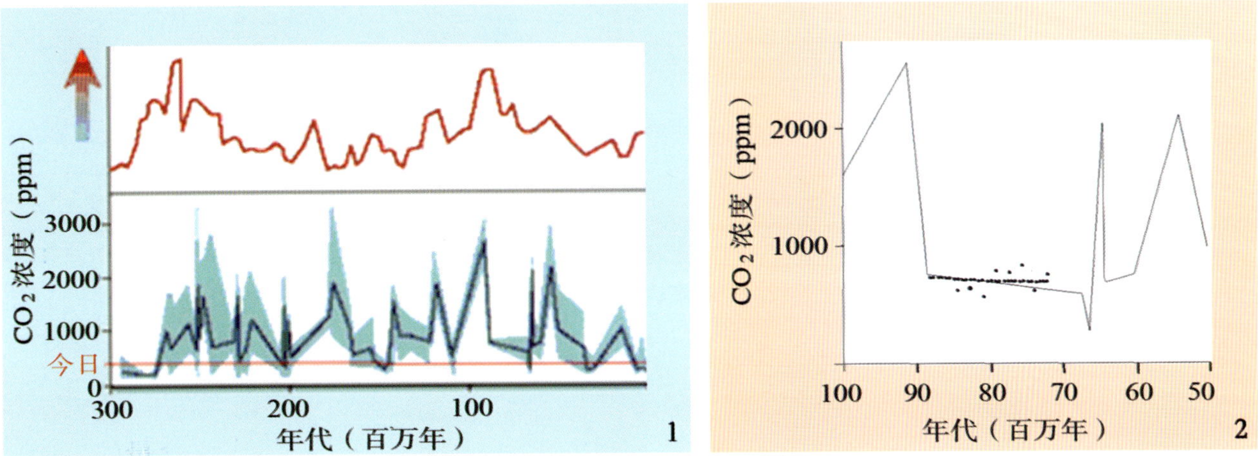

图91 据银杏类化石研究分析3亿年来地球CO_2浓度及温度变化示意曲线：1. 据Retallack, 2001，箭头示升温；2. 据Quan et al.，2009，示70百万—90百万年古CO_2浓度变化

Fig.91 Sketch curve showing the changes of CO_2 concentration in the atmosphere on the Earth since 300Ma based on paleobotanical data: 1. after Retallack, 2001. Arrow showing warming; 2. after Quan et al.,2009, showing the changes of CO_2 concentration during 70–90Ma

孔位于植物叶表皮细胞之间，控制与外界的气体交换，包括进行光合作用的CO_2。因此，计算气孔的一些常数，如气孔指数(SI: stomatal indices)及气孔密度(SD: stomatal density)等，通常可以计算出CO_2的浓度。相对于气孔个体而言，SD随CO_2的波动则更为明显；且总体上，地质历史时期所有植物类群的SD及SI均与CO_2浓度成反比。由此，通过化石角质层来研究地史时期CO_2浓度的变化似成为最重要的方法之一。由于地质分布的广泛性，银杏属(*Ginkgo*)，包括地史时期的银杏属，被认为是可靠的、能用于重建古环境的植物分类群；特别是运用单一物种，其可靠性更高(全成等，2005；Quan et al., 2009)。

本书作者根据采自嘉荫永安村组和太平林场组的一系列银杏化石，开展了重建嘉荫地区晚白垩世中—晚期CO_2浓度的研究工作。在完成的《根据晚白垩世坎潘期银杏角质层高分辨率分析其古CO_2水平》(Quan et al., 2009)一文中，本书作者报道了对采自嘉荫太平林场组11个层位(每层约5枚叶片)共77枚似铁线蕨型银杏(*Ginkgo adiantoides*)叶化石样品的古CO_2浓度系统研究。根据叶角质层气孔指数序列分析的坎潘期大气中的pCO_2浓度结果表明，其pCO_2的浓度在550—590ppm范围内逐渐有所降低。这一结果更接近于GEOCARB-Ⅱ模型，尽管新数据较之后者的平均值稍高约30ppm。分析中曾发现在坎潘晚期曾出现一个明显的CO_2的短期波动(short-term carbon dioxide fluctuation, SCDF)，pCO_2浓度曾达到690ppm，但此后又回到590ppm的水平(Quan et al., 2009)(表3)。上述研究是运用了产自嘉荫地区的单一化石物种，似铁线蕨型银杏化石(*Ginkgo adi-*

表3 嘉荫晚白垩世太平林场组*Ginkgo adiantoides*气孔器测量及相关CO_2浓度（据Quan et al., 2009，简化）

Table 3 Stomatal measurement and inferred paleo-CO_2 based on *G. adiantoides* from Cretaceous Taipinglinchang Fm of Jiayin (after Quan et al., 2009, simplified)

层号 Bed	叶片数 Leaf no.	气孔指数（平均） SI(mean)	标准误差 Standard deviation of SI	古CO_2浓度 pCO_2(RF)	与现今CO_2比率 RCO_2
11	10	7.01	0.14	558.53	1.62
10	12	6.98	0.27	569.43	1.62
9	7	6.97	0.43	571.03	1.63
8	8	6.92	0.34	588.02	1.64
7	11	6.91	0.27	592.02	1.64
6	8	6.70	0.23	692.02	1.69
5	3	6.96	0.49	575.98	1.63
4	5	6.98	0.31	567.38	1.62
3	7	6.94	0.31	683.55	1.63
2	5	6.93	0.50	584.90	1.63
1	1	6.83	0.49	624.70	1.66

antoides）；这一研究为定量恢复晚白垩世中—晚期古大气CO_2浓度做了有益的尝试。

本书作者的上述研究结果表明，嘉荫地区桑顿期—坎潘期古大气CO_2浓度为现代大气CO_2浓度的1.4—2.5倍；相应地，温度也远高于现代的温度。这一结果为前述定性分析嘉荫及其邻区晚白垩世中—晚期的古气候，是一个有力的配合。

根据Beerling et al.(2002)的研究，坎潘晚期后，至马斯特里赫特期，大部分地区的pCO_2浓度可能没有急剧的变化；即至K-Pg(K-T)界线事件发生前，pCO_2浓度可能逐渐降至530ppm。但事实上，由于嘉荫及其邻区马斯特里赫特晚期，恐龙大量集群灭绝，涉及这一地区可能存在剧烈的火山活动的影响及其他在古环境上的变化，这一地区的古大气CO_2浓度可能远比Beerling et al.(2002)等研究的结果要高。但由于目前嘉荫地区植物大化石材料的缺少，本书作者尚未开展更多的运用古植物材料定量研究嘉荫地区的pCO_2浓度的研究，有关嘉荫马斯特里赫特晚期古大气CO_2的深入研究工作还有待进行。

第四章　白垩系—古近系(K-Pg)界线

4.1 国际陆相K-Pg界线研究简介

白垩系—古近系界线(Cretaceous-Paleogene boundary),简称K-Pg界线,以往也称为K-T界线,即白垩系(Cretaceous,希腊文Kreta)与第三系(Tertiary)界线。K-Pg界线是距今约6600万年(66Ma)前在地层中留下的一条界线。这一界线在由星外物体撞击成因的地层中通常显示为薄层(厚度大约2—3cm)的灰色黏土层,富含铱(Ir)元素。

由于K-Pg界线时期(距今约66Ma)地球上以恐龙为代表的陆生生物及以无脊椎动物菊石为代表的海生生物等共约75%发生了大规模的集群灭绝,科学家一直认为K-Pg界线时期地球上曾发生了重大的地质/生物事件。在恐龙等白垩纪生物大规模绝灭后,又迎来了新生代生物的复苏。

全世界现已明确或具有潜在研究线索的K-Pg界线点共有105处。在我国,已明确的K-Pg界线点为黑龙江嘉荫,具有潜在研究线索的K-Pg界线点为广东南雄(Nichols & Johnson, 2008; Sun et al., 2011)(图92)。

自20世纪初美国科学家阿瓦列兹父子等(Luis & Walter Alvarez et al., 1980)首次报道了欧洲海相白垩系—第三系(K/T)界线地层岩石中发现大量铱异常后,美国新墨西哥州等地陆相K/T界线岩石中也陆续发现大量铱异常(Orth et al.,1981)。在北美,丹佛盆地等地区的K-Pg界线的黏土层十分明显,富含铱异常,该界线时代在65—66Ma左右(图93)。在墨西哥尤卡坦半岛的希克苏鲁伯(Chicxulub)附近,K-Pg界线所在地为一个巨大的撞击陨星坑,直径约180km。由于在该K-Pg界线地层岩石中发现冲击石英等星际物质,这一陨星坑被认为是地外物体(陨星)撞击地球表面形成。进而认为,地外星体的撞击是造成恐龙等生物灭绝的原因。当然，也有科学家提出不同的意见（Nichols & Johnson, 2008）。

有关K-Pg界线地层及其生物群等研究最为详细的地点是在美国西北部，包括北达科塔、南达科塔、蒙大拿、怀俄明及科罗拉多等州所在地区（Hartman et al., 2002; Nichols & Johnson, 2008）。美国学者哈特曼（Hartman J）等曾主编了

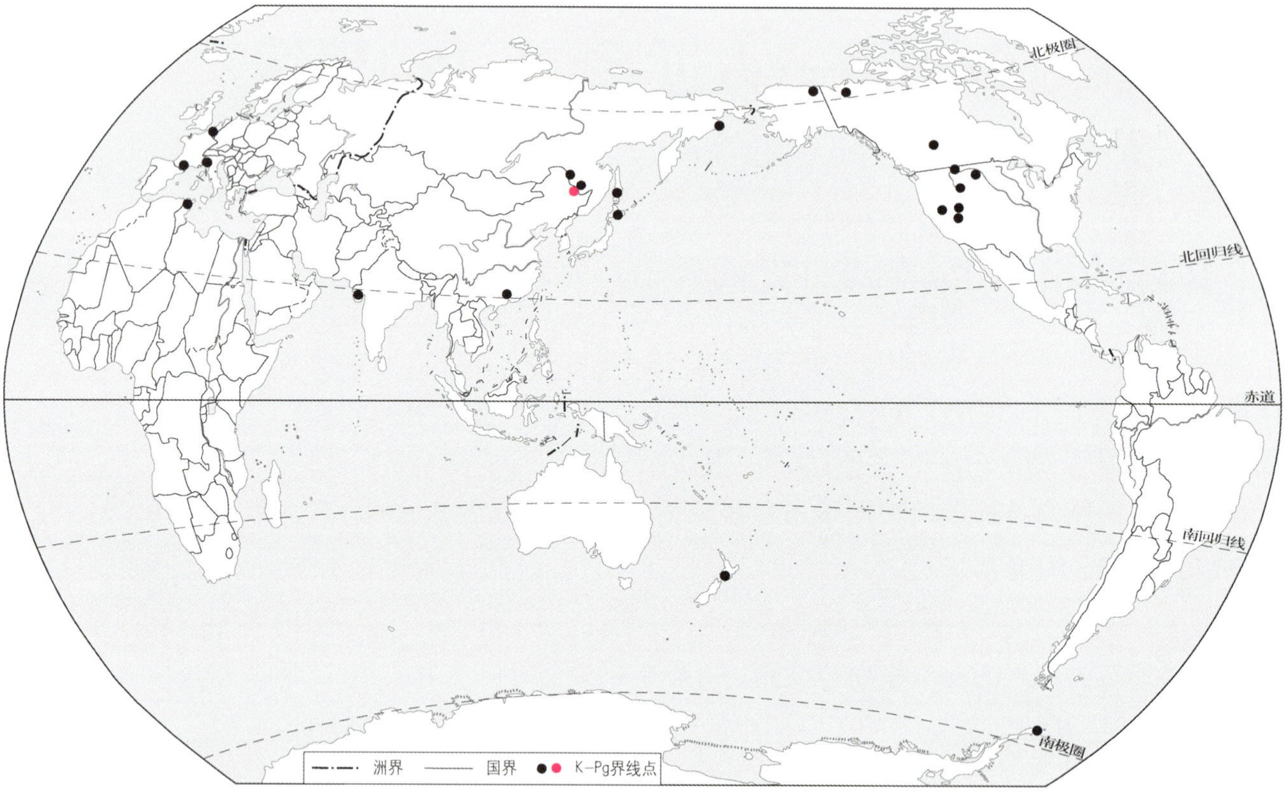

图92　全球已知K-Pg界线点（包括待研究）分布简图，红点示嘉荫（点号95）（据Nichols & Johnson, 2008）

Fig.92　Sketch map of geographic distributions of the sites showing the K-Pg boundary (including those under studies). The red point showing Jiayin (No.95) (after Nichols & Johnson, 2008)

图93　孙革（左）与尼科斯在北美丹佛盆地K-Pg界线点工作（2007.10）

Fig.93　Sun G (left) and Nichols D working in the site of K-Pg boundary in Denver Basin (US) (2007.10)

《大平原北部海尔—科瑞克组及K-T界线:白垩纪末期综合陆相记录》论文集,发表了19篇论文,为陆相K-T界线的研究提供了可参考的重要资料(Hartman et al., 2002)。此后,尼科斯和约翰森于2008年出版的专著《植物与K-T界线》收集了大量全球有关K-T界线的新资料,进一步将全球K-Pg界线研究推向高潮(图94)。

美国的陆相K-Pg界线地层的典型剖面主要出露于蒙大拿、北达科塔、南达科塔的晚白垩世海尔—科瑞克组(Hell Creek Fm,简称HC组)和古新世弗特—尤尼组(Fort Union Fm,简称FU组)之间,上下两组均含海相夹层,为时代确定提供了方便。1902年美国自然博物馆Brown B在蒙大拿的HC组采到了恐龙化石(1907年描述),包括霸王龙(*Tyrannosaurus*)、三角龙(*Triceratops*)、粗齿龙(*Trachodon*)等,被称为"三角龙动物群"(*Triceratops* fauna),该恐龙动物群主要以植食的开角龙类(Chasmosauria)和鸭嘴龙类(Hadrosauria)为主;在南达科塔发现的恐龙,包括著名的雷克斯霸王龙(*Tyrannosaurus rex*)。但这些恐龙均反映了温暖的气候(Russell & Manabe,2002)。但这些恐龙化石赋存的最高层位均未达到K-Pg界线,其间距通常约10m(Murphy et al.,2002)或3m以上(Nichols & Johnson, 2002)。在北达科塔州的中东部,恐龙化石仅发现于HC组下部的海相层Breien段上、下数米厚的地层,距HC组顶部(即K-Pg界线)尚有约50m的垂直距离。

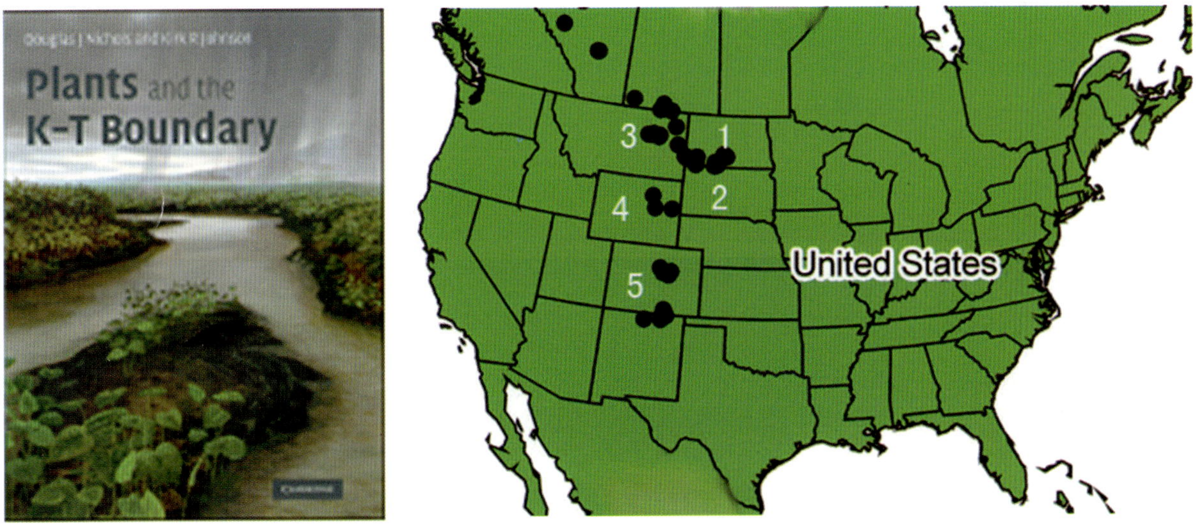

图94　专著《植物与K-T界线》(Nichols & Johnson, 2008; 左)及所示北美西北部K-Pg界线研究区:1. 北达科塔州;2.南达科塔州;3. 蒙大拿州;4. 怀俄明州;5. 科罗拉多州(包括丹佛)(据Nichols & Johnson, 2008; 地图略有剪裁和补充)

Fig.94　Book (Nichols & Johnson, 2008; left) and its showing of the main sites of KTB in NW America: 1. North Dakota; 2. South Dakota; 3. Montana; 4. Wyoming; 5. Colorado (incl. Denver) (The map has been revised slightly.)

在怀俄明州，与HC组相当的地层称兰斯组(Lance Fm)，其产出恐龙的地层也没有到达该组的顶部。当然，晚白垩世HC组与其上的古新世FU组在古生物组成等方面有明显区别。在达科塔西南部，美国孢粉学家尼科斯和古植物学家约翰森研究了350个样品，发现了K-Pg界线附近地层的孢粉化石共110个分类群，其中，马斯特里赫特期的孢粉有30%在K-Pg界线之上的古新世FU组已灭绝(Nichols & Johnson, 2002)。约翰森研究了158个点的K-Pg界线附近地层，共发现380种植物大化石，其中界线下部(HC组)为328种，松柏类只占10%；属于界线上部(FU组)的为52种。当然，北美的K-Pg界线研究还包括了古地磁学及年代地层学(Hicks et al., 2002; Lund et al., 2002)、古哺乳动物(Clemens, 2002; Hunter & Archibald, 2002)及相关海相层及化石等(Clemens, 2002; Hoganson & Murphy, 2002)。

俄罗斯的K-Pg (K/T)界线研究也开展了近20年。由于远东地区的萨哈林群岛(Sakhalin Islands，即库页岛)、库里群岛(Kuril Islands)及科里亚克高地(Koryak Uplands)等地含K-Pg界线的晚白垩世—古新世地层具有海陆交互相沉积，其陆相层中产丰富的孢粉化石，由此建立了含K-Pg界线地层的详细的孢粉序列，并有海相化石佐证其时代，其生物地层研究已有50余年的工作基础(Markevich, 1994, 1995; Markevich et al., 2011)。与中国黑龙江嘉荫毗邻的结雅—布列亚盆地的晚白垩世—古新世地层尽管为陆相，但由于有与萨哈林群岛、库里群岛及科里亚克高地等海陆交互相地层建立起来的孢粉序列对比，这里的K-Pg 界线地层的孢粉研究及界线确定具有可靠的对比基础(Markevich et al., 2011)。

结雅—布列亚盆地K-Pg(K/T)界线研究较为详细的地点为白山剖面及阿哈拉—博古昌剖面，K-Pg界线位于晚白垩世中查加扬组(Middle Tsagayan Fm)与古新世上查加扬组(Upper Tsagayan Fm)之间(Kamaeva, 1990; IBP et al., 2001; Markevich et al., 2006)。这一地区的K-Pg(K/T)界线地层划分主要依据孢粉化石；晚白垩世马斯特里赫特晚期孢粉主要以 *Marsypiletes cretacea, Tricolpites variexinus, Aquilapollenites conatus, A. stelkii, A. rombicus, Integricorpus bellum, Pseudointegricorpus clarireticulatus, Triprojectus amoenus, Orbiculapollis lucidus, Wodehouseia aspera, Quercoidites minor* 等为代表；古新世达宁早期孢粉主要以 *Triatriopollenites plicoides*, *T. confusus*, *Anacolosidites subtrudens, Aquilapollenites proceros, A. spinulosus* 等为代表(其中，*Triatriopollenites plicoides* 及 *T. confusus* 占优势)。当然，恐龙(Bolotsky et al., 2004; Godefroit et al., 2011)及古植物大化

石(Krassilov, 1976)等也发挥了一定的参考作用。结雅—布列亚盆地K-T界线研究为当前黑龙江嘉荫K-Pg界线研究发挥了重要对比作用。

在欧洲,英国伦敦自然历史博物馆马克劳(MacLeo N)等曾主编了《K/T集群灭绝:生物与环境的变化》论文集,收集了20篇有关恐龙灭绝和K/T界线的研究论文(MacLeo & Keller, 1995);本书作者之一阿什拉夫曾参加该研究与写作工作。

近年来,国际上有关K-Pg界线研究及相关恐龙灭绝研究的热度一直未减。前不久,美国加州大学伯克利分校Renne P R等(2013)在美国《科学》(*Science*)上发表论文,提出根据同位素测年的精确计算,K-Pg界线的时代为66.043+0.043Ma的新结果(Renne et al., 2013)。以英国爱丁堡大学Brusatte S为首的研究团队提出了有关恐龙灭绝原因的新见解(Brusatte et al., 2014)。他们认为,在K-Pg界线时期,伴随大规模的火山活动和温度及海平面变化,外星体(彗星或陨星)曾撞击地球;但恐龙在灭绝前曾经历了长时间的衰退,北美白垩纪最晚期恐龙动物群的重组导致大个体的植食恐龙多样性的减少,更容易导致突然灭绝。

4.2 嘉荫地区K-Pg界线研究

尽管美国等世界上相当一部分学者以“外星撞击说”解释全球所有K-Pg界线形成的原因,但美国科学界等对此仍一直争论(Pearson et al.,2002;Nichols & Johnson, 2008)。由于地球是一个宏大的球体(其赤道半径约6378km),像墨西哥尤卡坦半岛出现的局部“外星物体撞击地球”现象的发生并不能代表整个地球在K-Pg界线时期所发生的所有现象;而且就是在西半球的北美,已知的85个K-Pg界线点中,也有41个点没发现有“外星物体撞击地球”的现象(参见1.3.1,图22)。当前黑龙江嘉荫所在的东北亚地区位于东半球,与北美上述撞击点相距近2万公里,特别是迄今东北亚地区(包括俄罗斯远东和中国东北等)尚未发现任何“外星物体撞击地球”的记录(Akhmetiev, 1973, 2004; Akhmetiev et al., 1976; Sun et al., 2011)。因此,东北亚地区的K-Pg界线形成的原因应另有独到的解释。

本书作者为搞清嘉荫及其邻区的K-Pg界线,在这里开展了近十年的古生物学、地层学、同位素测年、古地磁学及地球化学等综合研究,2011年8月,终于在嘉荫首次确定了K-Pg陆相地层界线的存在,并提出了对嘉荫及东北亚地区K-Pg界线形成原因的新认识(参见5.3)。

4.2.1 孢粉化石证据

尽管在嘉荫乌云镇附近白山头的乌云组白山头段，本书作者曾发现了古新世达宁期的植物大化石“查加扬椴叶”(*Tiliaephyllun tsagajanicum*)等；孢粉化石也证明白山头段属于达宁期(Sun et al, 2002; Markevich et al., 2004)，同位素测年也支持这一时代认定(Suzuki et al., 2011)；但事实上在白山头地区，乌云组白山头段底部和晚白垩世末期的富饶组最顶部的沉积(即K-Pg界线附近地层)在地表并没有显露出来，而是被第四纪砂泥等沉积所覆盖。为了揭示这里的K-Pg界线及其附近的陆相地层，本书作者于2005—2008年在白山头附近的小河沿村附近(地理坐标：49°14′53″N，129°35′14″E)先后实施了3个钻孔的钻探工程(编号XHY-2005, 2006, 2008)，成功采集了界线及其附近地层样品，开展了较为详尽的、综合性的K-Pg陆相地层界线的研究工作(图95)。

根据多年对结雅—布列亚盆地的孢粉地层研究，结合嘉荫地区的孢粉地层研究，本书作者中的孢粉专家玛尔凯维奇等将嘉荫地区晚白垩世—古新世孢粉化石群划分为7个孢粉组合(Markevich et al., 2006)，自新至老分别是：

Ⅶ 褶皱三孔庭粉—杉科粉(*Triatriopollenites plicatus*-*Taxodiaceaepollenites*)组合，以乌云组含煤段为代表，时代为达宁晚期。

Ⅵ 混杂三孔庭粉—小刺鹰粉(*Triatriopollenites confusus*-*Aquilapollenites spinulosus*)组合，以乌云组白山头段为代表，时代为达宁早期。

Ⅴ 三棱鹰粉—条纹假鹰粉(*Aquilapollenites conatus*-*Pseudoaquilapollenites striatus*)组合，以富饶组为代表，时代为马斯特里赫晚期。

图95 嘉荫小河沿K-Pg界线的钻孔岩芯
Fig.95 Borehole samples from drilling in Xuaoheyan (XHY) of Jiayin

Ⅳ 粗糙沃氏粉—黑龙江小突粉(*Wodehouseia aspera*-*Parviprojectus amurensis*)组合，以渔亮子组上段为代表，时代为马斯特里赫中期。

Ⅲ 阿米格黛鹰粉—明确买麻藤粉(*Aquilapollenites amygdaloides*-*Gnetaceaepollenites evidens*)组合，渔亮子组下段为代表，时代为马斯特里赫特早期。

Ⅱ 三棱鹰粉—多皱罗汉松粉(*Aquilapollenites conatus*-*Podocarpidites*

multesimus)组合,以太平林场组为代表,时代为坎潘期。

Ⅰ 三塔库波里粉—北方双型孢(*Kuprianipollis santaloides*-*Duplosporis borealis*)组合,以永安村组为代表,时代为桑顿期。

涉及K-Pg界线的,主要是第Ⅴ及第Ⅵ孢粉组合的特征及其所在地层界线。

组合Ⅴ,即三棱鹰粉—条纹假鹰粉(*Aquilapollenites conatus*-*Pseudoaquilapollenites striatus*)组合:这一组合主要产于富饶组,时代为晚白垩世马斯特里赫特晚期。该组合的花粉以杉科(Taxodiaceae,达50%)和榆科(Ulmaceae,达25%)的繁盛为特征;孢子主要为光面单缝孢(*Laevigatosporites*);被子植物花粉种类较多,特别是鹰粉数量增多、多样性增强(至少14个种),包括*Aquilapollenites attenuatus* Funkh., *A. rigidus* Nort., *A. spinulosus* Funkh., *A. stelkii* Sriv., *A. catenireticulatus* Sriv., *A. striatus* Funkh., *A. conatus* Nort. , *A. insignis* N. Mtch., *A. subtilis* N. Mtch., *A reductus* Nort., *A. proceros* Samoil., *A. amurensis* (Bratz.), *A. quadricretaceus* N. Mtch.,以及*A. rombicus* (Samoil.)Stanl. 等。其他分类群包括*Intergricorpus bertillonites* N. Mtch., *I. bellum* N. Mtch., *Pseudointegricorpus clarireticulatus* (Samoil.)Takah., *Triprojectus amoenus* (Liu)Zhao。这一组合的特征性分子主要为*Marsypiletes cretacea, Tricolpites variexinus, Aquilapollenites stelkii, A. proceros, A. striatus, A. rigidus, Intergricorpus bellum,* 以及*Pseudointegricorpus clarireticulatus*等;其中时代仅限于马斯特里赫特期或马斯特里赫特晚期的为*Aquilapollenites stelkii, A. conatus, Pseudointegricorpus clarireticulatus, Marsypites cretacea, Integricorpus bellum*等(图96,97)。这一孢粉组合与结雅—布列亚盆地中查加扬组上部孢粉组合、萨哈林群岛克拉斯诺亚卡组(Krasnoyarka Fm)上部孢粉组合、尤里岛(Yury Island)马斯特里赫特晚期的孢粉组合(Krassilov et al., 1988)以及科里亚克高地科里亚克组中部的孢粉组合相一致。这一组合的另一个特征是,蕨类的光面单缝孢繁盛(Markevich et al., 2004, 2011)。

上述*Aquilapollenites stelkii*-*Pseudointegricorpus clarireticulatus*组合与萨哈林群岛克拉斯诺亚卡组上部孢粉组合十分相似,后者的地层中含海相夹层,产瓣鳃类和菊石*Pachydiscus subcompressus subcompressus* Matsumoto, *P. subcompressus obsoletus* Matsumoto, *P.* cf. *neubergicus* Hauer (Kalishevich et al., 1981)等。该孢粉组合的被子植物花粉中,也包括十余种鹰粉(如*Aquilapollenites conatus, A. quadrilobus, A. insignis, A. striatus, A. proceros, A. rombicus*等),特征性的花粉还包括 *Integricorpus bellum, Mancicorpus tenue, Parviprojectus reticulatus* N. Mtch., *Orbiculapollis lucidus* 等(Markevich, 1995; Kalishevich et al., 1981; Zaklinskaya,

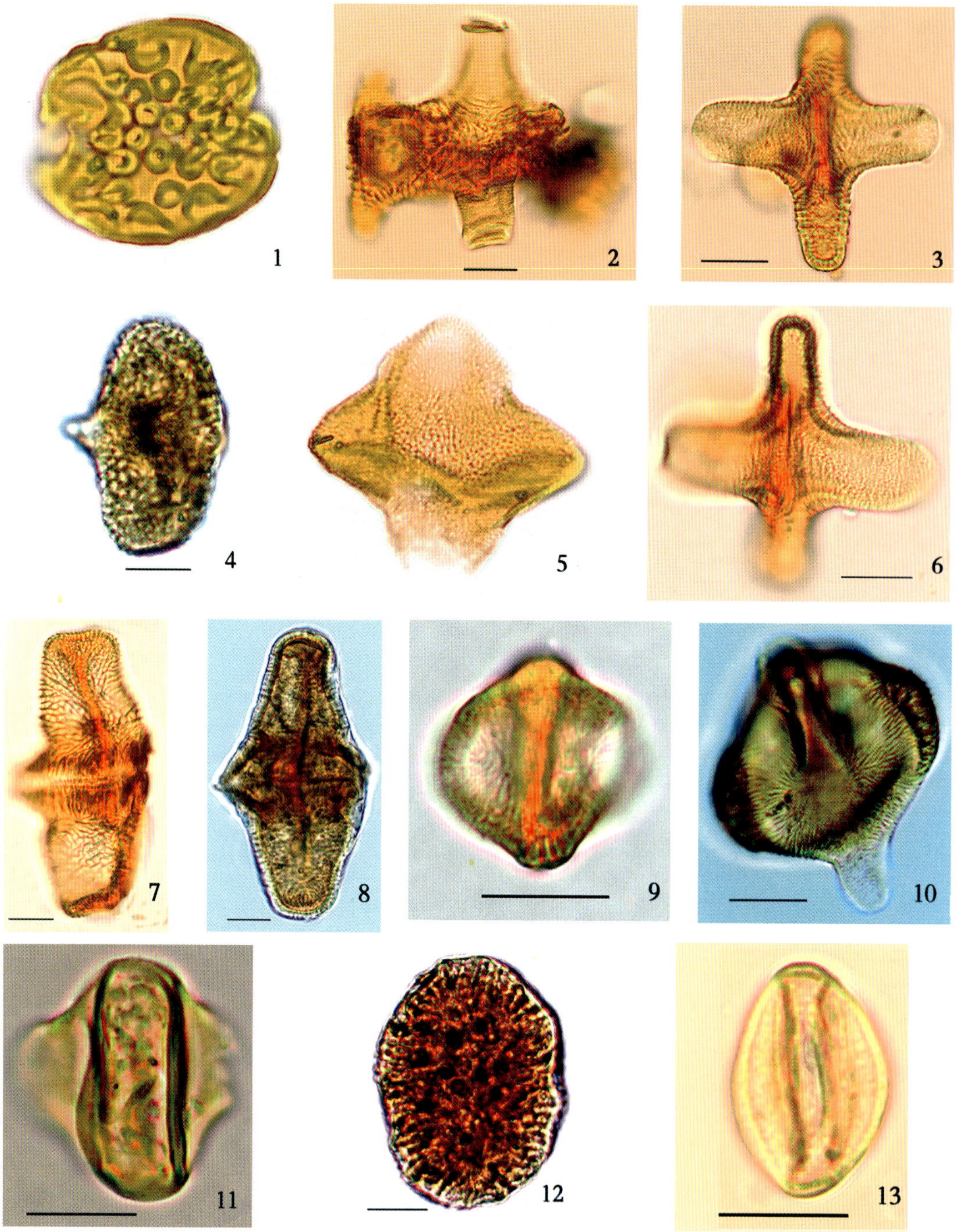

图96 嘉荫马斯特里赫特晚期重要孢粉(据Markevich et al.,2011):1. *Marypiletes cretacea*;2. *Aquilapollenites conatus*;3. *Aquilapollenites stelkii*;4. *Aquilapollenites reticulates*;5. *Fibulapollis rombicus*;6. *Aquilapollenites striatus*;7. *Integricorpus bellum*;8. *Pesudointegricorpus clarieticulatus*;9. *Aquilapollenites rombicus*;10. *Triprojectus amoenus*;11. *Orbiculapollis lucidus*;12. *Wodehouseia aspera*;13. *Quercoidites minor*

Fig.96 Some key-elements of late Maasterichtian pollen and spores in Jiayin(after Markevich et al.,2011):1. *Marypiletes cretacea*;2. *Aquilapollenites conatus*;3. *Aquilapollenites Stelkii*;4. *Aquilapollenites reticulates*;5. *Fibulapollis rombicus*;6. *Aquilapollenites striatus*;7. *Integricorpus bellum*;8. *Pesudointegricorpus clarieticulatus*;9. *Aquilapollenites rombicus*;10. *Triprojectus amoenus*;11. *Orbiculapollis lucidus*;12. *Wodehouseia aspera*;13. *Quercoidites minor*

1976)。这一组合面貌同样也见于结雅—布列亚盆地中查加扬组上部孢粉组合。与这一组合相似的孢粉组合也见于尤里岛马斯特里赫特晚期的孢粉组合，其地层也含海相夹层，产41种放射虫以及少量海相瓣鳃类等化石(Krassilov et al., 1988)。在科里亚克高地乌勾湾(Ugolnaya Bay)科里亚克组的层型剖面，该组上部为含煤陆相地层；下部为海相层，产瓣鳃类 *Inoceramus* aff. *schmidti* Mich., *I. sachalinensis* Sok., *I. elegans* Sok.，及菊石 *Gaudryceras* sp., *Canadoceras newberryanum*(Meek), *C. kossmati* (Mat.)等, 以及大量的马斯特里赫特晚期的腕足类及鱼化石等(Nessov & Golovneva, 1990; Golovneva, 1994)；中部产有与上述相似的孢粉组合，蕨类光面单缝孢居优势，其次为裸子植物，被子植物的比例相对略小，其花粉包括 *Kuprianipollis elegans, Aquilapollenites proceros, A. rombicus, A. subtilis, A. insignis, A. striatus, A. conatus, A. subtilis, A. amygdaloides amygdaloides, A. catenireticulatus, Integricorpus bellum, Mancicorpus tenue, Parviprojectus reticulatus* 等。类似的孢粉组合也见于滨海地区的比金河盆地(Bikin River basin)以及阿纳多尔河盆地(Anadyr River basin)的马莫林组(Mamolinskaya Fm)(Markevich, 1995)。这一孢粉组合与北美西部的北达科塔的海尔—科瑞克组上部等孢粉组合(Johnson et al., 1999; Nichols & Johnson, 2002)也具有一定的相似性。

嘉荫古新世达宁早期的乌云组白山头段显示了混杂三孔庭粉—小刺鹰粉组

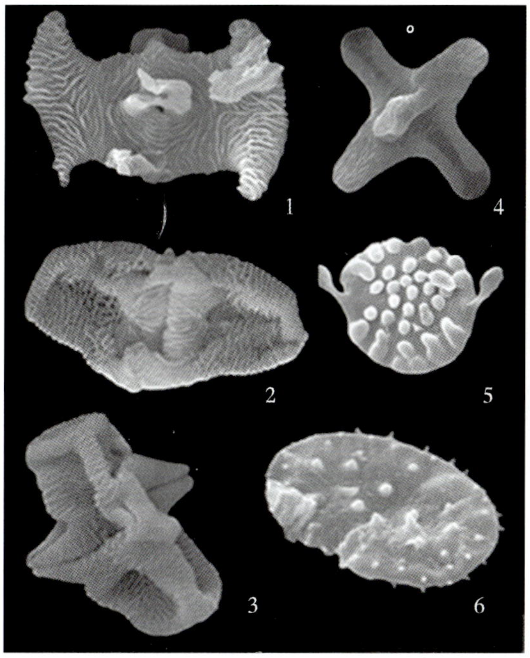

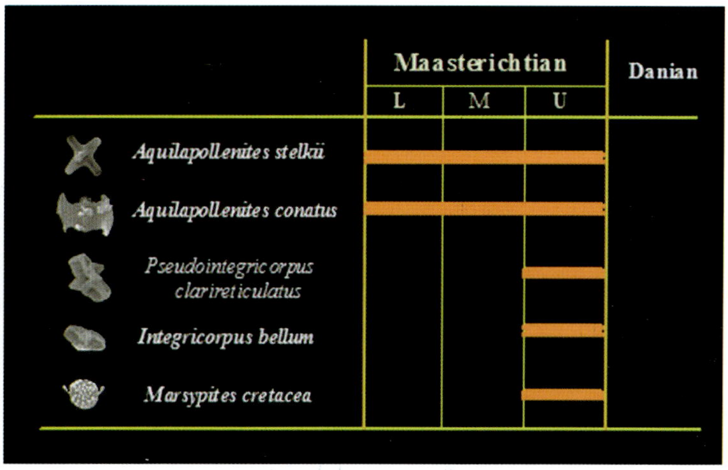

图97　嘉荫及邻区马斯特里赫特晚期重要孢粉及其时代：1. 三棱鹰粉；2. 美丽等体粉；3. 清晰网假等体粉；4. 斯氏鹰粉；5. 白垩小泡粉；6. 粗糙沃氏粉

Fig.97　Some key-elements of late Maasterichtian pollen and spores with their geological range in Jiayin and its neighboring area: 1. *Aquilapollenites conatus*; 2. *Intergricorpus bellum*; 3. *Pseudointegricorpus clarireticulatus*; 4. *Aquilapollenites stelkii*; 5. *Marsypiletes cretacea*; 6. *Wodehouseia aspera*

合(*Triatriopollenites confusus*-*Aquilapollenites spinulosus*组合,即组合Ⅵ)。该组合蕨类孢子及裸子植物花粉仍较繁盛,其中蕨类孢子达53% ,主要以光面单缝孢及平滑的三缝孢为代表。被子植物花粉约占42%,以*Triatriopollenites confusus* Zakl., *T. plicoides* Zakl., *Triporopollenites plicatus* Krutz., *Juglanspollenites* sp., *Caryapollenites* sp., *Carya gracilis* Mart., *Pterocaryapollenites* sp.等为特征,山毛榉科占优势;鹰粉的种类与数量急剧下降(仅有少数几个种),沃氏粉罕见,桦木科(Betulaceae)、杨梅科(Myricaceae)、珙桐科(Nyssaceae)及苦木科(Simarubaceae)的花粉常见。这一组合的特征性分子主要包括*Triatriopollenites confusus, Momipites tenuipolus* Anders, *Rhoipites pissinus* Stanl., *Anacolosidites subtrudens* Sakl., *Aquilapollenites spinulosus*及*A. proceros* 等;其中,时代仅限于达宁早期的花粉主要为*Triatriopollenites confusus*(混杂三孔庭粉),*T. plectosus*(普氏三孔庭粉),*Aquilapollenites spinulosus*(小刺鹰粉),*A. subtilis*(细弱鹰粉)等(图98)。在嘉荫达宁早期的孢粉组合已发现的27属36种中,有7个分类群(*Triatriopollenites plicoides, Alnipollenites trina, Orbiculapollis lucidus, Aquilapollenites spinulosus, Anacolosidites primigenius, Choshispora major*)仅见于达宁期。其中,*Orbiculapollis lucidus*在达宁期达到高峰,但在达宁期之后消失。需要指出的是,尽管个别属种(如*Triatriopollenites confusus*)在马斯特里赫特晚期也有出现,但它的繁盛还是在达宁期 (Markevich et al., 2006,2011)。

上述混杂三孔庭粉—小刺鹰粉(*Triatriopollenites confusus*-*Aquilapollenites spinulosus*)组合与萨哈林群岛西涅格卡层(Sinegorka beds)的孢粉组合较为相似,其孢粉主要包括*Ulmoideipites krempii, U. tricostatus, Comptonia sibirica, Aquilapollenites spinulosus, A. quadrilobus, A. proceros, Triatriopollenites confusus, T. plicatus, Myricites krempii* Nort.,以及胡桃科和桦木科的花粉等。西涅格卡层的海相放射

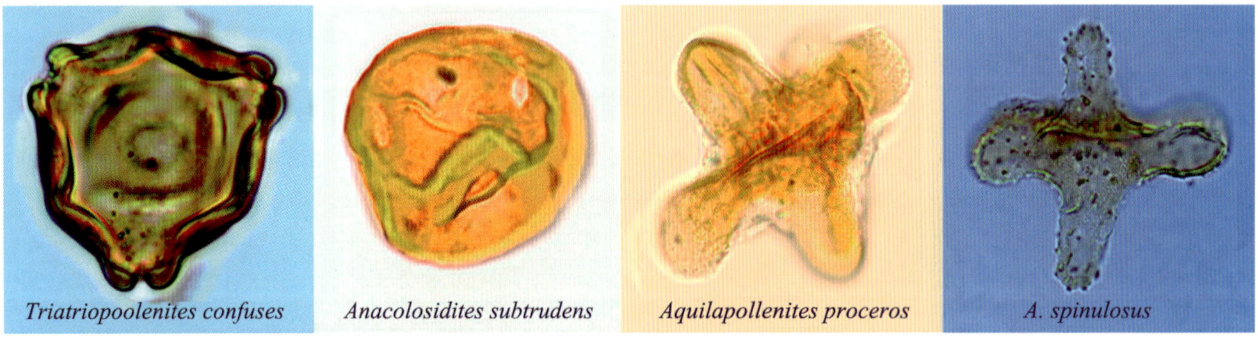

图98 嘉荫达宁早期主要孢粉化石(据Markevich et al., 2011)
Fig.98 Some key elements of early Danian pollen and spores in Jiayin (after Markevich et al., 2011)

虫化石十分丰富，主要包括有：*Robulus macrodiscus kiritappuensis* Yosh., *Quadrimorphina allomorphonoides* (Reuss), *Pseudonodosaria parallela* (Marsson), *Ceratobulimina cteracea* Cushm. et Harr., *Cibicides proprius* Brotz., *C. spiropunctata* Gallow. et Morrey, *C. favorabilis* Vass.及*C. succedens* Brotz.等，上述海相化石广泛分布于达宁期或整个古新世。嘉荫的上述达宁早期孢粉组合也可与科里亚克高地楚科特卡组(Chukotka Fm)的孢粉组合相比较(Korotkevich, 1974; Markevich, 1995)。后者的孢粉组合中，光面单缝孢仍占优势，裸子植物主要为松科和杉科；被子植物花粉主要以榆科、桦木科、胡桃科(*Triatriopollenites confusus, Juglanspollenites* sp., *Caryapollenites* sp.)、杨梅科(*Myrica* sp., *Comptonia sibirica*)等为代表，鹰粉仅见3个种(*Aquilapollenites subtilis, A. proceros, A. quadrilobus*)，此外还有*Mancicorpus tenue*及*Parviprojectus dolium* Samoil.等。楚科特卡组具有海陆交互相沉积，含海相瓣鳃类*Glycymeris* sp. 及放射虫等(Golovneva, 1994)。此外，这一组合与阿纳多尔河盆地(Anadyr River basin)的拉里特金组(Rarytkin Fm)上部孢粉组合、萨哈林群岛波斯尼亚科沃组(Boshnyakovo Fm)孢粉组合等也有一定的相似性(Markevich, 1994,1995)；与北美加拿大阿尔伯特的斯科兰德组(Scollard Fm)上部及拉文斯科拉格组(Ravenscrag Fm)下部(Catuneanu et al., 1995; Lerbekmo et al., 1995; Lerbekmo, Braman, 2002)以及美国西部弗特—尤尼组唐歌段(Tongue M. of Fort Union Fm)的孢粉组合等也可以比较(Nichols & Johnson, 2002; Pearson et al., 2001)。

根据与具有海相证据的俄罗斯远东萨哈林群岛及尤里岛等地的孢粉组合间接对比、以及与结雅—布列亚盆地的孢粉组合的直接对比，嘉荫地区K–Pg界线地层的孢粉化石组合及其时代认定较为清楚。K–Pg界线下部的马斯特里赫特晚期以*Marsypiletes cretacea, Tricolpites variexinus, Aquilapollenites conatus, A. stelkii, A. reticulatus, A. quadrilobus, A. striatus, Integricorpus bellum, Pseudointegricorpus clarireticulatus, Aquilapollenites rombicus, Triprojectus amoenus, Orbiculapollis lucidus, Wodehouseia aspera,* 及*Quercoidites minor* 等为标志。而K–Pg界线上部的达宁早期以 *Triatriopollenites plicoides, T. confusus, Anacolosidites subtrudens, Aquilapollenites proceros*及*A. spinulosus*等为标志(Markevich et al., 2004, 2006, 2011)。

通过对嘉荫小河沿三个钻孔(XHY–2005, 2006, 2008)约200件孢粉样品的详细研究，小河沿的K–Pg界线确定于XHY–2006钻孔的22.00—22.05m之间。在XHY–2005钻孔，K–Pg界线位于19.90—20.30m之间；在XHY–2008钻孔，K–Pg界线位于23.05—23.25m之间(图99)。特别需要指出的是，XHY–2005钻

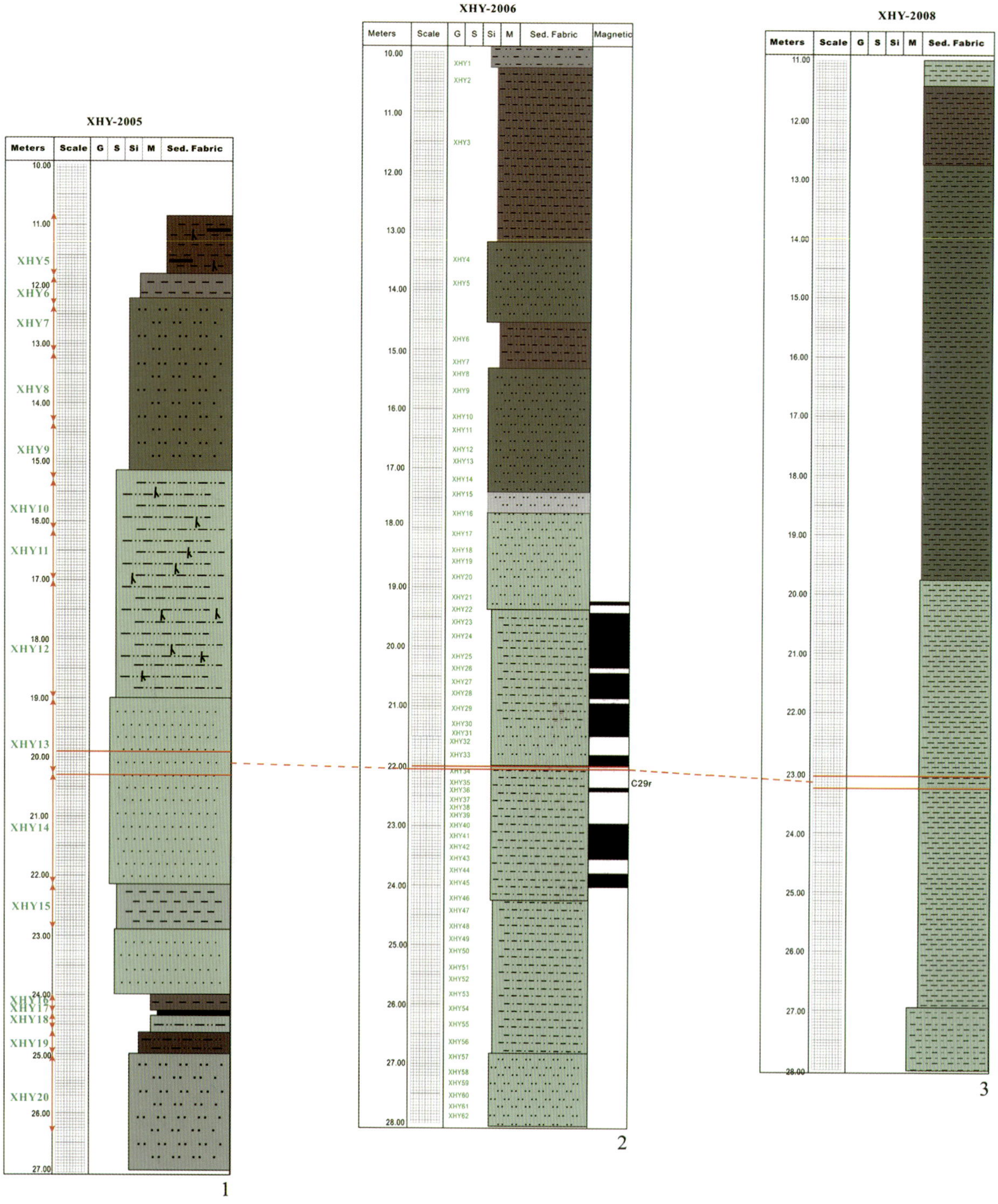

图99 黑龙江嘉荫小河沿K-Pg界线附近地层柱状图及K-Pg界线：1. XHY-2005钻孔，K-Pg界线划定为19.90—20.30m之间；2. XHY-2006钻孔，K-Pg界线划定为22.00—22.05m之间；3. XHY-2008钻孔，K-Pg界线划定为23.05—23.25m之间（据Sun et al., 2011）

Fig.99 Profiles of the three boreholes and the K-T (K-Pg) boundary: 1. XHY-2005: KPgB is defined in the interval of 19.90-20.30m; 2. XHY-2006: the KPgB is defined in the interval of 22.00-20.05m; 3. XHY-2008: KPgB is defined in the interval of 23.05-23.25m (after Sun et al., 2011)

孔显示的达宁早期孢子组合具明显的“蕨类异常丰富”(fern spike)特征,该特征与在结雅—布列亚盆地显示的一致,为K-Pg界线确定进一步提供了依据(Markevich et al., 2011; Sun et al., 2011)。

4.2.2 同位素测年

直接临近嘉荫K-Pg界线岩石的同位素测年受岩性等限制,目前尚未进行;但对界线之上地层(古新世早期白山头段)的火山岩的同位素测年工作已取得重要进展。本书作者铃木茂之等(2004)利用示踪原子裂变法(Fission-Track)对采自嘉荫乌云附近白山头出露的乌云组白山头段酸性凝灰岩(地理坐标:49°17.2′N, 129°32.7′E)测年结果显示为61.7±1.8Ma (Suzuki et al., 2004);2009年利用U-Pb法对上述酸性凝灰岩进行的测年结果显示为64.1±0.7Ma(Suzuki et al., 2011)。上述结果表明,嘉荫K-Pg界线之上的乌云组白山头段确属古新世达宁期,其结果与由孢粉等化石确定的时代认识相一致(图100)。

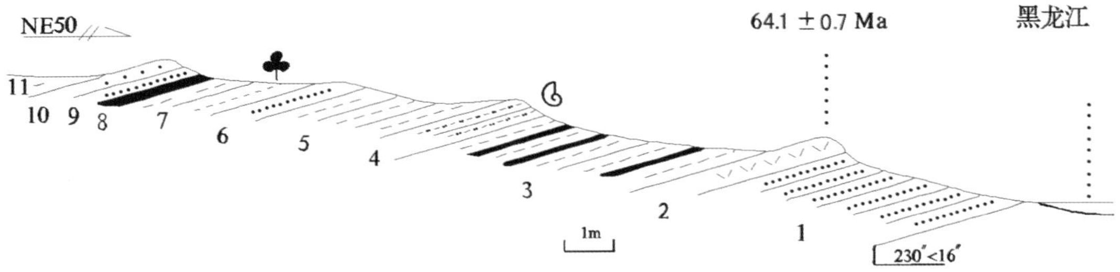

图100　嘉荫白山头古新世乌云组白山头段剖面(剖面图据孙革等, 2003; 同位素测年资料据Suzuki et al., 2011)
Fig.100　Geological section of Paleocene Baishantou Mem. of Wuyun Fm in Jiayin (The section map after Sun et al., 2003; Isotopic dating after Suzuki et al., 2011)

此外,我国学者李献华等(2004)曾运用SHRIMP U-Pb法、对嘉荫乌云白头山剖面火山凝灰岩测得年龄值为66±1Ma,认为该火山岩属于“白垩系最顶部”(李献华等,2004)。陈丕基等(2004)发表了白头山剖面的孢粉组合,认为该孢粉组合及该剖面下部地层(陈1—10层)时代属于晚白垩世马斯特里赫特期。本书作者曾指出陈丕基等公布的孢粉鉴定结果及时代认识显然有误(参见孙革等,2005)。例如,经本书作者核查,陈丕基等在文中(2004)提出的、在上述白头山剖面发现的“鹰粉类(*Aquilapollis*)花粉5属10余种”,其中的6个种(如*Aquilapollenites* cf. *angustus*, *A. attenuatus*, *A. rigitus*, *A. spinulosus*, *A. subtillis*)事实上可能仅为*A. spinulosus*及*A. subtillis*两个种;图版中见到的“*A.* cf. *augustus*”和“*A.* cf. *coriaceus*”实际上分别属*A. spinulasus*和*A. rigidus*。而*A. spinulasus*和*A. sub-*

*tilis*这2种在北美首见于古新世中期，且主要出现于古新世早—中期(Nichols et al.,1986;Nichols & Sweet,1993)。因此，陈丕基等提出的白头山剖面的孢粉组合的“地质时代属马斯特里赫特期无疑”的结论显然缺乏依据。鹰粉属(*Aquilapollenites*)在晚白垩世，特别是马斯特里赫特期，总体上是繁盛的，而其多样性在古新世早期已明显减退，这在上述白头山剖面孢粉组合中已有明显显示，何况还有其他代表性孢粉化石所佐证。结合美国有关K-Pg界线测年的最新资料(Renne et al., 2014)以及美国丹佛盆地K-Pg界线之上也曾出现若干大于65.5Ma的年龄值(参见图93)等分析，很可能是，李献华等(2004)曾运用SHRIMP U-Pb法对嘉荫白头山剖面火山凝灰岩测得的66±1Ma年龄值是可靠的或是值得参考的，但当时由于受到孢粉化石鉴定结果的影响，在时代解释上曾出现偏差。

前不久，德国年代地层学者Knittel U等(2013)利用LA-ICP-MS方法对俄罗斯结雅—布列亚盆地白山剖面原认为属于K-Pg界线之下的中查加扬组的火山凝灰岩(厚30cm)进行了同位素年龄的重新测定，其U-Pb锆石年龄为66±1Ma (Knittel et al., 2013)。这一新结果可能会影响考虑对原结雅—布列亚盆地白山剖面的K-Pg界线的重新划定。也就是说，俄罗斯结雅—布列亚盆地白山剖面原K-Pg界线划定似应当下移(参见2.3.2，图42，表2)。目前有关研究仍在进行中。

4.2.3 古地磁测定

嘉荫地区K-Pg界线附近地层古地磁研究主要是由本书作者之一、古地磁学专家杨惠心教授完成的。美国专家Hicks J(2003)曾参与了本项目的部分古地磁工作，主要是对嘉荫北邻、俄罗斯昆都尔地区的上白垩统古地磁开展了部分研究工作。

为对嘉荫地区K-Pg界线确定提供古地磁学方面的依据，本书作者对小河沿地区XHY-2006和XHY-2008两个钻孔的岩芯在K-Pg界线附近系统地采集了古地磁样品，并进行了样品的古地磁学研究。样品采集是依据目前已确定的K/T界线附近的范围内进行的。为了更准确地确定K/T界线位置，古地磁样品采集间隔从2cm至5cm，界线附近采样密集，远离界线采样略稀。样品测试仪器使用美国产DSM-2数字旋转磁力仪，每个样品进行了2mT交变退磁。

根据XHY-2006、2008钻孔岩芯样品测试结果，分别绘制了XHY-2006年和2008年K-Pg界线附近的测试样品磁倾角变化及其正反极性柱状图(图101左图)，依据极性年表(Harland et al.,1982)，K-Pg界线应在C29r(65±0.3Ma)反极性区。

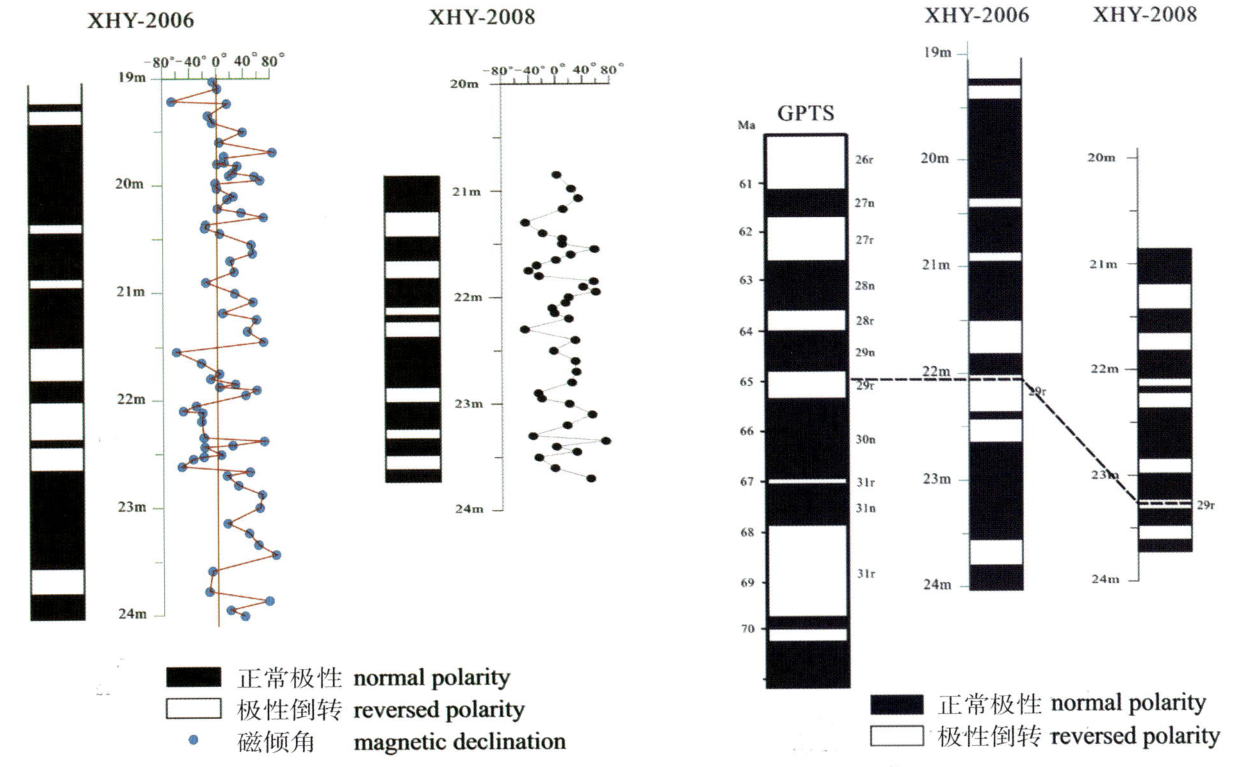

图101　XHY-2006及2008钻孔岩芯的磁倾角变化及其正反极性柱状图(左)与极性倒转对比图(右)(据Sun et al., 2011)
Fig.101　Histograms of XHY-2006 and XHY-2008, showing the paleomagnetic declination and polarity(left)and Polarity reversal histogram (right)(after Sun et al., 2011)

根据孢粉组合,XHY-2006年钻孔岩芯K-Pg界线位于22.00—22.05m之间,XHY-2008钻孔岩芯K-Pg界线位于23.05—23.25m之间。从极性倒转对比图(图101右图)可以看出,这两处的样品均处在反极性区。因此,古地磁结果也提供了XHY-2006和XHY-2008钻孔的K-Pg界线分别在22.05m和23.25m附近,与以孢粉化石等依据划分的K-Pg界线基本吻合(Sun et al., 2011)。根据极性对比图还可以确定钻孔岩芯其他极性倒转的信息,如C29r、C30n等相对应的层位等。

还值得提及的是,Hicks J(2003)曾参与了本项目的部分工作,主要是对嘉荫北邻、俄罗斯昆都尔地区的上白垩统古地磁开展了部分研究工作。其结果显示,昆都尔组上部的反极性区大约为33r或32r,指示坎潘晚期(upper Campanian);但也有可能为31r, 指示马斯特里赫特早期(lower Maastrichtian)(Hicks J通讯,参见Akhmetiev,2004)。有关研究工作仍待深入进行。

4.2.4 地球化学特征

本书报道的嘉荫地区K-Pg界线附近的地球化学研究工作,主要是由本书作者之一葛文春教授完成的；本书作者之一、俄罗斯阿克米梯耶夫院士协助参加了地球化学结果的部分分析工作。嘉荫地区K-Pg界线附近地球化学研究所采用的样品全部来自嘉荫乌云小河沿XHY-2005、2006和2008三个钻孔的岩芯，样品均取之K-Pg界线附近地层。

在主量元素方面，所研究样品的 SiO_2=58.47—71.43%，Al_2O_3=15.50—22.65%，Na_2O=0.16—1.22%，K_2O/Na_2O=2.55—9.81，MgO=0.45—0.90%。不同样品之间的主量元素含量变化较大，部分样品因为长石、黏土等富铝矿物的富集，Al_2O_3含量较高。在稀土元素和微量元素地球化学特征方面，沉积岩稀土总量较高，为59.8×10^{-6}—624×10^{-6}，具有弱的负Eu(铕)异常，无Ce(铈)异常。稀土元素分馏较明显，La(镧)/Yb(镱)比值介于5.4—12.7之间，轻稀土分馏中等；La(镧)/Sm(钐)比值介于2.33—5.05之间，重稀土分馏较低，Gd(钆)/Yb(镱)比值为0.97—2.46。稀土元素为轻稀土富集型；重稀土相对亏损。大离子亲石元素Ba(钡)、Sr(锶)亏损，富集Rb(铷)、Th(钍)，高场强元素La(镧)、Ce(铈)、Nd(钕)、Zr(锆)、Hf(铪)富集，显示正异常。组内各地层样品的微量元素，在物源上可能

表4 嘉荫小河沿K-Pg界线附近泥岩PGE分析结果(ng/g)

Table 4 PGE analysis results (ng/g)of mudstones in K-PgB strata in Xiaoheyan of Jiayin

	Ru	Rh	Pd	Ir	Pt	Au
JY001	0.116	0.017	0.3185	0.226	0.2215	0.8695
JY002	0.1045	0.013	0.2505	0.2425	0.1505	0.557
JY003	0.196	0.0285	0.6	0.0915	0.5575	2.009
JY004	0.0445	0.0135	0.2645	0.0245	0.183	0.756
JY005	0.057	0.017	0.392	0.0655	0.262	0.8895
JY006	0.038	0.02	0.372	0.032	0.2365	1.1815
JY007	0.0305	0.0125	0.27	0.0325	0.171	0.77
JY008	0.024	0.0135	0.2565	0.0175	0.1575	0.7705
JY009	0.0235	0.01	0.273	0.016	0.195	0.911
JY010	0.024	0.0095	0.2635	0.016	0.1915	0.906
JY011	0.0225	0.0105	0.328	0.012	0.2205	0.405
JY012	0.033	0.0095	0.3315	0.018	0.223	1.0235
JY013	0.025	0.0155	0.3655	0.0155	0.1905	1.293
JY014	0.038	0.016	0.656	0.0185	0.3125	2.402
JY015	0.0405	0.013	0.3485	0.0205	0.213	1.38
JY015	0.0605	0.016	0.3475	0.029	0.211	1.4165
JY016	0.023	0.013	0.2435	0.0255	0.1565	1.2065

具有亲缘关系。

"铂族元素"(即PGE元素)包括Pt(铂)、Pd(钯)、Os(锇)、Ir(铱)、Ru(钌)、Rh(铑)等6种金属元素,由于它们不易与酸及其他物质反应,因此,铂系元素几乎完全可以以单质状态存在,且分散在地壳岩层中;其中,特别是铱(Ir)元素是否存在高异常,往往是K-Pg界线研究中特别值得注意的地球化学特征。本书作者的研究表明,嘉荫小河沿K-Pg界线附近地层的PGE各元素的丰度变化很小,没有明显的异常。例如,Ru(钌)的丰度为0.0097—0.196ng/g,Rh(铑)丰度为0.0090—0.029ng/g,Pd(钯)为0.2435—0.6ng/g,Ir(铱)为0.012—0.066ng/g,Pt(铂)为0.1505—0.558ng/g。即使是Ir(铱)元素也没有显示明显的变化。在本书作者主要依据孢粉化石等推测的K-Pg界线附近(即样品JY016),各元素均未显示异常变化。详细的地球化学分析结果可参见PGE元素的丰度表(表4,5)和PGE元素随深度的变化图解(图102)。

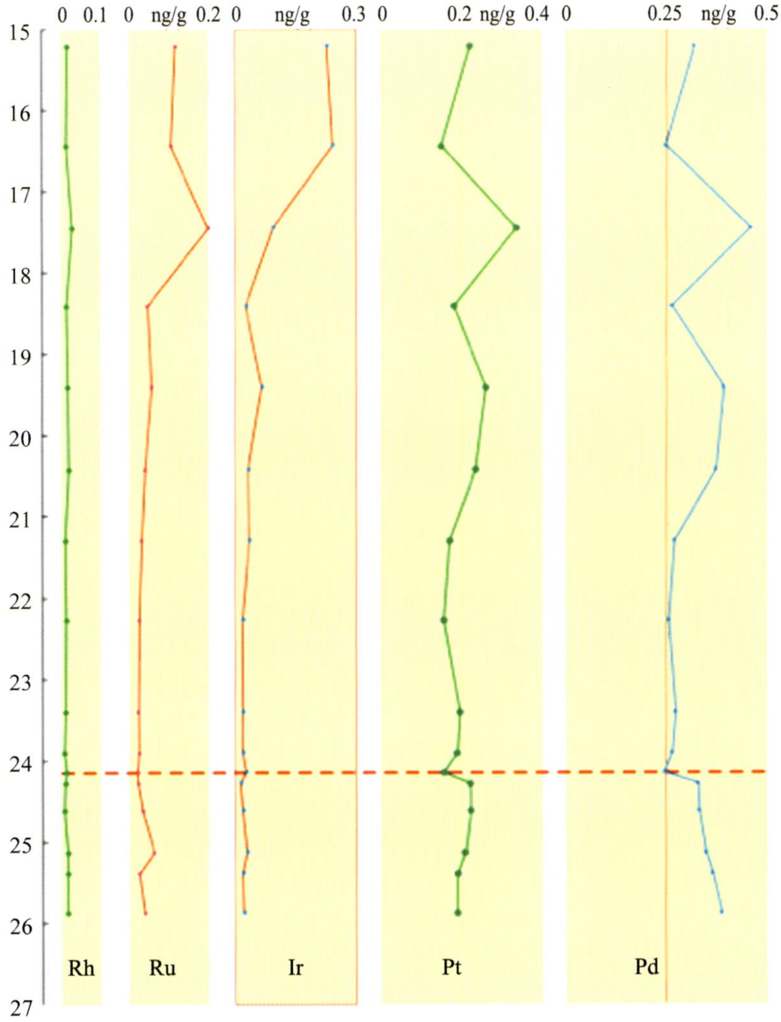

图102 嘉荫小河沿K-Pg界线附近地层剖面PGE丰度随深度的变化关系(据Sun et al.,2011)

Fig.102 Variation relationship between PGE abundance and depth in the KPgB stratigraphic sections in Xiaoheyan of Jiayin (Sun et al., 2011)

表5 嘉荫小河沿K-Pg界线附近地层主、微量元素含量分析结果(据葛文春,见Sun et al., 2011)

Table 5 Analysis results of primary elements and trace elements on the KPgB strata in Xiaoheyan of Jiayin (after Ge W C, in Sun et al., 2011)

样品号	JY001	JY002	JY003	JY004	JY005	JY006	JY007	JY008	JY009	JY010	JY016	JY011	JY012	JY015	JY013	JY014
深度(m)	15.21	16.44	17.45	18.41	19.42	20.43	21.3	22.27	23.41	23.91	24.15	24.29	24.62	25.14	25.39	25.88
SiO_2	58.47	64.09	57.66	59.24	61.83	65.40	66.68	68.87	69.65	67.04	71.43	61.34	62.47	61.62	60.71	61.08
TiO_2	0.81	1.10	0.74	0.80	0.81	0.65	0.79	0.74	0.70	0.80	0.52	0.84	0.86	0.93	0.91	0.92
Al_2O_3	22.65	19.50	23.11	19.91	19.30	19.85	17.71	16.94	16.27	17.31	15.50	19.96	19.55	20.26	20.49	19.97
Fe_2O_3	5.58	4.97	6.08	8.40	6.73	3.60	4.37	3.53	3.50	4.35	2.93	5.51	5.41	5.45	5.91	5.91
MnO	0.03	0.02	0.03	0.04	0.03	0.02	0.03	0.02	0.02	0.03	0.02	0.04	0.04	0.04	0.04	0.04
MgO	0.59	0.45	0.70	0.76	0.70	0.79	0.71	0.56	0.52	0.64	0.46	0.90	0.84	0.81	0.83	0.86
CaO	1.21	0.95	1.25	1.23	1.01	0.64	0.85	0.74	0.72	0.80	0.71	1.08	1.00	1.06	1.11	1.03
Na_2O	0.25	0.16	0.16	0.16	0.26	0.58	0.74	1.12	1.22	0.94	0.95	0.30	0.32	0.24	0.24	0.26
K_2O	1.67	1.03	0.87	1.54	2.21	3.01	2.84	3.12	3.12	2.93	2.92	2.38	2.48	2.25	2.13	2.46
P_2O_5	0.24	0.03	0.03	0.03	0.04	0.05	0.03	0.03	0.03	0.03	0.02	0.04	0.03	0.03	0.03	0.03
LOI	8.46	7.73	9.15	7.71	6.92	5.77	5.38	4.61	4.25	5.03	4.63	7.50	6.93	6.81	7.44	7.28
Total	99.95	100.03	99.78	99.82	99.83	100.36	100.14	100.27	100.01	99.88	100.10	99.89	99.93	99.52	99.84	99.85
Sc	17.95	12.14	20.41	14.25	13	13	11.8	9.854	9.548	11.9	7.525	14.76	14.87	15.48	16.09	15.77
V	89.87	77.52	109.9	87.76	79.42	75.95	73.54	64.79	62.12	71.91	51.4	93.11	97.09	102.2	100.8	98.46
Cr	88.57	73.05	85.5	66.05	63.05	45.48	57.67	53.96	55.04	61.2	36.87	72.26	71.45	78	82.45	79.26
Mn	214.8	186	282.7	298.9	247.3	195	234.8	198.1	200.2	241.3	204.5	315.9	304	310.6	306	302.8
Co	5.988	4.248	6.492	6.653	5.858	4.237	6.735	26.09	5.84	14.94	6.569	13.4	16.44	39.51	20.1	22.82
Ni	15.79	13.62	24.29	18.57	16.26	12.81	18.72	30.23	12.04	37.88	15.79	27.95	29.96	30.8	35.36	27.24
Cu	21.2	19.08	41.72	19.81	16.69	15.56	22.66	15.4	12.9	17.05	12.36	22.32	20.42	25.42	25.66	23.44
Zn	52.67	41.06	67.55	70.29	63.38	49.61	66.23	53.84	52.06	53.93	44.99	91.27	100.2	99.14	84.13	79.6
Ga	31.49	26.66	34.5	28.21	25.26	23.29	22.96	21.83	20.54	23.38	18.95	28.34	27.97	28.41	28.12	28.26
Ge	1.879	2.045	2.057	1.523	1.773	2.237	1.718	1.566	1.651	1.834	1.306	1.777	1.658	1.324	1.472	1.524

（续表）

样品号	JY001	JY002	JY003	JY004	JY005	JY006	JY007	JY008	JY009	JY010	JY016	JY011	JY012	JY015	JY013	JY014
深度(m)	15.21	16.44	17.45	18.41	19.42	20.43	21.3	22.27	23.41	23.91	24.15	24.29	24.62	25.14	25.39	25.88
Rb	103	68.49	78.63	126.1	149.5	139.2	156	157.5	148.3	156.4	126.4	174.9	179.4	166.5	155.7	174.7
Sr	153	120	162.5	169.5	152.5	109.2	154.1	160.8	166.9	167.8	138.8	172.6	171.7	171.9	167.3	167.4
Y	26.57	20.87	15.47	11.77	29.61	68.05	42.43	28.64	33.12	30.89	21.61	37.94	28.54	31.9	20.71	18.72
Zr	235.9	347.9	204.6	203.6	215.9	223.5	278.7	314.5	353.9	292.9	174.8	218.8	241.6	236.7	209	227.5
Nb	20.01	26.73	20.28	19.57	18.33	14.12	17.9	16.2	15.99	17.05	11.53	19.18	20.16	20.87	20.86	21.05
Cs	8.615	9.37	10.59	11	13.11	11.69	11.38	9.687	8.729	11.09	7.986	12.92	13.64	14.23	13.76	15.76
Ba	554	377.1	374.6	363.7	631.5	538.9	635.4	726.8	763.6	739.6	720.5	620.2	654.5	624.7	602.8	653.7
La	22.42	16.41	14.58	13.64	55	101.8	50.32	50.83	50.5	41	38.76	64.86	38.94	35.37	18.94	23.35
Ce	37.1	30.77	26.84	25.14	127.3	256.1	106.7	100.1	98.48	82.3	80.3	138.4	81.55	73.82	37.87	44.75
Pr	4.411	3.831	3.222	2.708	15.74	35.31	13.42	11.88	12.13	10.17	9.17	16.5	10.04	9.084	4.608	5.701
Nd	15.56	13.54	11.73	9.623	55.61	138.6	52.05	43.83	44.11	36.43	32.49	59.85	36.9	34.41	16.66	19.73
Sm	2.901	2.555	2.307	1.699	10.25	27.45	9.566	7.745	8.117	6.675	6.025	10.63	6.737	7.192	3.437	3.923
Eu	0.425	0.335	0.368	0.27	1.461	4.244	1.599	1.335	1.411	1.204	1.081	1.831	1.207	1.262	0.629	0.648
Gd	3.09	2.476	2.204	1.552	7.313	20.66	8.534	6.113	6.696	5.725	4.957	8.758	5.496	5.881	3.036	3.088
Tb	0.546	0.452	0.382	0.263	1.108	3.313	1.43	0.932	1.055	0.896	0.751	1.316	0.9	1.004	0.58	0.556
Dy	3.295	2.731	2.398	1.649	5.918	16.85	8.068	5.284	5.915	5.201	4.116	7.037	5.06	5.724	3.553	3.172
Ho	0.775	0.68	0.543	0.396	1.171	3.114	1.675	1.068	1.218	1.126	0.874	1.457	1.091	1.239	0.786	0.747
Er	2.33	2.006	1.56	1.199	3.138	7.721	4.338	2.971	3.411	3.251	2.517	4.051	3.177	3.494	2.398	2.297
Tm	0.348	0.326	0.234	0.188	0.458	1.099	0.658	0.402	0.486	0.492	0.365	0.574	0.471	0.502	0.354	0.332
Yb	2.189	2.05	1.63	1.273	2.925	6.785	4.212	2.697	3.197	2.948	2.378	3.64	3.097	3.339	2.448	2.273
Lu	0.344	0.327	0.238	0.201	0.404	0.922	0.61	0.418	0.482	0.469	0.358	0.523	0.482	0.491	0.385	0.372
Hf	5.195	7.233	4.938	4.667	5.283	5.774	6.684	7.885	8.546	7.57	5.058	6.112	7.257	6.862	6.273	6.384
Ta	1.178	1.58	1.309	1.237	1.282	1.031	1.241	1.169	1.116	1.245	0.961	1.418	1.623	1.669	1.578	1.632
Pb	29.3	17.92	20.27	15.09	18.48	16.33	18.56	24.73	22.43	28.57	22.29	26.62	31.89	37.29	27.8	24.45
Th	19.02	18.65	21.57	17.9	20.2	15.9	19.11	17.15	16.27	18.83	13.73	21.35	22.63	23.88	23.27	22.73
U	11.26	4.278	6.333	3.679	4.639	5.443	4.592	3.731	4.867	4.599	3.174	5.517	6.428	9.018	4.501	5.185

4.2.5 嘉荫K-Pg界线的具体确定

自2002年起，本书作者通过运用古生物学、地层学、同位素年代学、古地磁学以及地球化学等综合研究的方法，特别是依据高分辨率的孢粉地层精细划分，确定将黑龙江嘉荫小河沿的XHY-2006钻孔点（中心地理坐标：49°14′53.9″N，129°35′13.5″E，）作为陆相K-Pg界线地层的标准点位（图103右图右侧点），将嘉荫小河沿的XHY-2005及XHY-2008两个钻孔点作为陆相K-Pg界线地层的参考点位；将XHY-2006钻孔剖面作为陆相K-Pg界线地层的标准剖面，XHY-2005及2008两个钻孔剖面作为陆相K-Pg界线地层的参考剖面。

黑龙江嘉荫小河沿XHY-2006钻孔陆相K-Pg界线确定于该钻孔的22.00—22.05m之间（参见图99）；XHY-2005钻孔K-Pg界线确定于19.90—20.30m之间，XHY-2008钻孔确定于23.05—23.25m之间。

上述嘉荫K-Pg界线之下为产有典型晚白垩世马斯特里赫特晚期三棱鹰粉—清晰网假等体粉（*Aquilapollenites stelkii-Pseudointegricorpus clarireticulatus*）孢粉组合的富饶组，该组以湖泊相为主的沉积和丰富的孢粉化石颇具标志。该组之下为时代属于马斯特里赫特早—中期、盛产恐龙动物群的渔亮子组，其繁盛的鸭嘴龙类（包括满洲龙、卡龙、乌拉嘎龙、黑龙、阿穆尔龙、官帽龙、克伯龙等）和特征的暴龙类等恐龙，为晚白垩世晚期的嘉荫乃至整个黑龙江流域展现了一条

图103 嘉荫小河沿XHY-2006钻孔K-Pg界线标准点位（右图较高标志所示）

Fig.103 Typical KPgB point of borehole XHY-2006 in Xiaoheyan of Jiayin (shown by the higher monument in the right)

亮丽的生态链，并为黑龙江嘉荫K–Pg界线的确立奠定了坚实的生物地层基础。

嘉荫K–Pg界线之上为产有典型古新世达宁早期混杂三孔庭粉—小刺鹰粉(*Triatriopollenites confusus–Aquilapollenites spinulosus*)孢粉组合的乌云组白山头段，其特征的“蕨类孢子异常”(“fern–spike”)和典型的植物大化石查加扬槲叶等的发现，以及酸性火山岩的同位素时代佐证(64.1±0.7Ma)等，为K–Pg界线的可靠确定提供了重要证据；白山头段之上的乌云组含煤段的大型含煤沉积和丰富的植物群的产出，也为K–Pg界线附近地层的划分对比发挥了重要作用(图104)。

值得提及的是，在嘉荫K–Pg界线附近地层中，除“蕨类孢子异常”在这里的K–Pg界线上界似有一定表现外，本书作者并没有发现北美等地由于“小行星撞

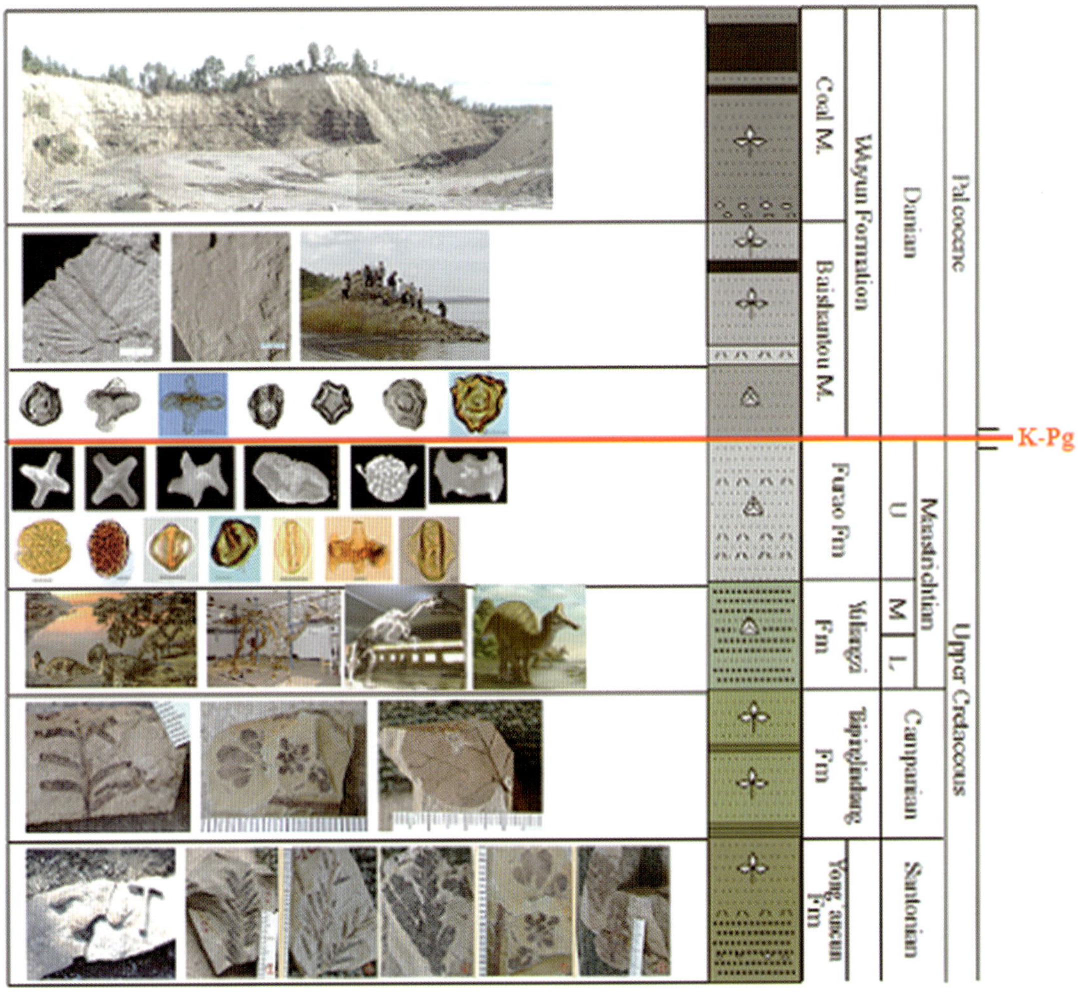

图104　嘉荫晚白垩世—古新世生物地层综合柱状示意图(据Sun et al., 2011)

Fig.104　A synthetic sketch diagram of Upper Cretaceous-Paleocene biostratigraphic column in Jiayin (after Sun et al., 2011)

击” 所出现的一些现象，如出现铱异常或发现“冲击石英”(shocked quartz)矿物等。这或许也从一个侧面反映，黑龙江流域乃至整个东北亚地区的K-Pg界线的成因可能与北美许多具有“小行星撞击”证据的K-Pg界线成因迥然有别。这里的恐龙灭绝的发生应另有原因(详见5.3)。

黑龙江嘉荫地区的K-Pg界线研究为我国确立具有可靠证据的陆相K-Pg界线提供了范例。

4.3 嘉荫小河沿K-Pg界线立碑

八月的小兴安岭千山叠翠、百水争秀。为祝贺我国首个陆相K-Pg界线在嘉荫的确立，2011年8月20—24日来自美、俄、德、英、法、日、韩、澳、蒙、泰、印度、

图105 嘉荫K-Pg界线立碑仪式(1)：1. 向科学家献花；2. 伊春市副市长程洪胜(左2)等出席仪式

Fig.105 Ceremony for the KPgB definition in Jiayin (1): 1. flowering to scientists; 2. Vice-Mayor Cheng H S (left 2nd) et al. presenting in the ceremony

以色列、巴西及中国等百余名专家学者齐聚伊春和嘉荫,出席由伊春市政府、黑龙江省国土厅、吉林大学和沈阳师范大学共同主办,中国地质学会、中国古生物学会等协办的伊春地质古生物国际学术研讨会和嘉荫K-Pg界线立碑仪式。8月24日,地处中俄边陲、黑龙江畔的小城——嘉荫沸腾了,彩旗飞扬,乐声阵阵,与会的国内外专家和本书作者们共同见证了K-Pg界线在嘉荫小河沿的铸点立碑(图105,106)。仪式的举行热烈而欢快,伊春市副市长程洪胜代表当地政府和广大群众向K-Pg界线研究在嘉荫的成功表示祝贺。美国科学院院士迪尔切、俄罗斯科学院通讯院士阿克米梯耶夫、俄罗斯自然科学院院士克拉西洛夫、国际地层委员会副主席彭善池等出席了仪式。

这一天,许多嘉荫群众穿上了节日盛装,他们满怀着喜悦和激情,既为一百多年前嘉荫首次发现"满洲龙"、成为我国最早的恐龙发现地而自豪;也为近年来

图106 嘉荫K-Pg界线立碑仪式(2):1. 孢粉学家玛尔凯维奇教授(左2)出席仪式;2. 吴良国局长(左2)主持仪式

Fig.106 Ceremony for the KPgB definition in Jiayin(2):1. Palynologist Prof. Markevich M (left 2nd) presenting in the ceremony; 2. Mr Wu L G , Director of BLR of Yichun (left 2nd) chairing the ceremony

科学家们在这里探寻我国恐龙在嘉荫最晚灭绝的奥秘而钦赞。如今，在嘉荫又发现了具有国际对比标准的K-Pg界线，这为嘉荫的“恐龙之乡”又增添了夺目的花环。

由于具有“一早一晚”特色的嘉荫恐龙已名扬中外，加之有黑龙江和中俄边境的独特优势，目前，占地5万余平方米的嘉荫国家恐龙地质公园及嘉荫恐龙博物馆已成为国内外游客观光旅游的热点。为了崇尚科学，宣传科学家，嘉荫县人民政府自2006年起，在嘉荫国家地质公园长约30m的巨型恐龙模型周围，为对嘉荫和黑龙江省地质事业发展作出贡献的24位中外科学家铸立了青铜塑像。这些塑像栩栩如生，反映了嘉荫人民对科学家和科学发现的钟爱和深情。嘉荫国家地质公园的科学家铜像，连同嘉荫小河沿K-Pg界线的石碑，像一颗颗闪亮的明珠，将嘉荫之光辉映世界（图107）。

图107 嘉荫国家恐龙地质公园的部分科学家塑像：1. 阿克米梯耶夫；2. 玛尔凯维奇；3. 迪切尔；4. 董枝明；5. 阿什拉夫；6. 约翰森

Fig.107 Statues of some scientists in Jiayin National Geopark: 1. Prof. Akhmetiev M; 2. Prof. Markevich V; 3. Prof. Dilcher D L; 4 Prof. Dong Z M; 5. Prof. Ashraf A R; 6. Prof. Johnson K

第五章 恐龙灭绝

以恐龙为代表的白垩纪—古近纪之交时期的生物大灭绝（本书简称为“K-Pg大灭绝”）是地球历史上最近的一次大灭绝，它所留下的证据比我们所知的任何一次大灭绝都要多，但它也同时留下了许多难解的谜团，诸如：“外星撞击”事件是否真与恐龙灭绝有关？恐龙是否在K-Pg大灭绝之前已经灭亡？假如恐龙灭绝与“外星撞击”有关，外星是否撞击了地球所有的地方？是否所有的恐龙都因为“外星撞击”而灭亡？恐龙灭绝是否以集群方式和同一时间进行？印度德干高原火山活动是否影响到东北亚地区？等等。研究K-Pg大灭绝的科学家们不仅要直面这些问题，而且还要迎接其他有关恐龙灭绝原因的挑战。黑龙江嘉荫及其邻区晚白垩世恐龙的出现和消亡，给我们留下了宝贵的化石和地质证据，也留下了许多问题值得思考。东北亚地区生物/地质事件发生的复杂性和地区性，带我们自觉或不自觉地卷入这场古生物学领域上最具有广泛性的争论。

1980年6月6日，美国《科学》杂志发表了由加州大学伯克利分校地质学家沃尔特·阿瓦列兹（Walter Alvarez；本书称“小阿瓦列兹”）与他父亲路易斯·阿瓦列兹（Luis Alvarez，诺贝尔物理学奖得主；本书称“老阿瓦列兹”）等撰写的论文《外星原因造成K-T灭绝》，证明K-Pg（K-T）界线岩层中富集铱元素，K-Pg界线形成及恐龙灭绝是源自“小行星撞击”（Alvarez et al., 1980）。就在此论文发表两周前，小阿瓦列兹的同事、古生物学家斯密特（Smit J）在英国《自然》（*Nature*）杂志上也发表了一篇《K-T界线的星外事件》的文章，报道他在K-Pg界线地层发现“陨星球粒”，这些小球粒是星外物质熔化后迅速淬火的结果（Smit et al., 1980）。这两篇文章的发表引起了轰动，均证实了K-Pg界线时期地球上确实发生过陨星撞击。

此后不久，墨西哥尤卡坦半岛希克苏鲁伯附近发现了直径约180km、深约

图108 约翰森教授（指示者）指导丹佛盆地野外K-Pg界线考察
Fig.108 Excursion on KPgB in Denver basin, (guided by Johnson K, 2007)

30m的撞击坑，为“撞击论”提供了支持。科学家们猜测，撞击产生的巨大能量可使熔化了的岩石和矿物组成的细小液滴射向天空，迅速包裹整个平流层，在极高空形成厚厚的云层，包括SO_2等有毒物质挥发到大气中，并化身为细小液滴，形成具有强反射性的云，遮挡了阳光，使云层下先是植物死亡，随后，包括恐龙在内的捕食者都陷入饥荒，最终导致了大灭绝。这次大灭绝夺去了包括恐龙在内的地球上76%的物种（Newitz, 2013）。

尽管世界上许多地方发现了“外星撞击” 地球的证据，但科学家们也发现即便在北美也只有近一半的K-Pg界线点有“外星撞击”，85个K-Pg界线点中仅有44个地点发现了“小行星撞击”记录，而其他地点并未见到此现象（Nichols & Johnson, 2008）。美国普林斯顿大学地质学家凯勒（Keller G）质疑陨石撞击能引发全球性事件的观点，认为印度的超级火山——德干高原火山喷发及其带来的影响才是全球性的。美国一些学者甚至认为恐龙灭绝是在K-Pg界线之前（Pearson et al.,2002）。30多年过去了，有关恐龙灭绝原因的观点已有近百种，最引人关注的还是“撞击说”和“火山说”。“恐龙灭绝”激发了人们无穷的想象力。

但上述故事毕竟大都发生在北美、欧洲或大洋洲等地。那么，地处数万公里之外的东北亚地区，特别是黑龙江嘉荫及其邻区，在K-Pg界线时期、围绕恐龙及其伴生生物群，究竟发生了哪些故事？又是什么原因使这里的恐龙庞然大物灭绝了呢？

5.1 嘉荫恐龙动物群的兴衰

嘉荫及其邻区发现的晚白垩世恐龙迄今已知至少已有10个分类群，包括鸭嘴龙类(Hadrosauridae)2亚科9属9种及霸王龙类(Tyrannosauridae)1个分类群。无头冠的鸭嘴龙亚科包括满洲龙(*Mandschurosaurus*)、乌拉嘎龙(*Wulagasaurus*)、克伯龙(*Kerberosaurus*)及昆都尔龙(*Kundurosaurus*)；有头冠的赖氏龙亚科恐龙主要有卡龙(*Charonosaurus*)、黑龙 (*Sahaliyania*)、阿穆尔龙(*Amurosaurus*)及兰龙(*Olorotitan*)；分类不明的包括嘉荫足印(*Jiayinosauropis*)；而霸王龙类主要见有霸王龙(*Tyrannosaurus*)等。

嘉荫足印在晚白垩世桑顿期永安村组的发现，说明嘉荫地区恐龙动物群至少在晚白垩世中期曾出现过一段繁盛期。但从其余至少9个分类群集中生活在晚白垩世晚期(马斯特里赫特期的早—中期)看，这一时期，恐龙在嘉荫及其邻区已达到了它们发展的鼎盛时期(图60，109)。在长只有300—400公里、宽仅有几十公里的范围内的嘉荫及其邻区，生活着如此众多的恐龙，其分异度也达到较高水平，这充分显示了至马斯特里赫特期的早—中期，这里的古气候与古环境曾为恐龙的生存创造了有利的条件；由于这里的恐龙95%以上是植食的鸭嘴龙类，首先这里必须生存有繁茂的植被，气候总体上应温暖而湿润。然而，到了晚白垩世末期(马斯特里赫特期晚期)的富饶组，迄今在嘉荫地区尚未找到恐龙的踪迹。那么，嘉荫地区的这些恐龙到哪里去了？是在K-Pg界线之前已经灭绝，并未存活到距今约66Ma的K-Pg界线时期？或是它们在马斯特里赫特期的晚期已迁移到其他地区？或是由于化石保存等原因使我们在厚约百余米的富饶组尚未采到这些恐龙？所有这些都表明，嘉荫地区的恐龙灭绝仍存在着许多未解之谜。

图109 嘉荫乌拉嘎发现的恐龙皮肤化石
Fig.109 Dinosaur skin fossils found in Wulaga of Jiayin

图110 在龙骨山野外工作(2006)
Fig.110 Field word in Longgushan (2006)

如果出现迁移，显然首先要考虑的是北美西北部，因那里距离东北亚相对最近，其间还有白令陆桥相连。从晚白垩世晚期嘉荫恐龙动物群与北美西部同时期的兰斯(Lance)恐龙动物群的对比看，后者的优势类群为角龙类食肉恐龙(如*Triceratops*, *Torosaurus*, *Leptoceratops* 等)，鸭嘴龙类通常是以 *Edmontosaurus*-*Anatotitan*组合为代表，巨龙类*Alamosaurus*也是兰斯动物群的代表，而在马斯特里赫特晚期见不到赖氏龙亚科或只有存疑的鉴定。但在嘉荫及黑龙江地区，赖氏龙亚科存在于黑龙江地区，但不见角龙类和巨龙类。上述不同类群恐龙的差异似说明，马斯特里赫特期或至少马斯特里赫特晚期，东北亚和北美西部或已存在生物地理区隔离，或是气候或生态环境存在差别。玛尔凯维奇等(2001a)认为，黑龙江地区马斯特里赫特期恐龙可能生活在河湖边，气候为暖温带且有些干燥；而北美兰斯动物群的恐龙(如产自达科塔地区的海尔—格瑞克组)生长在单一的海边湿地—森林环境，这种单一的海边湿地环境，通常动物都避开这里生存。当然，此问题研究还需搞清上述两地恐龙动物群是否存在生存时代上的差异(Godefroit et al., 2011)。但不管怎样，上述对比或许从一个侧面提示，马斯特里赫特晚期嘉荫地区的恐龙可能并没有向北美西北部迁移。

尽管从嘉荫地区向北美方向的迁移还存在疑问，但自北美向嘉荫方向的迁移或交流是否曾存在呢？回答是肯定的，但迁移时间上可能偏早些。例如，较之禽龙(*Iguanodon*)，鸭嘴龙类在分类上更接近于副栉龙(*Parasaurolophus*)。晚白垩世晚期，鸭嘴龙类恐龙在植食方面取得成功，从而使它们成为陆生脊椎动物的主体。鸭嘴龙类晚白垩世在北美已较为繁盛，目前已发现大量鸭嘴龙类恐龙的蛋、胚胎和幼体化石等。究其原因，主要是它们已具有高效的植物咀嚼器官，改进了的上颌和复杂的牙齿结构可以摄取较硬的植物叶与果实。兰氏龙亚科鸭嘴龙类具多种类型的空心状嵴形头冠，鼻腔完全改造并伸至空心头冠，形成了复杂的内部通道系统，这些空心头冠可用于发出各种强大的噪音，这也成为该亚科不同种的分类特征。鸭嘴龙亚科的乌拉嘎龙非常可能是北美的格里芬龙(*Gryposaurus*)的姊妹群，后者产于美国蒙塔纳双医组第三岩相层(Lithofacies 3 of Two Medicine Fm)，最早出现于距今约 80Ma的地层(相当于坎潘早中期)。栉龙(*Saurolophus*)产自加拿大西部马斯特里赫特早期的马足峡谷组 (Horseshoe Canyon Fm)，它的姊妹群——原栉龙(*Prosaurolophus*)仅发现于北美西部，时代要早些(坎潘晚期，恐龙公园组和双医组)。由此，可能栉龙和克伯龙的共同祖先在坎潘晚期之初或更早生活在北美西部，坎潘期或马斯特里赫特期之初由北美西部迁徙至东北亚地区。由此似可以推测，包括恐龙在内的许多动物在坎潘期—马斯特里赫特期曾通过欧亚大陆桥(白令海峡)迁徙,自东向西的迁移也是存在的,只是时代可能相对略早(Godefroit et al., 2011)。

5.2 "小行星撞击"及"铱异常"

距今约6600万年(66Ma)的K-Pg界线地层出现铱含量超高的黏土层,被科学界普遍认为是小行星撞击地球后留下的最明显的地质特征之一,撞击导致恐龙灭绝也是目前最流行的假说之一。本书作者通过十余年对嘉荫的K-Pg界线附近地层古生物等研究,认为这里66Ma前的K-Pg界线的形成有着与"小行星撞击"不同的地质古生物背景。66Ma前的晚白垩世中晚期,东北亚地区区内曾处于大体相似的古地理环境,火山喷发、海平面下降以及气候变冷等非生物原因可能是恐龙在这一地区消失的主要原因,而不是由于小行星撞击地球造成的。本书作者对嘉荫小河沿实施的三个钻孔(XHY-2005,2006,2008)的岩芯材料的地层学、古生物学、地球化学等研究结果就是一个很好的证明:这里的K-Pg附近地层均为砂泥岩组成,既没有看到铱含量异常高或星外物质的2—3cm厚的黏土层,也没有见到明显的沉积间断;但在K-Pg界线上下,却发现了明显的古生物变化(参见第四章)(图111)。最新综合研究表明,嘉荫及其邻区K-Pg界线时期不存在所谓来自星外物体的"撞击事件",更没有见到明显的铱异常。这说明,包括恐龙在内的绝大多数地球生物的灭绝绝非由单一原因造成,不同地区似有不同的主导原因。

事实上,铱异常是一种常见的地质现象,它的形成有多种原因,火山活动也是可以造成铱异常的重要原因之一。铱元素在地壳中的含量通常不超过0.1ppm;有些恐龙骨骼中的铱元素含量要较克拉克平均值高6—9倍以上;火山活动熔岩或火山灰带来的铱异常较之正常含量通常要多上百倍、甚至千倍,但成因并不是外星物体撞击 (Akhmetiev, 2004)。从本书作者研究的嘉荫K-Pg界线地层附近的地球化学分析结果看, 在嘉荫小河沿XHY-2006钻孔中的两个样品(JY-001、JY-002)的铱元素含量也分别出现了0.226ppm和0.2425ppm两个略高值(参见表4),但这两个样品位于孔深15.21—16.46m, 属于K-Pg界线(22.00—22.05m)之上,可能与古新世白山头段的酸性火山岩(火山活动)有关;而且这两个略高的"异常值"与"外星撞击"事件的铱异常值仍有天壤之别。

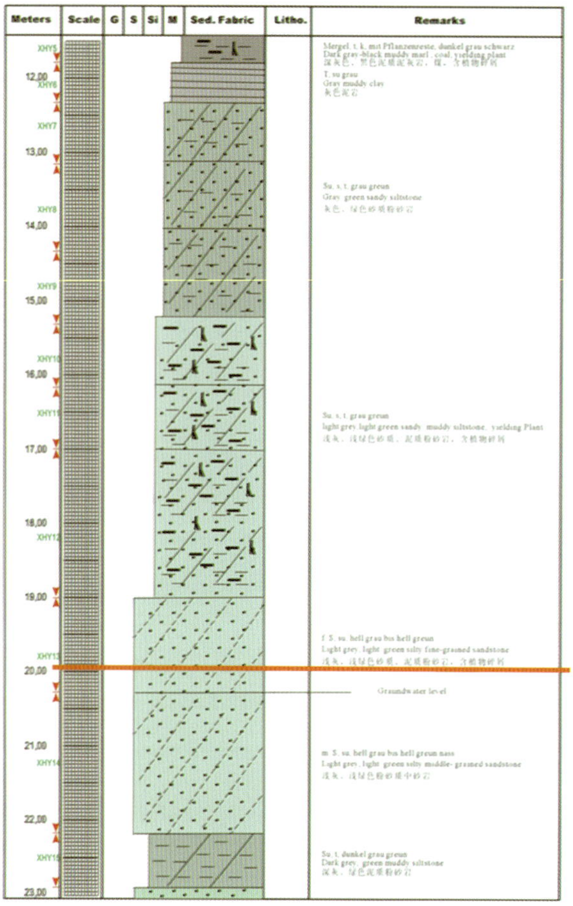

图111　嘉荫小河沿XHY-2005钻孔岩芯柱状图(红线示K-Pg界线,其上下为连续沉积)

Fig.111　Borehole stratigraphic column of XHY - 2005 (red line showing the KPgB, with continuous deposits)

5.3 嘉荫及东北亚地区恐龙灭绝原因探讨

自阿瓦列兹父子等发表有关K-Pg界线附近出现铱异常或星外物质、提出地球上曾发生过“外星物体撞击地球”事件(Alvarez et al.,1980;Smit et al.,1980)后,30多年来科学家们对此一直争论。较突出的代表是美国地质学家凯勒等(Keller et al.,2011;McLean, 1985),他们认为印度的超级火山——德干高原火山喷发及其带来的影响才是全球性的。德干高原火山分布面积约$1.5\times10^6km^2$,目前能直接观测的火山熔岩面积约为$5.12\times10^5km^2$,其最强烈的火山喷发时间是白垩纪末期,距今约67.4—66Ma,火山爆发持续时间约3万年。凯勒等通过深部钻探提取的岩芯研究发现,德干高原是由至少4次大型火山喷发事件而形成:在距今约67.4Ma前开始喷发,岩浆溢出并释放有毒气体,这个时间比K-Pg界线早约1.4Ma(140万年)。随着岩浆流一次次出现,能从灾难中恢复生机的生物越来越少,包括恐龙。最终,恐龙灭绝。凯勒等认为,火山爆发释放的毒素和碳质引发了气候变化,温室效应失去控制,酸雨飘落,海洋死亡地带蔓延,这一切让地球不适合大多数生物生存，这才是恐龙灭绝的机制（Newitz，2013）。

本书作者联系到嘉荫地区乃至整个东北亚地区，这里的火山活动在晚白垩世中晚期也曾出现过较大规模的活动（Wan et al.，2013；Wang et al.，2009）。本书作者之一阿克米梯耶夫研究认为，晚白垩世至古新世时期，包括嘉荫在内的结雅—布列亚地区至少曾出现过4—5次较大规模的火山活动（Akhmetiev，2004）（表6）。

表6　结雅—布列亚及嘉荫地区晚白垩世—古新世火山活动简表（据Akhmetiev，2004）

Table 6　Sketch table showing the volcanic movements in Zeya-Bureya and Jiayin areas during Late Cretaceous-Paleocene (after Akhmetiev, 2004)

<table>
<tr><th colspan="2">组　地区
年代</th><th colspan="3">俄罗斯
结雅—布列亚盆地</th><th colspan="2">中国
黑龙江嘉荫</th><th>火山
事件</th></tr>
<tr><td rowspan="2">达宁阶</td><td>上</td><td rowspan="5">查加扬群</td><td rowspan="2">上查加扬组</td><td>基乌达含煤层
20—25m</td><td rowspan="2">乌云组</td><td>含煤段
18m</td><td rowspan="10"></td></tr>
<tr><td>下</td><td>60—100m</td><td>白山头段
>25m</td></tr>
<tr><td rowspan="3">马斯特里赫特阶</td><td>上</td><td colspan="2">中查加扬组
70—150m</td><td colspan="2">富饶组
300m</td></tr>
<tr><td>中</td><td colspan="2" rowspan="2">下查加扬组（主要恐龙层）
100—230m</td><td colspan="2" rowspan="2">渔亮子组
（主要恐龙层）
300m</td></tr>
<tr><td>下</td></tr>
<tr><td colspan="2">坎潘阶</td><td>博古昌组</td><td colspan="2" rowspan="4">上扎维金组
50—230m</td><td colspan="2">太平林场组
630m</td></tr>
<tr><td colspan="2">桑顿阶</td><td rowspan="3">昆都尔组
>45m</td><td colspan="2">永安村组
>970m</td></tr>
<tr><td colspan="2">柯尼亚克阶</td><td colspan="2" rowspan="3">?</td></tr>
<tr><td colspan="2">土仑阶</td></tr>
<tr><td colspan="2">赛诺曼阶</td><td colspan="3">下扎维金组</td></tr>
</table>

就嘉荫及其邻区晚白垩世火山活动看，经沉积与地球化学家、吉林大学王璞珺教授等研究，嘉荫附近（包括小兴安岭地区、松辽盆地等）晚白垩世火山活动主要有3期，自老至新分别为：青山口期（88.0Ma）、嫩江期（82.2—83.7Ma）和明水期（70.2Ma）。据松辽盆地钻孔获得的具体火山岩及火山活动时间等简要分述如下。

（1）青山口期（或称"青山口组期"）火山活动：在松辽盆地北部齐家古龙凹陷金6井、青山口组2—3段见有厚约191m的火山岩段（孔深1791.5—1982.5m），对其中11m厚的橄榄粗安岩夹层进行高精度$^{40}Ar/^{39}Ar$年龄测定，其坪年龄为t_p=88.0±0.3Ma，属于晚白垩世科尼亚克期（Coniacian）（王璞珺等，2009）。此期，在

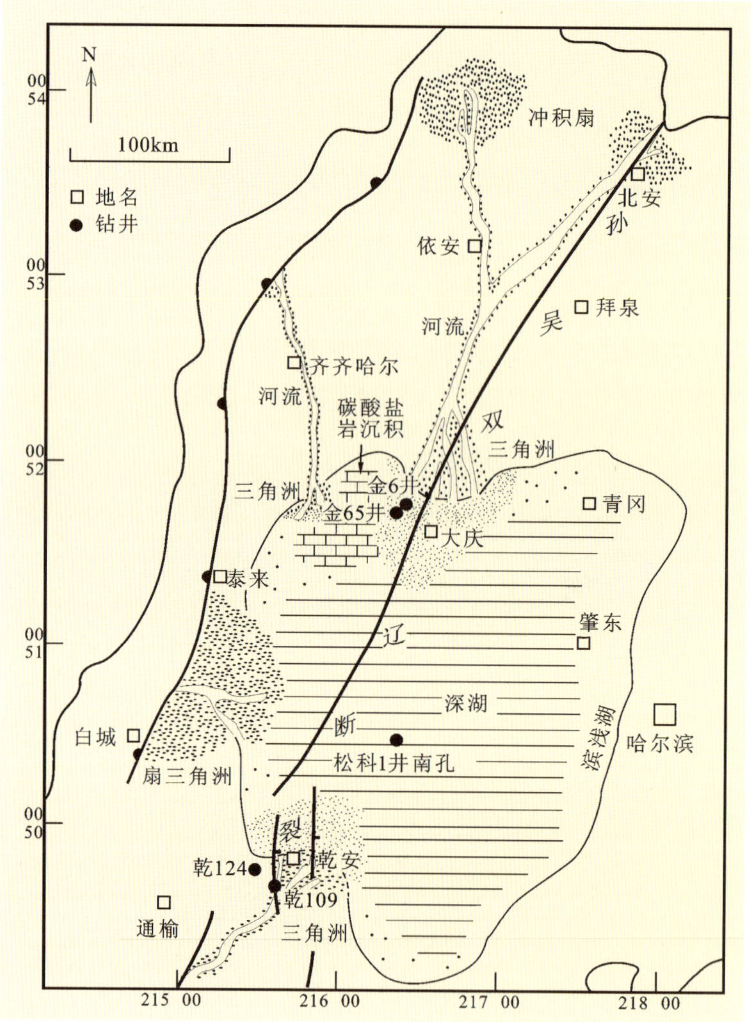

图112 松科1井南孔青山口组火山岩的钻孔井位(据王国栋等,2010)

Fig.112 Borehole site of volcanic bed of Qingshankou Fm in Well Songke 1 in Songliao Basin (after Wang G D et al., 2010)

金65井、乾109井等沿孙吴—双辽壳断裂方向均发现玄武岩(高瑞祺、萧德铭,1995);另外,距孙吴—双辽断裂约50km的松科1井南孔青山口组二段底部(1673.04m)识别出一层厚0.5cm的蚀变火山灰层,其层位与金6井橄榄粗安岩相当(王国栋等,2010)(图112)。

(2)嫩江期(或称“嫩江组期”)火山活动:在松科1井嫩江组共识别出11层火山灰/膨润土,每层最厚可达10cm(高有峰等,2011),反映该时期较为频繁的火山活动。对松科1井南孔1019m火山灰高精度锆石SIMS U-Pb测年结果为83.7±0.5Ma(He et al.,2012),在松科1井南孔1019m之上约13m(嫩二段)发育嫩江组最顶部的一层火山灰。嫩二段顶面年龄为82.2Ma(Deng et al.,2012)。所以,嫩江期最晚的火山活动在82.2—83.7Ma之间。

(3)明水期(或称“明水组期”)火山活动:在松科1井北孔中,明水组二段共计识别出2层火山灰,深度分别为396.32—396.34m、397.14—397.32m。两层火山灰仅相隔0.80m,且下部层厚达0.18m,反映一次较为强烈的火山活动。松科1井明二段底面(632.45m)年龄为70.2Ma,而松辽盆地内的K-Pg界线65.6Ma位于明二段内(松科1井北孔约325m处)(Wan et al.,2013)。尽管这一年龄值(70.2Ma)还有待深入研究,但它至少代表晚白垩世马斯特里赫特期间曾出现过较为强烈的火山活动。

就嘉荫地区自身火山活动而言,在本书研究的嘉荫小河沿XHY 2005钻孔,K-Pg界线之下的晚白垩世马斯特里赫特最晚期地层中(孔深34m、38m、44m、48m),本书作者已发现多层火山物质。这一证据表明,在晚白垩世马斯特里赫特期之末,嘉荫附近确曾有频繁的火山活动发生过。

基于此,本书作者认为,嘉荫及其邻区晚白垩世晚期的火山活动,连同可能受印度德干高原火山活动及滨太平洋火山活动的影响,可能是这一地区恐龙灭绝的主要原因。阿克米梯耶夫认为"酸雨的形成可能导致气候变冷",当然,海平面变化及全球性降温事件等所带来的气候环境变化影响也不能除外。马斯特里赫特晚期全球海平面下降约100—130m(Haq et al.,1987),地面剥蚀加剧、气候变冷和陆地上升,造成嘉荫及布列亚—结雅盆地的大地上生态环境发生巨大的改变。植物死亡殆尽,恐龙没有食物来源,必然走向灭绝之路(Akhmetiev,2004;Sun et al.,2011)。

尚需提及的是,综观北美和当前嘉荫及其邻区K-Pg界线附近地层和恐龙化石的赋存,目前还没有任何一个剖面在贴近K-Pg界线直接发现恐龙化石。在美国西北部的北达科塔州的西南部的晚白垩世最晚期的海尔—克瑞克组,发现恐龙化石的最高层位距K-Pg界线之下10m,也就是说,如此标准的剖面距K-Pg界线之下10m并未发现恐龙;此外在海尔—克瑞克组还发现至少3层火山凝灰岩(K-Pg界线之下约42m、47m及73m)(Murphy et al.,2002);这些火山活动记录十分值得注意。在北达科塔西南部的丁斯高地恐龙剖面(Dean's High Dinosaur section)含恐龙(包括三角龙*Triceratops*等)的最高层位距K-Pg界线之下也是3m以上(Nichols & Johnson, 2002)。美国资深地质古生物学家皮尔逊(Pearson D A)等(2002)指出,事实上,许多美国学者如阿奇博德(Archibald J D)等早就争议,并认为恐龙灭绝是在K-Pg界线之前;自1996年起阿奇博德就讨论在美国广泛争议的"10英尺空白"("10 foot gap")这个有关恐龙在K-Pg界线之下约10英尺(近等于3.5m)属于空白区的问题 (Archibald,1982,1996)。皮尔逊等指出,这表明K-Pg界线之前,恐龙早已灭绝(Pearson et al.,2002)。

而在黑龙江嘉荫小河沿钻孔剖面(如XHY-2005孔),距K-Pg界线之下、至少约75m厚的地层内并未发现恐龙(参见Sun et al., 2011)。这样一来:(1)倘若由于恐龙化石保存和采集的问题,则尚可认为含恐龙地层与K-Pg界线有直接联系,由此也可以讨论恐龙灭绝与K-Pg界线事件之间的关系;(2)但倘若不是由于恐龙化石保存和采集的问题,似不能排除恐龙可能早于K-Pg界线灭绝。这样一来,如果还用K-Pg界线时期"外星撞击地球"解释这里的恐龙灭绝,就是"张冠李戴"了。

按国际地层年代表,马斯特里赫特阶底界年龄为70.6Ma,顶界年龄约为66.0Ma(Renne et al.,2013),该阶时间跨度约为4.6Ma。按早、中、晚三期平均计算,马斯特里赫特晚期的时间跨度约为1.53Ma。以当前的嘉荫地区马斯特里赫特晚期的富饶组为例,参考与富饶组在沉积相和时代大体可对比的松辽盆地明水组资料(Wan et al.,2013),明水组在松科1井的白垩纪的部分厚约460m(底界约为780—320m),其时间跨度约为6.7Ma(72.2—65.5Ma),计算其沉积速率约为70m/Ma。参照明水组的上述沉积速率,鉴于嘉荫小河沿XHY-2005钻孔所显示的富饶组厚约超过75.0m(95.0—20.0m),其时间跨度应超过1.36Ma左右。但由于嘉荫地区的恐龙仅见于马斯特里赫特早中期的渔亮子组,而并未发现于富饶组,似不能排除这里的恐龙灭绝可能要早于K-Pg界线约1.36Ma发生。联想到印度德干高原火山喷发是从67.4Ma开始(Newitz,2013)、时间早于K-Pg界线约1.4Ma,这一惊人的巧合不难给人们一个大胆的假设:倘若未来在富饶组或其相当地层中始终找不到恐龙化石,那么似不能排除,嘉荫及其邻区的恐龙灭绝可能也要早于K-Pg界线约1.36Ma或略少些。当然,似也不能排除,黑龙江嘉荫乃至东北亚地区的恐龙先行灭绝,而北美西部的恐龙灭绝时间稍晚些(即马斯特里赫特晚期),但北美西部的恐龙灭绝可能也是在K-Pg界线之前。如果按上述美国的"10英尺空白"("10 foot gap")计算,10英尺大体相当于3.5m;参考上述沉积速率约为70m/Ma计算,其恐龙灭绝大体也要较Pg界线提前在4.3万年左右,甚至更长。即便是在北美发现恐龙化石最晚的层位距离K-Pg界线之下有1m,其距离K-Pg界线时间发生的时间间隔也至少要在1.3万年左右。这样一来,有关将"外星撞击地球"作为北美恐龙灭绝原因的解释也是值得质疑的了。

总之,面对当今众多的有关恐龙灭绝的假说,白垩纪与古近纪之交这一生物/地质重大事件发生的复杂性、多样性乃至地区性等特点,无疑是我们首先应当重视和思考的。黑龙江嘉荫及东北亚地区K-Pg界线生物/地质事件的发生,乃至恐龙灭绝,明显具有东北亚地区自身的区域性特点。从本书作者研究和掌握的实际资料看,嘉荫及其邻区以至整个东北亚地区的恐龙灭绝并非由"小行星撞击地球”造成，其最大的可能是由火山活动、海平面下降及全球性降温事件等所带来的综合性气候环境变化影响所造成。特别是，由于迄今在K-Pg界线之下、尚未在贴近界线附近直接找到恐龙化石的踪迹，似也不能排除至少在嘉荫及其邻区乃至东北亚地区，恐龙灭绝或许有可能在K-Pg界线发生之前。

上述现象的出现其实不难理解，正如我国古生物学家戎嘉余等在《生物大灭绝与复苏》一书中所指出的：“世界是多样性的，用单一模式、理论或观点是难以诠释缤彩纷呈和复杂多样的生物世界的。”（戎嘉余，方宗杰，2004）当然，所有这些谜团可能今天尚未能最终破解，有关恐龙灭绝原因及形成机制的研究还有待今后做更多、更深入的工作（图113）。

图113　本书作者等在嘉荫恐龙国家地质公园（2006）
Fig.113　The authors and their colleagues in the National Dinosaur Geopark of Jiayin (2006)

致　谢

本书的研究工作得到国家科技部科技基础性工作专项《中国标准地层建立——中国地层表的完善》(项目号SQ2015FY3340051)、国家自然科学基金重大国际合作项目(NSFC-3022130698)、国家自然科学基金地学部主任基金(NSFC- 40842002)、黑龙江省国土资源厅地质勘查项目(SD2005-014及后续补充项目)等研究项目的资助;得到东北亚生物演化与环境教育部重点实验室、教育部与国家外专局“111”项目及国土资源部东北亚古生物重点实验室的支持。作者谨表示衷心的感谢。

本书研究涉及的野外及室内工作是参加科研队的全体同事共同努力下完成的,包括约翰森教授(美国史密森国家自然史博物馆)、尼科斯教授(美国地质调查所,已故)、冈田博有教授(日本九州大学)、罗森贝格教授(巴西南里奥格朗德大学)、雒昆利教授(中科院地理所)、张淑芹教授、吴文昊博士(吉林大学,图114)及伊万·保罗斯基(俄罗斯科学院阿穆尔自然管理研究所)等。

图114　青年恐龙研究专家吴文昊(右)与哥德弗洛伊特教授一起工作

Fig.114　Chinese young paleontologist Dr Wu W H (right) working with Prof. Godefroit P

图115　李林山总工程师(中)在嘉荫小河沿协助钻孔井位确定(2006)

Fig.115　Prof. Li L S (mid) working in Xiaoheyan, Jiayin for drilling design (2006)

寺田和雄研究员(日本福井恐龙博物馆)牵头完成了嘉荫及其邻区的木化石研究;张立君教授(沈阳师范大学)完成了嘉荫白垩纪介形类化石研究;沙金庚研究员(中科院南京古生物所)鉴定了嘉荫白垩纪瓣鳃类化石;李罡研究员(中科院南京古生物所)提供了嘉荫白垩纪叶肢介化石资料(包括图片);王璞珺教授(吉林大学)指导研究了嘉荫地区火山活动并提供了松辽盆地地层资料,边伟华博士协助提供了资料;吴思竹(沈阳师范大学)协助完成了本书的部分英文翻译工作。

项目的钻探施工由黑龙江省第六地质勘查院完成。野外及研究工作开展得到黑龙江省国土资源厅、伊春市政府、嘉荫县委及县政府的大力支持。本书作者特别感谢黑龙江省国土资源厅徐福和、孙纲厅长,徐飞鹏、陈竞捷副厅长,科技处刘铁军处长;黑龙江省地质博物馆前馆长王雅茹、崔滨及海树林高工;伊春市国土资源局领导吴良国、计秀坤、方玉高、孙庆海;黑龙江省第六地质勘查院曹宪双前院长、李林山总工程师(图115);嘉荫县政府领导黄世伟、金达人、孙兆龙、岂凤桐等;嘉荫恐龙博物馆馆长王友谊及张丽丽等;以及吉林大学李春田、李凌、陈峰、梁飞,沈阳师范大学曹成润、于鹏等;多年来给予本书研究工作的大力支持与协助。

本书作者还由衷感谢中国科学院李廷栋院士、刘嘉麒院士及王永栋教授对本书出版的支持。感谢上海科技专著出版资金的资助及上海科技教育出版社王世平常务副总编及伍慧玲、汤世梁等编辑对本书出版工作的全力配合,感谢卞毓麟教授对本书的大力支持。感谢沈阳师范大学对本研究工作及本书出版的支持;感谢王文帅、何佳怡协助封面设计工作。

Late Cretaceous-Paleocene Biota and the K-Pg Boundary from Jiayin of Heilongjiang, China with Discussion on the Extinction of Dinosaurs

By

Sun G, Dong Z M, Akhmetiev M, Markevich V, Ashraf A R, Godefroit P,
Dilcher D L, Sun C L, Sun Y W, Quan C, Golovneva L, Bugdaeva E,
Bolotsky Yu, Suzuki S, Kodrul T, Nishida H, Kezina T, Harding I,
Yang H X, Ge W C, Chen Y J and Yang T

Shanghai Scientific & Technological Education Publishing House

Abstract

This book reports in detail for the first time the collaborative research results on the Late Cretaceous-Paleocene biota and the non-marine Cretaceous-Paleogene (K-Pg) boundary in Jiayin of Heilongjiang and its neighboring area about 66 million years ago, made by a multinational research team led by Chinese geoscientist Prof. Dr. Sun G during 2002–2011. Seven Late Cretaceous-Paleocene palynological assemblage zones, two Late Cretaceous mega-plant assemblages, and nine newly found dinosaur taxa, are recognized in these areas. A well-documented non-marine K-Pg boundary, is defined in Jiayin, China with centimeter accuracy, for the first time, through a comprehensive study including paleontology, geology, paleomagnetism and geochemistry. The authors propose that volcanic activity, sea level lowering, and climatic cooling may have caused the extinction of the dinosaurs in Jiayin and even in the whole of Northeast Asia. It is suggested here that the extinction of the dinosaurs probably happened before the interval of the K-Pg boundary in the Jiayin area and even in all of NE Asia, which is challenging to the hypothesis of the "asteroid impact".

The book consists of five chapters and 16 sections, with English text and about 200 photos. This book is not only the first book on the Late Cretaceous-Paleocene biota identifying the non-marine K-Pg boundary in China, but also a scientific textbook that is easy to understand. It is important and significant for the study of the biota, stratigraphy, palaeogeographic and paleoclimatic reconstructions at the time of the transition between the Cretaceous and the Paleogene, particularly to better understand the extinctions of dinosaurs in the NE China, NE Asia and even the entire world. This book should be useful for domestic and foreign professional researchers as a reference for geology, life sciences, museumology, etc., and for graduates, undergraduates, and the general science enthusiasts to learn about the Cretaceous end times in Northeast China.

Preface

All the enthusiasts of Geosciences or Lifesciences may be interested in dinosaurs and their history. As the "overlords" of the Mesozoic terrestrial biosphere, some having huge bodies, or four feathered wings, the dinosaurs survived for more than 160 million years (Ma). In China, they first appeared in the Lufeng area of Yunnan, and were extinct in Jiayin finally. Their habitats include Sichuan, Xinjiang, Gansu, Henan, Guangdong, Zhejiang, Shangdong, Inner Mongolia, and Northeast China, nearly all of the Mesozoic land in China can find their remains. The evolutionary journey covered thousands of kilometers. Their livelyhood and palaeoecological record have left endless puzzels for people, while their origin and extinction also left much mystery for scientists to explore.

In China, if people mention "dinosaurs", they are bound to mention Jiayin, a small town near the China-Russia border on the Heilongjiang (Amur)River, in the north of Heilongjiang Province in NE China. Because this is the place where dinosaur fossils were first found in China. In 1902, the local fisher men collected dinosaur fossils at this locality, called "White Cliff"(Longgushan today)in Jiayin near the Heilongjiang (Amur) River, which all had been deposited in the All Russia Geological Museum in St. Petersburg, and named "*Mandschurosaurus*" (Riabinin, 1930). Thus Jiayin became the first location where dinosaurs were found in China. Interestingly, these dinosaurs of Jiayin are aged as middle-late Late Cretaceous (ca.85–66Ma ago), which makes them the last group of the dinosaurs before their extinction in China. Thus, Jiayin become also the last place where the dinosaurs lived in China and even in the whole of NE Asia.

"The first and the last" become the characteristic of Jiayin dinosaurs, which is also the one reason that Jiayin attracted the scientists to study here. In addition, since the last dinosaurs with their associated strata and the Paleocene coal mine are both in Jiayin area, scientists have held some hope of finding the Cretaceous and Paleogene (K-Pg) boundary*, at 66Ma, in this region . Thus, an integrated research program was made by the authors, beginning in 2002 in Jiayin area, focused up-

---

* K-Pg boundary is the boundary of Cretaceous (K, abbreviation of Greek "Kreta")and Paleogene (Pg in abbreviation), it is also called the K-T boundary previously.

on the dinosaurs, their extinction and the K-Pg boundary.

Jiayin is located on the right bank of Heilongjiang (Amur) River in the far-north of Heilongjiang Province (130°32′44″E, 48°53′29″N). It is named for the "Jiayin River" in the county, facing the Russian Paschkovo Town across the river (Fig.2, left). The Jiayin County is subordinate to Yichun City of Heilongjiang Province, with the area 6740km^2 and 150 thousands in population, including 3 towns named as Chaoyang, Wuyun and Wulaga. The central town name "Chaoyang" spreads across the river and translated as "Tsagayan" (Цагаян) in Russian, which resulted in the Chinese town imprecisely called "Tsagayan", in the adjacent Russian area. This is the reason in the Russian paleobotanical literatures occurred as the "Tsagayan flora from Amur Province" (Krassilov, 1976), which flora was found from the adjacent areas of Jiayin, on the Russian side. This mystery was solved in 2002 when the Russian experts came to Jiayin and explained the name. The Jiayin, along the Heilongjiang (Amur) River, has the port which can dock kiloton barges. The boats from Jiayin can reach up to Mohe County and go down to Fuyuan County of China side, and can reach also to the Russian cities near the sea (Fig.2, right). Stand on the side of Heilongjiang River, see the Russian scenery, and the fertile land, look back the mountains in Jiayin, the immense forest. What a majesty view.

In order to protect the dinosaur fossils in Jiayin, the "Jiayin Dinosaur National Geopark" was established in 2001. The Geopark is located in the right bank of the Heilongjiang (Amur), west of the Jiayin Town. The Geopark is 38.44km^2 in area with 11km in length. In the Geopark the "Shenzhou Dinosaur Museum of Jiayin" was established in 2006, with the area of 4650m^2 in building and 50,000m^2 for its surrounding area (Fig.3). Th outcrops of the rocks yielding the Late Cretaceous dinsaurs are just in the location of the museum named "Longgushan", belonging to the Upper Cretaceous Yuliangzi Formation (lower-middle Maasterichtian). This is the location of finding the first dinosaur fossils in China in 1902. In May of 2014, this location was listed as one of the national key protection fossil places of China.

Fig.116 Late Cretaceous fossil localities near Jiayin. *Figure from Sun G et al. (2007), Courier Forschungsinstitut Senckenberg 258:75*

The Cretaceous-Paleogene (K-Pg) boundary records a series of important geo-/ bio-evolutionary events happening at about 66Ma ago, related to the extinction of the dinosaurs and other living things (over 75% organisms died out in the world). This event has been regarded as "the fifth mass extinction and recovery event on Earth since the Phanerozoic". Thus, the study of the K-Pg boundary is very significant for understanding the evolutionary history of organisms and Earth during the Mezozoic-Cenozoic transitional time.

The non-marine Late Cretaceous-Paleocene biota and strata were very well developed in Jiayin and its neighboring areas represented by those in the Zeya-

Bureya basin of Russia. A large number of dinosaurs, plants and other fossils are a record of the colorful biological world and the paleoenvironmental changes in this area during the time of 85–60Ma. Particularly, these fossils provide valuable evidence for better understanding the biological evolution and environmental changes in Northeast China and NE Asia around 66Ma ago.

During 2002–2011, a scientific expedition team led by paleontologist Sun G, and formed by more than 20 scientists from China, Russia, Germany, USA, Japan, Belgium, UK, Korea and Brazil, came here, and conducted a decade of collaborative research work on the Late Cretaceous-Paleocene strata and biota in Jiayin and its adjacent areas (Fig.115). Their field trips extended for a thousand kilometers along both sides of the Heilongjiang (Amur) River, to explore the history of life dating back to 66Ma ago. Our story is begining from here.

In the decade, the scientists of the international research team for the first time studed intensively the Late Cretaceous-Paleocene strata and biota in Jiayin and its neighboring areas, through multidisciplinary research methods including paleontology, geology, paleomagnetics, geochemistry, etc. and including the making and study of drilling cores taken in the field (Fig.4). This resulted in the successful definition of the first well documented non-marine K-Pg boundary in China, which was approved by the scientists concerned internationally in 2011. Meanwhile, the research team has proposed that volcanic activities, sea level lowering, and climatic cooling may have caused the extinctions of the dinosaurs in Jiayin and perhaps even in the whole of Northeast Asia. Also this research team suggested that the extinctions of the dinosaurs probably took place before the interval of the K-Pg boundary in Jiayin and also in NE Asia, challenging the hypothesis of the "asteroid impact".

This book for the first time systemically reports the Late Cretaceous-Paleocene biota and its divisions of evolutionary stages in Jiayin area, including the seven palynological assemblage zones and two Late Cretaceous mega-plant assemblages, and for the first time reports the nine taxa of dinosaurs newly found along the Heilingjiang River in Jiayin and its neighboring areas comprehensively. Comparisons of the K-Pg strata and biota are combined with those from the adjacent Zeya-Bureya basin of Russia, and with the sedimentary and geochemical study. The authors propose their own ideas that volcanic activities, sea level lowering and climatic cooling might be the main reasons for the extinction of the dinosaurs in the Jiayin area and even the whole of NE Asia. And, the book systemically reports the first well-documented definition of the non-marine K-Pg boundary in China for the first time. The achievements are very significant for the study of the correlation of the K-Pg boundary strata and biota in the NE Asia, and also for the comparative study of Late Cretaceous dinosaurs beween the NE Asia and North America. All these results embodies the wisdom and hard work of the international research team experts, and have laid a good foundation for the future research work on the K-Pg boundary in China and the NE Asia.

This book includes five chapters and 16 sections, with about 200 photos and tables. It is the first scientific monograph systmetically reporting the Late Cretaceous-Paleocene biota and the K-Pg boundary from Jiayin of Heilongjiang, China and its neighboring areas in Russia along the Heilongjiang (Amur) River. The book should be important for professional workers in geoscientists, lifescientists, and museumologists, and also be of interested by amateurs of the natural sciences. The new book should be helpful for scientists concerned with graduate and undergraduate students, to better understand the Cretaceous and Paleogene biota, stratigraphy, palaeogeographic and paleoclimatic changes in Jiayin and the NE Asia, and the new report on the dinosaurs fauna and their extinctions from Jiayin and its neighboring areas should excite the readers, especially the young people and fossil amateurs.

Chapter 1 Century view

1.1 Discovery of dinosaurs in Jiayin

In 1902, news reported by the local journal "*Priamourskie Vedomosti*" produced by the headquarters of Colonel Manakin M M caused a stir in Far Eastern Russia that a series of animal bone fossils were found under the "White Cliff" (i.e. the present Longgushan of Jiayin) along Heilongjiang (Amur) River on the west of Jiayin County, China (Fig.5). The bones collected from Cossack fishermen were obtained by Manakin (Fig.6). The fishermen said the bone fossils collected from the bank of Heilongjiang River on the Chinese side, it is near a small village of Jiayin County today. Mr. Manakin stored these bone fossils in the Khabarovsk Museum. This is the beginning of the story about the dinosaur fossils which were the first dinosaurs collected in China.

In the same year, Gurov A I, a senior archaeologist at Blagoveshensk, explored the banks of the Heilongjiang (Anur) River and also discovered fossil bones. He reported this discovery on a map of the Amur River drawn in 1903, mentioning the locations of the fossils. This map is currently housed in the Historical Museum at Blagoveshensk.

Manakin's and Gurov's discoveries alerted the attentions of Russian geologists to this area. In 1914, Prof. Kryshtofovich A N, the paleobotanist and geologist at the Russian Geological Committee in St. Petersburg, found a large fragmentary bone in Jiayin of the Heilongjiang (Anur) River area. On returning to St. Petersburg, he showed the bone to his colleague Prof. Riabinin A N, who identified it as the proximal end of a dinosaurian tibia or fibula. During the winter of 1915–1916, another geologist at the Russian Geological Committee, Renngarten W P, went to the Heilongjiang (Anur) River area and studied a geological section opened in the "Belyie Kruchi" ("White Cliffs"), writing "... on the right shore of the Amur River, some distance downstream from the mouth of Ayan, between the villages Kasatkino and Sagibovo" (Riabinin, 1925). Following these preliminary researches, the Russian Geological Committee undertook two excavation campaigns during the summers of 1916 and 1917 under the direction of preparator Stepanov N P, and unearthed several dozens of fossil bones in the greenish conglomerate along the right side of the Heilongjiang (Anur) River. Before the "October Revolution" of 1917, all finds, including the incomplete skeleton of a hadrosaurid dinosaur, were transported to the Museum of the Geological Committee to be prepared and studied

(Figs.7.1, 7.2). The hadrosaurid skeleton was prepared by Stepanov N P between 1918 and 1923 and mounted under the supervision of Riabinin A N in 1924 (Fig.7.3).

Riabinin (1925) gave a preliminary description of the skeleton and named it *Trachodon amurense*. He subsequently described it in detail and attributed it to the new genus *Mandschurosaurus* (Riabinin, 1930a), regarded as a member of the subfamily Hadrosaurinae, and the papers were published in 1925 and 1930 (Riabinin, 1925; 1930a). Furthermore, he described fragmentary turtle bones from the same locality as *Aspederetes planicostatus*, isolated theropod teeth as *Albertosaurus periculosus*, and the proximal end of a hadrosaurian left ischium as *Saurolophus kryschtofovici* (sic), also theropod teeth belong to Tyrannosauridae (Riabinin, 1930b). Because of the presence of the genera *Albertosaurus* and *Saurolophus*, he concluded that the age of the 'Belyie Kruchi' fauna was similar to that of the Edmonton Formation in Canada. The type specimen of *Mandschurosaurus* mentioned above has been exhibited in the All Russian Geological Museum in St. Petersburg

Chinese experts began to make large scaled excavations and research on dinosaur fossils in Jiayin area since 1970s. However, the famous vertebrate paleontologist, Academician Prof. Yang Z J (Young C C) was very concerned about the dinosaur fossils found in Jiayin (Fig.8). In 1956, when he visited the former Soviet Union, he personally went to the Geological Museum in St. Petersburg to look over the type specimen of *Mandschurosaurus* found in Jiayin, China. In addition during 1956–1959 when CAS Expedition Team of Heilongjaing River reported also that some dinosaur fossils were found in the light gray sandstone in the way from Jiayin to Taiping village.

In 1977, the Geological Survey No.1 of Heolongjiang Province found clues of dinosaur fossils in the Yuliangzi of Jiayin, and immediately informed to Prof. Yang D S and Wei Z Y of the Heilongjiang Museum, who led a team to make excavations near the Yuliangzi, and they collected thousands of dinosaur bones which were mounted in 1980 and 1981. One dinosaur skeleton of *Mandschurosaurus* is about 9–11m long by 4–6m high (Fig.9). Furthermore they also found *Tyrannosaurus* teeth and other fossils (Yang et al., 1986; Yang, 1987). Another skeleton of *Mandschurosaurus* mounted by this museum is housed in the Museum of China University of Geosciences today. In 2006, the dinosaur expert Wei Z Y mounted two other skeletons of *Mandschurosaurus* which have been exhibited in the Dinosaur Museum of Jiayin.

During 1990–1991, Prof. Liu H, of Jilin University led a team to make excavations in Longgushan of Jiayin, and collected and mounted two skeletons of *Mandschurosaurus* in Changchun which have been put on display in the Geological Museum of Jilin University. In 2000, Godefroit et al. renamed *Mandschurosaurus amurensis* to "*Charanosaurus jiayinensis*" (Fig.10). However, the name has been disputed by Prof. Dong Z M, the famous Chinese dinosaur expert, who considered the name of *Mandschurosaurus* based on the type specimen locality, should be retained.

From 1992, Prof. Xing Y L, the Ex-Director of Geological Museum of Heilongjiang, led a team to make excavations in Longgushan of Jiayin and collected a number of dinosaur fossils. One of the large dinosaurs is 11.75m long by 4m high and named "*Mandschurosaurus magnus*" (MS) by Prof. Zhao X J (Figs.11, 12).

In addition, a lot of dinosaur bones and turtles were collected by the Geological Museum of Heilongjiang (Xing et al., 1994). In 2001, the museum excavated a batch of dinosaur fossils *in situ* preservation from Upper Cretaceous in Wulaga of Jiayin, including Hadrosaurid, Ankylosauria, with fossil dinosaur skin (Figs.13, 109).

In fact, since the 1960s, many geologists and paleontologists have paid attention to the regional geology and paleontology concerned the dinosaur fossils in Jiayin, and the famous coal mine in Wuyun of Jiayin. Many geologists and paleontologists came to Jiayin for geological mapping, or studying the fossils in this area (Luo, et al., 1983; Zhang, 1984, 1985; Li, 1986; Tao & Xiong, 1986 a,b; Guo, 1986; Liu, 1990; Chen et al., 1998; Sun et al.,1995; Cao & Wang, 1998; Miao, 2000; Manchester et al., 1999).

1.2 New decade along the Heilongjiang River

From 2002 to 2011, this was a time of rapid development for the geological and paleontological study in the Heilongjiang River area. Facing the "hotspot" of the study on the Cretaceous-Tertiary (K-T) boundary in the global geoscience cycles, in autumn 2001, Sun G, the Director of the Research Center of Paleontology & Stratigraphy (RCPS) of Jilin University, decided to lead an expedition to find the K-T (K-Pg) boundary along the Heilongjiang River. In August 2002, taking the opportunity of organizing "*The 1st Int'l Symposium on Cretaceous Biota and the K-T Boundary in Heilongjiang River Areas*", his wish has come true that an international research team was organized by Sun G, and the research was started with financial support of the Natural Science Foundation of China (NSFC) titled on "Cretaceous biota and the K-T boundary in Heilongjiang River area" since 2003. Thus, the door on the study of "*The K-T boundary in Jiayin, Heilongjiang*" was opened (Fig.14).

The international research team is composed of more than 20 scientists from China, Russia, US, UK, Belgium, Japan, Korea, Brazil, including the internationally well-known scientists experienced in study of this research area, such as Akhmetiev M, Markevich V and Bolotsky Yu (Russia); Nichols D, Johnson K and Dilcher D L (US); Ashraf A R (Germany); Godefroit P (Belgium); Okada H, Nishida H and Suzuki S (Japan); Roisenberg A (Brazil); and young paleontologists Golovneva L, Kodrul T, Bugdaeva E, Kezina T (Russia); Harding I (UK), and Park S (Korea), etc. The Chinese scientists include Dong Z M ("Dinosaur King of China"). Sun G, Sun C L, and Sun Y W (Paleobotanists), Yang H X (Paleomagnetist), Luo K L and Ge W C (Geochemists), and the experts in Heilongjiang e.g. Xing Y L, Hai S L, and Cui B. Some young paleontologists and geologists from the RCPS joined in this team also, such as Quan C, Chen Y J, etc. For a time, the international scientific team became a "gather of heroes".

For the decade, the authors investigated more than 10 geological sections along both sides of Heilongjiang River in China and Russia, including the Yong'ancun, Taipinglinchang, Longgushan, Wulaga, Baishantou, Wuyun coal mine and Xiaoheyan (drilling) in Jiayin of Chinese side; the Belay Gora, Arkhara-Bouguchan, Kundur, Blagoveshensk, and Pioneer and Progress Coal-Mines nearby Raichikhian from Russian side (Figs.15, 16). The field trips were near a thousand kilometers long during the decade. The drilling work includes three boreholes with 342.63m in total deepth in Xiaoheyan near Wuyun, and the scientific team collected thousands of fossil samples of pollen and spores, mega-plants, astrocods, bivolves and conchostraca, etc. The research work was mainly focusing on the Cretaceous-Paleocene biota and the K-Pg boundary, related to the extinctions of dinosaurs, around Jiayin and its adjacent Zeya-Bureya basin of Russia, through multidisciplinary research method including paleontology, geology, paleomagnetism, geochemistry, etc. (Fig.17).

Throughout the book, the main achievements of the authors include that (1)for the first time, systmetically found the composition of the Late Cretaceous-Paleocene mega-and micro-plant fossils in Jiayin area, and ascertained their ages in detail; (2)established Santonian-Danian seven new palynological assemblage zones, and Late Cretaceous two mega-plant assemblages; (3)proposed a new stratigraphic unit of the Paleocene, "Baishantou Member", of the Wuyun Formation and completed its isotopic dating; (4)completed comprehensive reports of 10 dinosaur taxa including the 9 taxa newly found, containing the dinosaur foot-print *Jiayinosauropus johnsoni* Dong et al., 2003, in Jiayin, and its neighboring areas; (5)defined the well-documented non-marine K-Pg boundary in Jiayin, China for the first time; and (6)proposed that volcanic activity, sea level lowering and climatic cooling may be the main reasons for the extinction of dinosaurs in Jiayin area and even in NE Asia, and suggested the extinction of the dinosaurs might be earlier than the K-Pg boundary in Jiayin area even in NE Asia.

Our hard work bore rich fruit. *The Int'l Symposium on Geology and Paleontology of Yichun, China* was held in Yichun City of Heilongjiang, China during August 20–24, 2011, co-organized by Jilin University, Shenyang Normal University, Bureau of Land & Resource of Heilongjiang Province, and Yichun Government. More than a hundred experts from 15 countries attended the symposium, including China, US, Russia, Germany, UK, France, Japan, Korea, Thailand, India, Israel, Brazil, Australia, etc. Many famous scientists and leaders joined in this sumposium, such as Li T D (Academician, CAS), Meng X L, Yang Q, Chen X N, Yu S Y, Wang A W, Gao H, Dilcher D (Academician, US), Akhmetiev M (Corr. Mem., RAS), Krassilov V A (RANS Mem.), Peng S C (Vice-President, ICS), etc.(Fig.18). The achievement of the international cooperation project of NSFC "Cretaceous biota and K-T boundary in Heilongjaing River areas" led by Sun G was highly evaluated by the international cycle of geosciences, and all the leading scientists agreed to the K-Pg boundary as defined by this research team, and recognized it as an international standard. On August 24, the participants attended the foundation laying ceremony of K-Pg boundary at Xiaoheyan of Wuyun, Jiayin, formally witnessed the establishment of the first well-documented non-marine K-Pg boundary with international standard in China (Fig.19).

The most memorable lines from ancient China that describes "great ambition" is the poem from the Tang Dynasty by Jiadao, "It takes a decade to grind a sword". It means that it requires a decade and a sharp a sword along with great ambition, to overcome difficulties. In the decade the multicountry scientists made sincere cooperation to finish hard study with their great efforts. They really minded the target, concerted their efforts, had perseverance, and the spirit of "It takes a decade to grind a sword".

1.3 Scientific questions posed

1.3.1 Whether the "asteroid impact" in Heilongjiang in end of Cretaceous?

Cretaceous (145–66Ma)is one of the most important periods in Earth and evolutionary life history.

In the Early Cretaceous, terrestrial plants were luxuriant, and feathered dinosaurs, primitive birds and other reptiles had unprecedented development. In the Late Cretaceous, with the Turonian most extensive transgression of sea, the "warming up" was continuous throughout the Earth, angiosperms had rapid development, herbivorous Hadrosaurid dinosaurs began to appear, Tyrannosaurid and other large carnivorous dinosaurs dominated the terrestrial biosphere. With the opening of the South Atlantic Ocean in the Late Cretaceous, frequent volcanic activity, and massive sea level regressions in the Maastrichtian, the land climate and environment were much changed, which led to the dinosaur extinction on land and ammonites and other animals died in the ocean. Thus, "the fifth and the largest mass extinction and recovery event since the Phanerozoic" occurred, which is known as the Cretaceous-Paleogene (K-Pg)transitional geo-/bio- evolution event. Therefore, the study of the K-Pg boundary, especially the mass extinction of dinosaurs, is very significant for the study of the evolution of the Earth and its organisms in the Mesozoic-Cenozoic transitional time.

Since American scientists Luis & Walter Alvarez et al. (1980)first reported that there was Iridium high anamoly in the K-Pg boundary rocks in Europe, a large number of Ir anamoly were found in the K-Pg boundary rocks in New Mexico (Orth et al., 1981)and other places in the world (Nichols & Johnson, 2008). In the K-Pg boundary strata of Yucatan Peninsula of Mexico, the diameter of the impact crater reached 180km in diameter, which has been interested by the scientists and the public (Fig.20), and regarded as one of the evidences for the mass extinction of the dinosaurs, and the K-Pg boundary events occurred on the Earth at about 66Ma ago (Fig.21).

However, the Earth is a huge sphere with the radius of about 6370km. Such a huge planet, when a local area (e.g. North America)occurs "extraterrestrial body impact" event, whether the rest of the earth undergoes this same event? Moreover, even in North America, among the 85 K-T boundary locations, only 44 of them have the "asteroid impact" record, other locations in the same age have no such record (Fig.22). Even in Northeast China and the NE Asia including Far Eastern Russia, through scientists' study for many years, haven't found any records of a similar "asteroid impact" in the Late Cretaceous. The reasons for the extinction of dinosaurs, now American and Indian scientists have also proposed that "the extinction of dinosaurs may relate to the sharply volcanic eruption activities of Deccan Plateau" (Keller, 2011; McLean, 1985).

Therefore, the extinction of dinosaurs in NE China and even NE Asia may have no relation with the "asteroid impact". So what are the reasons that caused the extinctions of dinosaurs in NE China and NE Asia? This has been one of the important scientific questions for the authors.

1.3.2 How to find the K-Pg boundary related to the extinctions of dinosaurs in Jiayin?

China is one the countries which have the best-developed non-marine Cretaceous in the world. However in relation to the non-marine Cretaceous-Paleogene(K-Pg)boundary, so far only two locations are expected to be intensively studied. One is Jiayin of Heilongjiang Province, along the Heilongjiang (Amur) River, the other is Nanxiong of Guangdong Province, in Datang section (Fig.23). But the conditions for study of the K-Pg boundary and the fossils in Nanxiong, are unsatisfactory, and therefore, the determination of K-Pg boundary has been in controversy. One of the authors of this book (Ashraf A R) participated in its study during 1978–1983. Thus, the K-Pg boundary in Nanxiong has been difficult to be exactly defined (Zhao, 1991; Stets et al., 1995; Tong et al., 2002; Zhang et al., 2008), and it has not been recognized internationally.

However due to the well development of non-marine Cretaceous-Paleocene along Heilongjiang (Amur) River in Jiayin of Heilongjiang, there are abundant fossils including the dinosaurs represented by *Mandschurosaurus* in Late Cretaceous Yuliangzi Formation, and abundant plants, ostrocods, conchostracan and bivaleves fossils in Taipinglinchang- and Yong'ancun Formations. There is no doubt that the entire set of fluvial-lacustrine deposits belong to Upper Cretaceous, especially the Yuliangzi Formation where found the dinosaur fossils represented by *Mandschurosaurus* belongs to the early-middle Maastrichtian. On the other hand, the Paleocene here, due to the well-known Wuyun Coal-Mine in which abundant Paleocene plant fossils were found, and there is a tuff-bed in the basal part of the Wuyun Formation, the Paleocene is documented in horizon and age. Thus, it appears to be clear that there are better conditions for searching for the K-Pg boundary along Heilongjiang River in Jiayin (Fig.24).

However, the problem is that overlying the Yuliangzi Formation yielding dinoisaur *Mandschurosaurus* to the bottom of the Wuyun Formation yielding Paleocene plants, the ground along the river and with length in dozens of kilometers is covered by Quaternary deposits (Fig.25). Thus, it is hard to find the K-Pg boundary along Heilongjiang River under the area covered by Quaternary sediments!

For solving this problem, and searching for the K-Pg boundary related to the study of the extinction of the dinosaurs in the Jiayin area, the international research team led by Sun G, used the drilling method with three boreholes of 342.63m in depth in total, in an unexposed area, through comprehensive research including paleontology, stratigraphy, geochemistry, radiometric dating and paleomagnetism. The authors finally found the K-Pg boundary in the area nearby the Xiaoheyan village of Jiayin, and raised the memorial for K-Pg boundary at the Xiaoheyan in August, 2011 (Fig.26). Thus the Xiaoheyan has become the first site of well-documented non-marine K-Pg boundary in China, and currently this point of the K-Pg boundary in Jiayin has been included into the international candidate points of K-Pg (K-T) boundary as No.95. The successful definition research work has made a great contributions to the study of the non-marine K-Pg boundary in China and even in the NE Asia.

Review the past decade of 2002–2011, the authors' research work received a lot of supports and assistances, particularly from the NSFC Key-Project (2003–2005) and Director Fund of Earthscience. Divison, NSFC (2008), Bureaus of Land & Resources, Heilongjiang Province (2006–2011); and from the Yichun City, Geological Museum of Heilongjiang, Jiayin County Government and its Dinosaur Museum of Jiayin. Also, the authors received kind support from the Jilin University and Shenyang Normal University during the 2002–2011.

In summary, the achievements in this project made by the authors for the decade mainly include: (1) successfully making the stratigraphic divisions of the Cretaceous-Paleocene strata in Jiayin, including the establishment of the Baishantou Member, as the lower Wuyun Formation, and with dating of Danian age; redistricting of the previous "Furao Formation" as the uppermost Maastrichtian;

and making new correlation of the Upper Cretaceous-Paleocene and the K/Pg boundary in Jiayin to those in the Zeya-bureya basin, Russia (see Chapter 2); (2)For the first time reported the Late Cretaceous biota (including dinosaurs, mega-plants, sporo-pollen, ostrocods, bivalves, and conchostraca) and the Paleocene biota in Jiayin comprehensively; recognizing newly in the Santonian-Danian seven palynological assemblage zones, two Late Cretaceous mega-plant assemblages, and nine taxa of dinosaurs newly found from Jiayin and its neighboring areas (see Chapter 3); (3)Defining the non-marine K-Pg boundary in Jiayin, based on synthetic study of palynology, radiometric dating, palaeomagnetism and geochemistry, with the drilling method in Xiaoheyan of Jiayin by 342.63m in depth in total, and making a standard K-Pg boundary at the interval of 22.00–22.05m in the borehole XHY-2006 (see Chapter 4); and (4)Proposed that volcanic activity, sea level lowering, and climatic cooling may have caused the extinction of the dinosaurs in Jiayin even in the whole of Northeast Asia, with confirming no "asteroid impact" in this region during the Late Cretaceous time; and the new suggestion that the extinction of dinosaurs was probably before the interval of the K-Pg boundary in Jiayin and even in all of NE Asia.

Since the Jiayin basin has similarity and close relationship with Songliao basin geologically, the research on the Late Cretaceous-Paleocene biota, and the K-Pg boundary in Jiayin areas is significant for the further study of fossil fuels, including oil, natural gas, etc. for Jiayin's future. In addition, the present research would be very beneficial for fossil protection, especially of the dinosaurs, in Jiayin, and also for development of geological tourism in this area.

Chapter 2 Stratigraphy

The stratigraphic investigation around Jiayin in the Heilongjiang (Amur) area can be traced to 150 years ago, when the fossil plants were found in the Belay Gora of Zeya-Bureya basin, nearby the Heilongjiang (Amur) River in left (north) side. Javorsky (1911) first used the term 'Tsagayan strata' in Russia; and Krassilov V A studied the flora, and proposed the Tsagayan flora aged in the latest Late Cretaceous to Danian (Krassilov, 1976). The new cycle of stratigraphic investigations on the Tsagayan Group began in early 1990s, the contributions are mainly shown in the publications of Sorokin A, Akhmetiev M, Markevich V, et al. (IBP et al., 2001).

The study of Upper Cretaceous and Paleocene strata in Jiayin mainly since 1980s (Luo et al., 1983; BGMRH, 1993). The Upper Cretaceous is subdivided into (in ascending order) Yong'ancun-, Taipilingchang-, Yulangzi- and Furao Formations. Zhang Z C (1983) studied the Late Cretaceous plants, Xiong X Z (1986) and Tao J R & Xiong (1986) studied the Paleocene Wuyun flora. Palynologist Liu M L (1990) studied the pollen and spores from the previous Furao Formation and considered its age as the Cretaceous-Tertiary transition. The new cycle of stratigraphic study in Jiayin area has been done by Sun G and his international research team since 2002. The research team subdivided the previous "Furao Formation" into two parts in which the lower part is restricted as the Furao Formation, and the upper part is named a new stratigraphic unit "Baishantou Member" as the lower Wuyun Formation and dated Danian age (Sun et al., 2002, 2005). Moreover, the research team subdivided the Yulangzi Formation as lower and upper parts, mainly using the palynological analysis, which advanced the dinosaur study by dating these sediments (Markevich et al., 2006). In addition, during this decade the research team made a detailed stratigraphic correlation of the Upper Cretaceous to Paleocene of Jiayin (China) with the Zeya-Bureya basin (Russia), which is the first time such correlations have been made for the study of the Cretaceous-Paleocene sediments in this area (Fig.27).

2.1 The Upper Cretaceous

2.1.1 Yong'ancun Formation (K_{2yn})

The typical section of the Yong'ancun Formation is situated in east of the Jiayin Town about 15km, and along the Heilongjiang River on right side (49°54′16″N, 130°30′44″E). The formation is composed of grey, greyish green and greyish yellow siltstone and mudstone intercalated with sandstone, conglomerate, shale, few coal-seams, and tuffaceous fine-grained stone beds, mainly showing a lacustrine-alluvial facies, and more than 158m in thickness. In this formation abundant fossil mega-plants, pollen-spores, ostracods, bivalves, conchastraca, and dinosaur foot print, *Jiayinosauropsis johnsoni* Dong et al., and a few dinosaur bones have been found (Sun et al., 2007; Markevichi et al., 2006; Dong et al., 2003)(Figs.28, 29). This formation contacts the Taipinglinchang Formation in comformity, and the formation is presumed to contact with underlying volcanic Ningyuancun Formation in uncomformity (BGMRH, 1993).

This formation is rich in plant magafossils, researched by the authors, which are mainly the *Parataxodium-Quereuxia* assemblage, including *Equisetum* sp., *Asplenium dicksonianum* Heer, *Arctopteris* sp., *Cladophlebis* sp.; *Ginkgo adiantoides* (Ung.) Heer; *Cupressinocladus sveshnikovae* Ablajev, *Metasequoia disticha* (Heer) Miki, *Parataxodium* sp.; angiosperm *Trochodendroides arctica* (Heer) Berry; *Celastrinites* sp., *Platanus* sp., *Quereuxia angulata* (Newb.) Krysht. (Sun et al., 2007, 2011), and *Cobbania corrugata* (Lesq.) Stockey et al. which was collected very recently. The palynological assemblage of this formation is proposed by Markevich et al. as the *Kuprianipollis santaloides-Duplosporis borealis* Assemblage (Assmeblage Ⅰ), and dated the Yong'ancun Formation as the Santonian age (Markevich et al., 2004, 2006; Sun et al., 2007, 2011).

2.1.2 Taipinglinchang Formation (K_{2tp})

The Upper Cretaceous Taipinglinchang Formation is lacustrine or lacustrine-alluvial in deposit facies. Its typical section is located on the right (south) bank of the Heilongjiang (Amur) River, nearby the Taipinglinchang villege about 9km from the Jiayin Town to the west. This formation is overlying the Yong'ancun Formation in conformity, which is well exposed in the top of the Yong'ancun section. The basal bed, about 5m thick from the bottom, is composed of dack grey shales and siltstone, in which the typical index conchostraca *Halysestheria yui* (Chang) was found, which documented this bed as being correlated to the basal bed of the Nenjiang Formation of Songliao basin (Li et al., 2004; Fig.30). The Nenjiang Formation was dated and 81Ma (Rb-Sr) (Wang et al.,1996), indicating a Campanian age.

The Taipinglinchang Formation is mainly composed of fine-grain deposits, including mudstone, shale and siltstone intercalated with fine-grain sandstone and a few coal seams, more than 635.2m thick. In this formation, a lot of fossil plants were found, including *Equisetum* sp., *Asplenium dicksonianum* Heer; *Ginkgo adiantoides* (Ung.) Heer; *Taxodium olrikii* (Heer) Brown, *Metasequoia distica* (Heer) Miki, *Sequoia* sp., *Pityophyllum* sp., *Pityospermum* sp., *Glyptostrobus* sp., *Cupressinocladus* sp., *Elatocladus* sp., *Larix*? sp.; angiosperms *Araliaephyllum*? sp., *Trochodendroides arctica* (Heer) Berry, *T. taipinglinchanica* Golovneva, Sun et Bugdaeva, *T. microdentata* Gol., Sun et Bugd., *Arthollia tschernyschewii* Gol., Sun et Bugd., *Celastrinites kundurensis* Gol., Sun et Bugd., *Viburnophyllum* sp., *Quereuxia angulata* (Newb.) Krysht., *Cobbania corrugata* (Lesq.) Stockey et al; (Sun et al, 2007; Golovneva et al., 2008) (Figs.46–48). The plant assemblage is summarized as *Metasequoia-Ginkgo-Cobbania* Assemblage (Sun et al., 2007). The palynoflora was studied by Markevich et al. (2004, 2006) and named the assemblage as *Aquilapollenites conatus-Podocarpidites multesimus* Assemblage (Assemblage Ⅱ), and dated as Campanian (Markevich et al., 2004, 2006; Sun et al., 2011).

2.1.3 Yuliangzi Formation (K_{2yl})

Overlying the Taipinglinchang Formation, in probable conformity, the Yuliangzi Formation is mainly exposed at the Yuliangzi village of Jiayin along the Heilongjiang (Amur) River, and also sporadically in Wulaga and Shilihe. The typical section of this formation is located in Longgushan on the east of Yuliangzi village (130°13′40″E, 48°51′30″N), and the formation is >287.5m in thickness, with a delta fluvial-littoral lacustrine facies, consisting of coarse deposits including grey-green or grey sandy conglomerate, pebbled sandstone, coarse sandstone and siltstone (BGMRH, 1993). The contact relationship with its overlying Furao Formation is unclear (Fig.31).

The formation is a major source of dinosaur fossils in this area, and the famous dinoisaur *Mandschurosaurus* was first found in this formation (Godefroit et al., 2000; Sun et al., 2002). During the decade 2002–2011, the authors studied in detail the palynological fossils of this formation, which indicated that the formation is early-middle Maastrichtian in age, and can be subdivided two parts. The palynomorphs of the lower part belong to *Aquilapollenites amygdaloides-Gnetaceaepollenites evidens* Assemblage (Assemblage Ⅲ), aged early Maasterichtian; while the upper palynomorphs belong to *Wodehouseia aspera-Parviprojectus amurensis* Assemblage (Assemblage Ⅳ), aged mid-Maasterichtian (Markevich et al., 2004, 2006).

It is worth mentioning that the Geological Museum of Heilongjiang found a large number of dinosaur fossils in the upper Yuliangzi Formation in Wulaga about 70km of Jiayin to southeast during 2001–2002 (Fig.32). Some researchers of our team named the dinosaur fossils to new taxa including *Wulagasaurus dongi* God. et al., 2008, *Salaliyania elunchunorum* God. et al., 2008, both belonging to Hadrosauria (Godefroit et al., 2008, 2011). On the other hand, in the left (north) bank of Heilongjiang (Amur) River, in Blagoveshensk and Kundur of Russia, the equivalents of the Yuliangzi Formation (i.e. the Udurchukan Formation equals to the Lower Tsagayan Formation), the authors also found Hadrosauria dinosaurs, including *Amurozaurus riabinini*, *Keberosaurus manakini*, *Olorotitan arharensis,* and *kundurosaurus nagornyi*, etc. (Godefroit et al., 2011, 2012). Thus, up to the present, there are ten taxa of Late Cretaceous dinosaurs, at least, in Jiayin and its neighboring area along the Heilongjiang (Amur) River, including *Tynnanosaurus* based upon teeth fossils (see Chapter 3, Fig.60).

2.1.4 Furao Formation (K_{2f})

The Furao Formation is one of the most important strata for solving the problem of the K-Pg boundary in Jiayin areas. The age of the formation had a long controversy (Liu, 1990; BGMRH, 1993; Chen et al., 2004; Sun et al., 2005).

The original "Furao Formation" was established by the Geological Survey No.1 of Heilongjiang in 1981, it is a fluvial deltaic fine clastic sediments, mainly composed by dark gray mudstone and fine, siltstones, a little sandstone tuffaceous breccia and acidic tuff. The contact relationship of this formation with the underlying Yulaingzi formation is unclear. The BGMRH (1993) considered the formation as the Late Cretaceous in age; while, the Chinese palynologist Liu M L proposed the formation may be deposited during the K-T transition time (Liu, 1990).

Since 2002, taking the field work in the Baishantou near the Wuyun Town for about 3km, on the right bank of the Heilongjiang River (Figs.15, 33), the authors measured the geological section of the upper part of previous Furao Formation, and found abundant fossil mega-plants including *Tiliaephyllum tsagajanicum* (Krysht. et Baik.)Krassilov, *Ginkgo adiantoides* (Ung.)Heer, *Taxodium olrikii* (Heer)Brown, *Trochodendroides arctica* (Heer)Berry, *Nyssa* sp., *Platanus raynoldsii* Newb., *Archaeampelos acerifolia* (Newb.)Berry, etc., which clearly indicated a Paleocene age (Sun et al., 2002, 2005). Meanwhile, the authors' palynological work was also successful and the palynoflora showed a Danian age (Markevich et al., 2004). Thus, the authors eliminated the upper part of the previous Furao Formation, and made the new proposal for the redefined lower part of previous Furao Formation as the Furao Formation (Sun et al., 2002,2005)which is only about 110m thick according to the indication of the borehores in Xiaoheyan (Figs.34, 35) While the newly recognized part was named the Baishantou Member belonging to the lower Wuyun Formation, of Danian age (Sun et al., 2011).

During 2005–2008, the authors did drilling work in Xiaoheyan near by the Wuyun Town, and collected from the three boreholes (XHY-2005, 2006, 2008)in which a lot of samples for palynological analysis were made. The results of the study indicated that the Furao Formation has over 49 species of 29 genera. The main spores including *Laevigatosporites*, *Cyathidites minor*, *C. australis*, *Leiotriletes* sp., and the common angiosperm pollen are *Marsypiletes cretacea* Robert, *Orbiculapollis lucidus* Chlon.)Chlon., *Quercoidites minor* He et Sun, *Tricolpites variexinus* Coup., and *T. microreticulatus* Belsky et al.. The diversity of *Aquilapollenites* is high, containing ten species at least, e.g. *Aquilapollenites stelkii*, *A. proceros*, *A. striatus*, *A. rigidus*, *A. conatus*. Among the typical palynological taxa, *Aquilapollenites stelkii*, *Pseudointegricorpus clarireticulatus*, *Marsypites cretacea*, *Integricorpus bellum*, etc. occur only in the Maasterichtian for their geological range (Fig.55). The palynological assemblage is named by Markevich et al., as *Aquilapollenites conatus-Pseudoaquilapollenites striatus* Assemblage (Assemblage V), indicating an age of late Maasterichtian. Thus, the Furao Formation is ducumented as late Maastrichtian age (Markevich et al, 2006, 2011; Sun et al., 2011)(see Chapter 3).

2.2 Paleogene in Jiayin

2.2.1 Wuyun Formation (E_{1w})

This formation is coal-bearing strata, named by the Geological Survey No.1 of Heilongjiang in 1958, mainly based on the borehole 59-1 drilled by the Coal Prospecting Team No.207 of Heilongjiang in Wuyun Coal Mine of Jiayin (BGMGH, 1993). The Wuyu Formation is mainly distributed in the Wuyun Coal Mine, and the Pingyang River mouth and Baishantou along Heilongjiang River, with the total area of $15km^2$. The formation is composed mainly of coal-bearing strata, more than 122m in thickness. In 2002, the authors divided this formation into two parts. The upper part is named the Coal-bearing Member, and the lower part as the Baishantou Member (Sun et al., 2002). The Coal-bearing Member mainly consists of greyish yellow sandstone, siltstone, black mudstone sandwiched four layers of coal, around 0.35–5.9m thick for each layer (Fig.36). The Baishantou Member mainly consists of conglomerate, sandstone, siltstone, and mudstone, with a thin rhyolitic tuff bed about 0.9m thick (see 2.2.2). The formation is overlying the Furao Formation in conformity, and underlying the Sunwu Formation in unconformity, and showing a fluvial-river deltaic facies in sediments.

The Wuyun Coal-bearing Member yields abundant plant fossils studied by many paleobotanists before (Xiong, 1986; Feng, et al., 2000; Tao, 2000; Manchester et al., 1999; etc.). Since 2002, the authors collected a lot of plant fossils including *Tallites* sp.; *Equisetum* sp.; *Ginkgo adiantoides* (Ung.) Heer, *Ginkgo jiayinensis* Quan, *Glyptostrobus* sp., *Taxodium* sp., *Metasequoia accidentalis* (Newb.) Chaney; *Tiliaephyllum tsagajanicum* (Krysht. et Baik.) Krassilov, *Archaeampelos acerifolia* (Newb.) Mclver et Basinger, *Beringiaphyllum cupanioides* (Newb.) Manchester, Crane et Golovneva, *Platanus raynoldsi* (Newb.) Brown, *Platanus* sp., *Trochodendroides arctica* (Heer) Berry, *Ulmus furcinervis* (Bors.) Ablajev, *Myrica* sp., *Betula* sp., *Nuphar burejense*, *Nyssidium arcticum*, etc. The plant assemblage indicates a Paleocene age (Sun et al., 2002, 2005). The palynological study shows the assemblage of *Triatriopollenites plicatus*-*Taxodiaceaepollenites* (Assemblage Ⅶ) indicating a middle-late Paleocene age (Markevich et al., 2006, 2011; see Chapter 3).

2.2.2 Establishment of Baishantou Member of lower Wuyun Formation

In 2002, the auhors found the rhyolitic tuff bed about 0.9m thick, in the Baishantou section nearby Xiaoheyan village of Wuyun, along the right side of Heilongjiang River (49°17.2′N, 129°32.7′E). Above the tuff bed, there are grey and greyish yellow siltstone intercalated with carbonaceous mudstone and thin coal seams. From the siltstone the authors found mega-plant fossils *Ginkgo adiantoides* (Ung.) Heer, *Taxodium olrikii* (Heer) Brown, *Tiliaephyllum tsagayanicum* (Krysht. et Baik.) Krassilov, *Nyssa* sp., *Trochodendroides arctica* (Heer) Berry, *Archaeampelos acerifolia* (Newb.) Berry, *Platanus raynoldsii* (Newb.) Brown, *Platanus* sp., *Acer* sp., etc. identified mainly by Akhmetiev M. The plant fossils are represented by *Tiliaephyllum tsagayanicum* which is the important taxon in the lower part of the Upper Tsagayan Formation indicating the Paleocene Danian age. At the same time, Markevich et al, identified the palynological fossils as *Triatriopollenites confuses*-*Aquilapollenites spinulosus* Assemblage (Assemblage Ⅵ) which is also showing the Danian age. Therefore, the authors proposed to establish a new stratigraphic unit "Baishantou Member" belonging to the lower part of the Wuyun Formation (Sun et al., 2002, 2005) (Fig.37).

This new subdivision was supported by radiometric dating work on the rhyolitic tuff of the Baishantou Member that Suzuki S, one of the authors, dated. The tuff's age is 64.1+0.7Ma (U-Pb) and 61.7+1.8Ma (Fission-Track) (Suzuki et al., 2011), which also indicats the Danian age, corresponding to that of the palynological study (Markevich et al., 2006, 2011).

Concerning the radiometric dating of the Baishantou Member, there are two recent reports in radiometric dating. One is by Li X H et al. (2004) who used SHRIMP U-Pb method to get an age of 66±1Ma, which they used to document the rhyolitic tuff belonging to the "top of the Cretaceous" (Li et al., 2004). Another report is Suzuki et al., of the authors, that are 64.1+0.7Ma (U-Pb method) and 61.7±2.1Ma (F-T method) (Suzuki et al, 2011). However, according to the palynological evidence, the conclusions on the age, both made by Li et al. (2004) and Chen et al. (2004), have mistakes. The reason was mainly caused by the palynological identifications. In the papers of Li et al. (2004) and Chen et al. (2004), the pollen "*Aquilapollenites* cf. *augustus*" and "*A.* cf. *coriaceus*" actually belong to *A. spinulasus* and *A. subtillis*, respectively. *A. spinulasus* in North America was first found in the middle Paleocene, while *A. subtillis* also mainly occurrs in the early-mid Paleocene (Nichols et al., 1986; Nichols & Sweet, 1993). Therefore the age of the Baishantou Member of Wuyun Formation is Paleocene (maybe the early-mid Danian), rather than the Maastrichtian of Late Createaceous (Sun et al., 2005, 2011)

However, if the radiometric dating work on the tuff's age (66±1Ma) made by Li et al. (2004) is credible, it cannot exclude the tuff of the Baishantou Member belonging to the early Paleocene. Because its upper limitation age can be as 65Ma (66-1Ma). On the other hand, according to the American data (comm. by Johnson, 2007), in the Denver basin of North America, some younger ages than 65.51Ma can be still occurred above the K-Pg boundary (Fig.38), and plus the new K-Pg boundary age 66Ma (66.043+0.043Ma) proposed according to the $^{40}Ar/^{39}Ar$ radiometric dating studied in detail (Renne et al., 2013), which is very close to the dating result of Li et al. (2004).

In conclussion, the establishment of the Baishantou Member creats a favorable condition for solving the problem of the division of the previous "Furao Formation", and is also favorable for the study of the K-Pg boundary definition in the Jiayin area.

2.3 China-Russian correlation of Upper Cretaceous-Paleocene in Jiayin area

2.3.1 Correlation with Zeya-Bureya basin

The Upper Cretaceous-Paleocene strata of Jiayin is basically the same as the strata in its adjacent Russian Zeya-Bureya basin, which benefits better stratigraphic correlation between the two areas.

The Upper Cretaceous-Paleocene strata in the Zeya-Bureya basin is named as the Tsagajan Group, which can be subdivided into lower, middle, and upper formations. The Lower and Middle Tsagajan Formations belong to the middle and late Maastrichtian of Late Cretaceous, respectively, while the Upper Tsagajan Formation belongs to the Paleocene. In the past, Russian scientists defined the K-Pg boundary at the interval between the Middle and Upper Tsagajan Formations (IBP et al., 2001)(Table 7).

Table 7 China-Russian Upper Cretaceous-Paleocene correlation in Jiayin area (after Sun et al., 2003, revised)

<table>
<tr><th colspan="3">Formation / Region
Stage</th><th colspan="4">Russia
Zeya-Bureya Basin</th><th colspan="2">China
Jiayin of Heilongjiang</th></tr>
<tr><td rowspan="2">Paleocene</td><td rowspan="2">Danian</td><td>U</td><td rowspan="5">Tsagayan Group</td><td rowspan="2">U</td><td rowspan="2">Upper Tsagayan Fm.</td><td>Coal-bearing beds</td><td rowspan="2">Wuyun Fm.</td><td>Coal-bearing Member</td></tr>
<tr><td>L</td><td>Sandstone beds</td><td>Baishantou Member</td></tr>
<tr><td rowspan="8">Upper Cretaceous</td><td rowspan="3">Maastrichtian</td><td>U</td><td>M</td><td colspan="2">Bureya Fm.</td><td colspan="2">Furao Fm.</td></tr>
<tr><td>M</td><td rowspan="2">L</td><td colspan="2" rowspan="2">Udurchukan Fm.
(Main dinosaur horizon)</td><td colspan="2" rowspan="2">Yuliangzi Fm.
(Main dinosaur horizon)</td></tr>
<tr><td>L</td></tr>
<tr><td colspan="2">Campanian</td><td colspan="2" rowspan="2">Kundur Fm.</td><td colspan="2" rowspan="4">Upper Zavitin Fm.</td><td colspan="2">Taipinglingchang Fm.</td></tr>
<tr><td colspan="2">Santonian</td><td colspan="2">Yong'ancun Fm.</td></tr>
<tr><td colspan="2">Coniacian</td><td colspan="2" rowspan="2">Boguchan Fm.</td><td colspan="2" rowspan="3">?</td></tr>
<tr><td colspan="2">Turonian</td></tr>
<tr><td colspan="2">Cenomanian</td><td colspan="4">Lower Zavitin Fm.</td></tr>
</table>

The Tsagajan Group is well exposed in Belay Gora and Akhara-Boguchan of Bureya basin and studed in detail (Krassilov, 1976; IBP et al., 2001; Akhmetiev, 2004; Herman, 2009)(Fig.39).

The Lower Tsagajan Group is the main dinosaur horizons—Uduchukan Formation cropped mainly in Blagoveshensk, and Kundur where is about 30km of Jiayin to north. This formation is basically the same as the Yuliangzi Formation on lithofacies and fossils. The palynological study suggested that the fossils belong to the palynological assemblages Ⅲ and Ⅳ, and the age of the formation should be the eartly-mid Maastrichtian of Late Cretaceous (Markevich et al., 2006).

The dinosaur fossils from both sides of the Heilongjiang (Amur) River made up the common Late Createaceous dinosur fauna, represented by hadrosaurid, which has been as a mark for China-Russian stratigraphic correlation, also. Recently in the Kundur and Blagoveshensk of Russia, Bolotsky Yu and Godefroit P, from the authors, found *Amurosaurus, Olorotitan, Kerberosaurus, Kundurosaurus*, and Tyrannosaurid, etc.; while in Longgushan and Wulaga of Jiayin, China they found *Charonosaurus, Wulagasaurus, Salaliyania* and Tyrannosaurid, also combining with the previous finding of *Mandschurosaurus* (Godefroit et al., 2008, 2011, 2012; Sun et al., 2011)(Fig.40).

Underlying the dinosaur horizons, is the upper Zavitin Formation or Kundur Formation in

Zeya-Buzeya basin, which is the equivalent of Yong'ancun-and Taipinglinchang Formations in Jiayin, China. The Kundur Formation is 150–900m in thickness, and divided into three parts. The lower part: conglomerate, sandstone with a little tuff, near 350m thick in total; the middle part: sandstone and siltstone, with the thickness of 400m; the upper part: sandstone, siltstone and coal seams, with thickness near 150m, yielding abundant plants, bivalves, ostracods and conchostraca, showing a typical lacustrine facies. In recent years, in the upper Kundur Formation, the palynological *Aquilapollenites conatus-Podocarpidites multesimus* Assemblage (Assemblage II)was found, its age is Campanian (Markevich et al., 2006). The mega-plant fossils of the upper Kundur Formation is quite similar to the plant fossils of Tiapinglinchang Formation of Jiayin, China, its age is mainly Campanian also(Golovneva et al., 2008). Thus, at least, the mid-upper Kundur Formation can be correlated with the Taipinglinchang Formation; while the lower Kundur Formation could be correlated to the Yong' ancun Formation in China, based on the coarse clastic and volcanic material in both two stratigraphic units as well.

Another mark for the stratigraphic correlation of both sides of the Heilongjiang (Amur)River is the coal-bearing strata of the Paleocene. The China side has the Coal-bearing Member of the Wuyun Formation; correspondingly, on the Russian side the equivalent is the coal-bearing part ("Kivda" bed)of the Darmakan Formation (Upper Tsagajan Formation)distributed mainly in the Belay Gora, and Akhara-Boguchan (Fig.41). Under the two coal-bearing deposits, the strata mainly made up of sandstone with thin rhyolitic tuffs that are dated quite close in age (see below). Moreover, the most important correlative evidences are the very similar fossils from the both coal-bearing strata of Paleocene age (see Chapter 3.3).

2.3.2 Correlation with "Belay Gora" section in K-Pg boundary strata

In the past, in Russian side, the K-Pg boundary in Belay Gora section, has been defined at the interval between the beds No.7 and No.8. The bed No.7 is composed of siltstone, and its underlying bed (No.6)is a thin tuff bed(IBP et al., 2001, p.40, Fig.2.16). Since the adjacent Akhara-Boguchan section has a tuff bed which is dated 68.6±4Ma in age (IBP et al., 2001), the tuff bed No.6, in the Belay Gora section, was considered as Maastrichtian of the Late Cretaceous age.

However, some of the authors, including Suzuki S, Akhmetiev M, and Sun G, restudied the tuff dating of the Akhara-Boguchan section, Russia, and got the radiometric dating age of 66±1Ma (U-Pb, LA-ICP-MS method)recently(Knittel et al., 2013). Thus, the authors considered that the K-Pg boundary in the Belay Gora section should be put down and under the tuff bed (No.6). In other word, the K-Pg boundary in the Belay Gora may lay in the uppermost part of the Middle Tsagajan Formation, rather than that at the interval between the Middle Tsagajan Formation and Upper Tsagajan Formation (Table 8; Fig.42).

Paleontological comparisons of the fossils above the tuff beds from both sections of Russia (Belay Gora)and China (Baishantou), they are very similar. For example, at the bed No.9 of the Belay Gora section, the yellow-grey siltstone yields abundant plants, including *Trochodendroides arctica*

(Heer)Berry, *Platanus raynoldsii* (Newb.)Brown, *Taxodium olrikii* (Heer)Brown, *Tiliaephyllum tsagayanicum* (Krysht. et Baik.)Krassilov, etc.(IBP et al., 2001, p.41), which is very similar to those from the Baishantou section in Jiayin (Sun et al., 2002, 2005). The palynological fossils are also nearly the same (Markevich et al., 2006, 2011). Since the distance from the Belay Gora of Russia to the Baishantou of China is only about 30km, it is reasonable to suggest that the definition of the K-Pg boundary in the Russian Belay Gora section should be made as an appropriate adjustment in vertical section. Certainly, the detailed correlative study still needs further work and with discussions.

Table 8 The new correlation of Upper Cretaceous-Paleocene between China and Russian Upper Cretaceous-Paleocene correlation in Jiayin area

<table>
<tr><th colspan="3">Formation / Region / Stage</th><th colspan="4">Russia
Zeya-Bureya Basin</th><th colspan="2">China
Jiayin of Heilongjiang</th></tr>
<tr><td rowspan="2">Paleocene</td><td rowspan="2">Danian</td><td>U</td><td rowspan="5">Tsagayan Group</td><td rowspan="2">U</td><td rowspan="2">Upper Tsagayan Fm.</td><td>Coal-bearing beds</td><td rowspan="2">Wuyun Fm.</td><td>Coal-bearing Member</td></tr>
<tr><td>L</td><td>Sandstone beds</td><td>Baishantou Member</td></tr>
<tr><td rowspan="8">Upper Cretaceous</td><td rowspan="3">Maastrichtian</td><td>U</td><td>M</td><td colspan="2">Bureya Fm.</td><td colspan="2">Furao Fm.</td></tr>
<tr><td>M</td><td rowspan="2">L</td><td colspan="2" rowspan="2">Udurchukan Fm.
(Main dinosaur horizon)</td><td colspan="2" rowspan="2">Yuliangzi Fm.
(Main dinosaur horizon)</td></tr>
<tr><td>L</td></tr>
<tr><td colspan="2">Campanian</td><td colspan="3" rowspan="2">Kundur Fm.</td><td rowspan="4">Upper Zavitin Fm.</td><td colspan="2">Taipinglingchang Fm.</td></tr>
<tr><td colspan="2">Santonian</td><td colspan="2">Yong'ancun Fm.</td></tr>
<tr><td colspan="2">Coniacian</td><td colspan="3" rowspan="2">Boguchan Fm.</td><td colspan="2" rowspan="3">?</td></tr>
<tr><td colspan="2">Turonian</td></tr>
<tr><td colspan="2">Cenomanian</td><td colspan="4">Lower Zavitin Fm.</td></tr>
</table>

Chapter 3 Biota

3.1 Late Cretaceous biota

The Late Cretaceous biota in Jiayin is mainly the biota of the middle-late Late Cretaceous, i.e. from Santonian to Maasterichtian, about 85.8Ma to 66Ma ago (Sun et al., 2011; Wan et al., 2013; Renne et al., 2013). There are abundant fossils, represented mainly by dinosaurs and plants (including sporopollen), and also by conchostracan, bivalves, ostracods and other vertebrates, e.g. fish. These fossils provide valuable data and evidence for the study of stratigraphic subdivisions and correlations, paleoclimate and paleoenvironment, and for the search for the K-Pg boundary in the Jiayin area.

3.1.1 Late Cretaceous mega-plants

① Yong'ancun Fm Assemblage(*Parataxodium-Quereuxia* Assemblage)

The Upper Cretaceous Yong'ancun Formation is well exposed, mainly in east of Yong'ancun village of Jiayin along the right bank of the Heilongjiang (Amur) River. The formation can be divided into two parts. The upper part, composed of greyish-green sandstone, siltstone, with brown cross-bedding sandstone, intercalated with a sandstone lens, yields abundant mega-plant and palynological fossils. In the sandstone the authors found a dinosaur footprint of *Jiayinosauropus* (Dong et al., 2003). In the lower part of the formation, we have newly found abundant fossil plants, sporopollen, conchostracan, bivalves, and ostracods. The formation is over 166m in thickness (section measured by Ashraf R and Harding I, 2002)(Fig. 117).

The fossil plant-bearing beds are mainly found at the following three sites:

(1) Site YN-1: the outcrop is about 165m from the top of the Yong'ancun Formation (48°50′56.8″N, 130°31′51.0″E), and the fossil-bearing bed is dark grey siltstone, about 2m thick.

(2) Site YN-2: the outcrop is about 115–120m from the top of the Formation (48°50′59.3″N, 130°31′30.7″E), and the fossil-bearing bed is grey siltstone.

(3) Site YN-3W: the lower fossil layer found recently (48°50′58.2″N, 130°32′17.2″E). The fossil-bearing bed is composed mainly of greyish-yellow siltstone with some dark-grey mudstone, alternated by some beds of sandstone with cross-bedding. The siltstone yields fossil bivalves, etc.

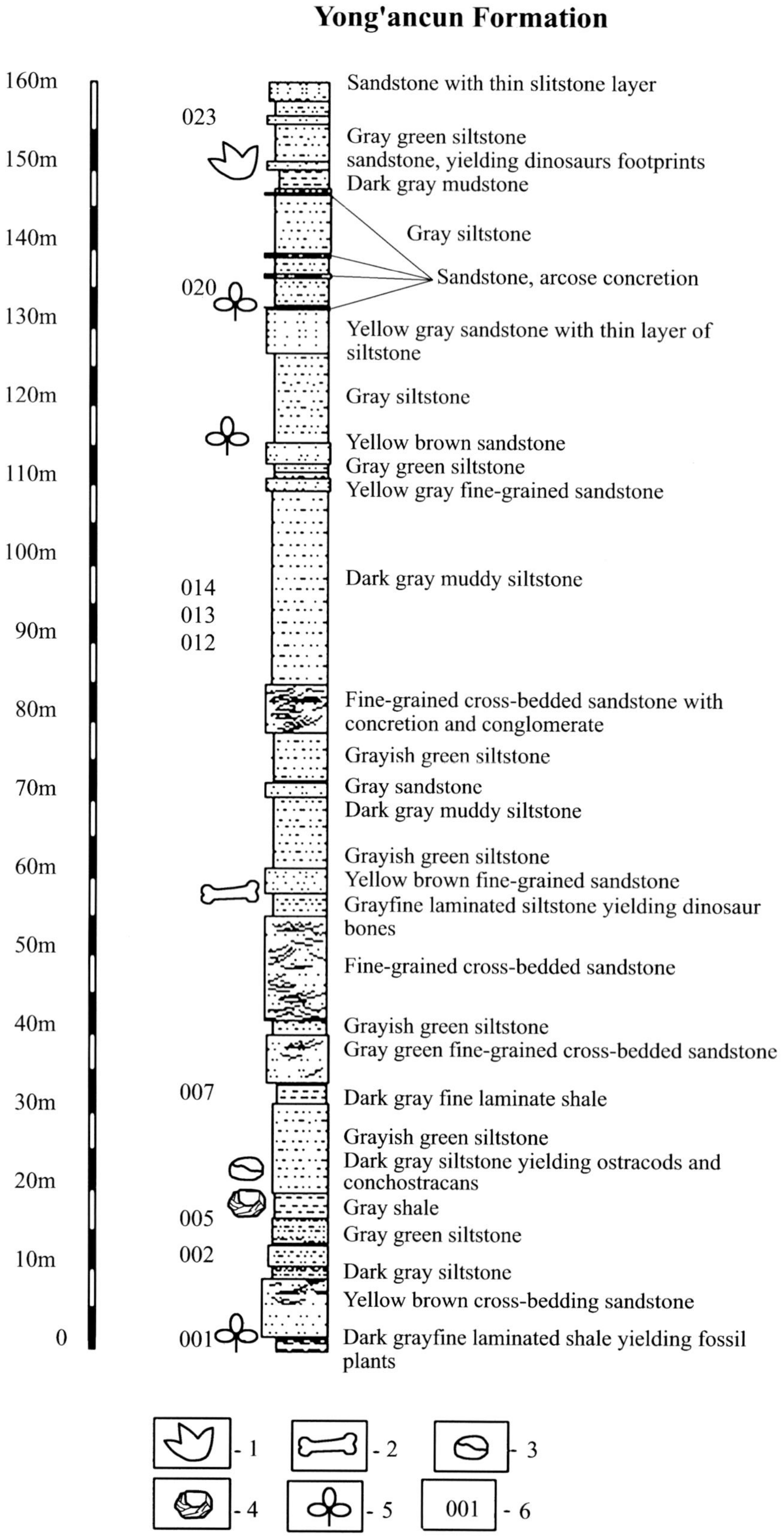

Fig.117 Stratigraohic column of upper Yongancun Fm (by Ashraf A R and Harding I, 2002): 1. dinosaur foot-print; 2.dinosaur bone; 3. ostrocods;4. conchostraca; 5. mega-plants; 6. sampling of sporopollen

(Fig.58).

So far more than 13 genera and 16 species of the mega-plant fossils have been found in the Yong'ancun Formation, dominated by conifers and angiosperms (Fig.44). The main taxa are as follows:

Ferns:

Equisetales

1 *Equisetites* sp

Filicales

2 *Asplenium dicksonianum* Heer

Gymnosperms:

Ginkgoales

3 *Ginkgo adiantoides*(Ung.)Heer

4 *Ginkgo pilifera Samylina*

Coniferales

5 *Pityospermum minutum* Samylina

6 *Cupressinocladus sveshnikovae* Ablajev

7 *Cupressinocladus* sp.

8 *Parataxodium* sp.

9 *Sequoia* sp.

10 *Metasequoia disticha*(Heer)Miki

11 *Glyptostrobus* sp.

Angiosperms:

11 *Trochodendroides arctica* (Heer)Berry

12 *T. lanceolata* Golovneva

13 *Celastrophyllum* sp.

14 *Quereuxia angulata* (Newb.)Krysht.

15 *Cobbania corrugata* (Lesq.)Stockey et al.

16 *Nyssidium* sp.

The authors have proposed this plant assemblage as *Parataxodium-Quereuxia* Assemblage, aged late Santonian-early Campanian of Late Cretaceous (Sun et al., 2007). However, according to palynological study, the age of the spores and pollen of the Yong'ancun Formation is Santonian(Markevich et al., 2006; Sun et al., 2011).

② Taipinglinchang Fm Assemblage (*Metasequoia-Trochodendroides-Cobbania* Assemblage)

The Taipinglinchang Formation is mainly exposed in the Taipinglinchang area, along the right bank of the Heilongjiang (Amur) River, about 9km west of Jiayin. This formation is composed of typical lacustrine sediments, and can be divided into upper and lower parts. The lower part consists mainly of dark grey siltstone and sandstone, yielding ostracods and conchostracan, while the upper part consists mainly of the brown grey siltstone, yielding abundant plant fossils (Fig.45). There are two sites (TP-1, 2) yielding the plant fossils which have been named by the authors as the *Metasequoia-Trochodendroides-Cobbania* Assemblage (Sun et al., 2007).

(1)TP-1: the outcrop is located 16m from the top of the Taipinglinchang Formation(48°51′27.5″N,

130°15′33.2″E), with siltstone about 0.5m thick, where the fossil aquatic angiosperms are dominant.

(2)TP-2: the ourcrop is 5m from the top of Taipinglinchang Formation, with siltstone about 0.8m thick, where the fossil angiosperms are abundant.

So far, the mega-plants of the Taipinglinchang Formation consist of 27 genera and 38 species, in which 12 genera and 21 species are angiosperms occupying abou 58% (Figs.46–48). The taxa of the whole assemblage are as follows (* the taxa quoted from Zhang, 1983):

Bryophytes:

1 *Thallites* sp.

Ferns:

Equisetales

2 *Equisetites* sp.

Filicales

3 *Asplenium dicksonianum* Heer

4 *Arctopteris* sp.

5 *Cladophlebis* sp.

Gymnosperm:

Ginkgoales

6 *Ginkgo pilifera Samylina*

7 *Ginkgo adiantoides*(Ung.)Heer

Coniferales

8 *Larix* sp.

9 cf. *Podocarpus tsagajanicus* Krassilov*

10 *Pityospermum minutum* Samylina

11 *Cupressinocladus sveshnikovae* Ablajev

12 *Cupressinocladus* sp.

13 *Parataxodium* sp.

14 *Taxodium olrikii* (Heer)Brown*

15 *Sequoia* sp.

16 *Metasequoia disticha*(Heer)Miki

17 *Glyptostrobus* sp.

Angiosperms:

18 *Trochodendroides arctica*(Heer)Berry

19 *T. taipinglinchanica* Golovneva, Sun et Bugdaeva

20 *T. microdentata* Gol., Sun et Bugd.,

21 *T. lanceolata* Golovn.,

22 *Platanus densinervis* Zhang*

23 *Platanus sinensis* Zhang*

24 *Platanus raynoldsii* (Newb.)Brown*

25 *Platanus* sp.

26 *Pterospermites orientalis* Zhang*

27 *Pterospermites heilongjiangensis* Zhang*
28 *Vibernum* cf. *contortum* Lesq.*
29 *Nordenskioideia* cf. *borealis* Heer*
30 *Arthollia tschernyschewii* Gol., Sun et Bugd.,
31 *Arthollia* sp.
32 *Celastrinites kundurensis* Gol., Sun et Bugd.
33 *Celastrinites* sp.
34 *Viburnophyllum* sp.
35 *Araliaephyllum*? sp.
36 *Cobbania corrugata* (Lesq.)Stock., Rothw. et Johns.
37 *Quereuxia angulata* (Newb.)Krysht.
38 *Nelumbo* sp.

The age of this plant assemblage is considered by the authors to be Campanian (Sun et al., 2007), which is coincident with those of the palynological study (Markevich et al., 2006).

In Russian Zeya-Bureya basin, the plant assemblages of the upper Zavitin Formation and Kundur Formation are quite similar to those of the Taipinglinchang Formation. About 20 common taxa have been found among them, such as *Ginkgo pilifera, Sequoia* sp., *Metasequoia* sp, *Cupressinocladus* sp., *Trochodendroides lanceolata, T. taipinglinchanica, Arthollia orientalis, Celastrinites kundurensis, Quereuxia angulata, Cobbania corrugate*, etc. The Kundur Formation has rich Platanoids. The most significent taxa for stratigraphic study are *Ginkgo pilifera, Cobbania corrugate* and *Celastrinites*, which occur in both the Kundur Formation and the Taipinglinchang Formation. *Ginkgo pilifera* not occurred later than Campanian (Samylina, 1967; Golovneva, 2005); *Celastrinites* was first seen in the Santonian, but is most featured in the Maastrichtian; *Cobbania corrugate* is common in the Campanian-Maastrichtianin in North America (Johnson, 2002), and is also common in the early Campanianin in the Khatanga River area of Northern Siberia (Abramova, 1983; Golovneva, 2005) where the early Campanian marine bivalve *Inoceramus patootensiformes* was found in the formation (Zakharov et al., 2002). Moreover, *C. septentrionalis* (Krysht.) Gol. was found in the Kakanaut Formation from the Koryak, aged in middle Maastrichtian, and yielding dinosaurs (Golovneva, 1994). The age of the plant fossils from the Kundur- and Taipinglinchang Formations was considered by the authors as the Campanian or Campanian-early Maastrichtian. However, since the Taipinglinchang Formation underlies the dinosur-bearing Yulingzi Formations aged in early-mid Maastrichtian, and the palynological study of the Taipinglinchang Formation is Campanian, the authors have considered the age of the floras of the Taipinglinchang- and Kundur Formations to be Campanian or Campanian-early Maastrichtian (Sun et al., 2007; Golovneva et al., 2008). In the Northeast Asian region, the same or similar floras to the Taipinglinchang and Kundur Formations are the Zonk'erian flora of Sakhalin Island (early Campanian; Krassilov, 1979); Barykovian flora of Koryak Upland (early Santonian-Campanian, Herman & Lebedev, 1991); Mutino flora (early Campanian) and Sym flora (Campanian) (Abramova, 1983; Golovneva, 2005).

3.1.2 Late Cretaceous pollen and spores

The Late Cretaceous palynological fossils are very rich in Jiayin areas along the Heilongjiang (Amur) River. The palynological study has played a very important role in determining the Late Cretaceous biological evolution, stratigraphic divisions and correlation, and in defining the K-Pg boundary in Jiayin and its neighboring areas.

Chinese palynologists have studied the fossil pollen and spores from the Jiayin area mainly since the 1980s. Liu(1990) published paper on the palynoflora of the Furao Formation in which he considered this palynoflora as Late Cretaceous (Maastrichtian) to Paleocene (Danian) in age (Liu, 1990). Before 2002, there heve been no more palynological studies in Jiayin except the study by Wang and Cao (1999) on the pollen and spores from the Yuliangzi Formation of Jiayin. Since 2002, the palynologists of the authors, headed by Markevich V, Ashraf A R and Nichols D, have begun to study the Late Cretaceous pollen and spores, and the palynostratigraphic sequences in Jiayin in detail, highlighting important outcomes (Fig.50).

According to the research of Markevich et al. (2004, 2006), the Late Cretaceous palynoforas in Jiayin can be divided into five palynological assemblages including the following (in ascending order):

(5)*Aquilapollenites conatus-Pseudoaquilapollenites striatus* Assemblage(late Maastrichtian, represented by the Furao Formation)

(4)*Wodehouseia aspera-Parviprojectus Amurensis* Assemblage(middle Maastrichtian, represented by the upper Yuliangzi Formation)

(3)*Aquilapollenites amygdaloides-Gnetaceaepollenites evidens* Assemblage(early Maastrichtian, represented by the lower Yuliangzi Formation)

(2)*Aquilapollenites conatus-Podocarpidites multesimus* Assembalge(Campanian, represented by the Taipinglinchang Formation)

(1)*Kuprianipollis santaloides-Duplosporis borealis* Assemblage(Santonian, represented by the Yong'ancun Formation)

(1)*Kuprianipollis santaloides-Duplosporis borealis* Assemblage (Assemblage Ⅰ)

Kuprianipollis santaloides-Duplosporis borealis assemblage fossils are collected from the Yong'ancun Formation in Jiayin, consist mainly of *Cicatricosisporites dorogensis* Pot. et Gell., *Rouseisporites reticulatus* Chlon., *Cyathidites minor* Coup., *Classopollis classoides* Pfl. emend Poc. et Jans., *Laevigatosporites ovoideus* Tak., *Taxodiumpollenites hiatus* Pot. et Kremp., *Kuprianipollis elegans* (Zakl.)Kom., *K. santaloides*(Zakl.)Kom., *Cetripites cretaceus* Poc. etc. This assemblage shows the Santonian age (Markevich et al., 2006)(Figs.51).

(2)*Aquilapollenites conatus-Podocarpidites multesimus* Assemblage (Assemblage Ⅱ)

The fossils of *Aquilapollenites conatus-Podocarpidites multesimus* assembalge are collected from the Taipinglinchang Formation of Jiayin, which can be divided into two sub-assemblages, as the early and late in age.

(1)The early sub-assemblage (Tp-01)is mainly composed of *Pterisporites cretacea, Podocarpidites ellipticus, P. multesimus, Aqulapollenites rombicus, A. amplus* and so on, showing the early Campanian age.

(2)The late sub-assemblage (Tp-02, 03)is mainly composed of *Poly-cingulatus densatus*, *Aquilapollenites conatus*, *Rhus* sp., etc., showing the late Campanian age (Markevich et al., 2006) (Figs.52).

(3)*Aquilapollenites amygdaloides-Gnetaceaepollenites evidens* Assemblage (Assemblage Ⅲ)

The fossils of *Aquilapollenites amygdaloides-Gnetaceaepollenites evidens* Assembalge were collected from the lower part of the Yuliangzi Formation of Jiayin, which is the main dinosaur horizon in the Jiayin area.

This assemblage is represented by *Tricolpites mataurensis*, *T. reticulatus*, *Retitrescolpites concinnatus*, *Kurtzipites tricuspidatus* and so on, showing the age of early Maastrichtian (Markevich et al., 2006) (Fig.53). Associated with the pollen and spores, there are rich dinosaur fossils including *Mandschurosaurus amurensis* Riabinin, *Charanosaurus jiayinensis* Godefroit et al., etc. (see 3.3.3).

It should be mentioned that Cao & Wang (1999) reported aquatic spores *Ariadnaesporites* (Salviniaceae) from this part of the Yuliangzi Formation, which were recorded from the Late Cretaceous palynofloras of the Netherlands, Portugal, Canada and the United States in the Campanian-Maastrichtian.

(4)*Wodehouseia aspera-Parviprojectus amurensis* Assemblage (Assemblage Ⅳ)

The fossils of Wodehouseia aspera-*Parviprojectus amurensis* Assembalge were collected from the upper part of the Yuliangzi Formation, mainly in Wulaga of Jiayin, which is also the main dinosaur horizon in the Jiayin area.

This assemblage is represented by *Proteacidites mollis*, *Aquilapollenites rigidus*, *Parviprojectus amurensis*, *Wodehouseia aspera*, *W. gracilis* and so on, which is considered middle Maastrichtian age (Markevich et al., 2006)(Fig.54). Associated with the pollen and spores, there are rich dinosaur fossils found, including *Wulagasaurus dongi* God. et al., *Salaliyania elunchunorum* God. et al., etc. (see 3.1.4).

(5)*Aquilapollenites conatus-Pseudoaquilapollenites striatus* Assemblage (Assemblage Ⅴ)

Aquilapollenites conatus-Pseudoaquilapollenites striatus Assemblage is found in the Furao Formation of Jiayin. The assemblage is dominated by Taxodiaceae (up to 50%)and Ulmaceae (up to 25%). Among spores the monolete *Laevigatosporites* predominates. *Cyathidites minor*, *C. australis*, and *Leiotriletes* spp. are in second place. Other spores and pollen occur rarely. The angiosperms are rather diverse. They are represented by pollen similar to Betulaceae, Salicaceae, Juglandaceae, Myricaceae, and Myrtaceae. Representatives of families close to the Loranthaceae (*Cranwellia striata* (Coup.) Sriv.), Proteaceae (*Proteacidites thalmanni* Anders., *Beaupreacidites angulatus* Samoil., *B. rostralis* Samoil.), and Magnoliaceae are rare.

The pollen *Marsypiletes cretacea* Robert., *Orbiculapollis lucidus* (Chlon.)Chlon., *Quercoidites minor* He et Sun, *Tricolpites variexinus* Coup., and *T. microreticulatus* Belsky, Boltenh. et Pot. are common. The diversity of "unica"-type pollen increases. Among them are *Aquilapollenites attenuatus* Funkh., *A. rigidus* Nort., *A. spinulosus* Funkh., *A. stelkii Sriv.*, *A. catenireticulatus* Sriv., *A. striatus* Funkh., *A. conatus* Nort. , *A. insignis* N. Mtch., *A. subtilis* N. Mtch., *A reductus* Nort., *A. proceros* Samoil., *A. amurensis* (Bratz.), *A. quadricretaceus* N. Mtch., *A. rombicus* (Samoil.)Stanl., *Intergricor-*

pus bertillonites N. Mtch., *I. bellum* N. Mtch., *Pseudointegricorpus clarireticulatus* (Samoil.) Takah., and *Triprojectus amoenus* (Liu) Zhao occur. The most typical taxa are *Marsypiletes cretacea*, *Tricolpites variexinus*, *Aquilapollenites stelkii*, *A. proceros*, *A. striatus*, *A. rigidus*, *Intergricorpus bellum*, *Pseudointegricorpus clarireticulatus*.

This assemblage is considered the late Maasterichtian age (Markevich et al., 2006; 2011) (Fig.55)

3.1.3 Late Cretaceous invertebrates

Late Cretaceous invertebrates are common in the Yong'ancun- and Taipinglinchang Formations in Jiayin, including abundant conchostracans, ostracods, bivalves, and others (BGMRH, 1993), reflecting lacustrine or fluvial-lacustrine environments during the mid-late Late Cretaceous time. During the past decade, the authors found many ostracods, and some conchostracan and bivalve fossils, mainly in the Yongancun Formation. The study of the fossil ostracods was aided by Prof. Zhang L J (Shenyang Normal Univ.), the fossil bivalves were identified by Prof. Sha J G (NIGPAS), and the photos of fossil conchostracans were used courtesy of Prof. Li G (NIGPAS).

① Ostracods

The fossil ostracods studied by the authors were collected mainly from the stratotype section of the Yongancun Formation, with some samples from the Taipinglinchang Formation in Jiayin. The ostracods of the Yong'ancun Formation indicate the assemblage of *Cypridea favosa*-*Lycopterocypris triangularis*-*Ziziphocypris concta*. The assemblage consists mainly of *Cypridea favosa* Ye, *C. sunghuajiangensis* Ye, *C. tenuis* Raun, *C. exornata* Ye, *C. concinaformis* Su, *Mongolocypris tera* (Su), *M. curtorostrata* Hao, *M. porrecta* (Su), *M. infidelis* (Ye), *Lycopterocypris triangularis* Ye, *Rhinocypris* sp., *Ziziphocypris concta* (Cea), *Z. simakovi* (Mandelstam), *Candona glaber* (Su), *C. prona* (Su), *C. disjuncta* Hao, etc. This assemblage is dominated by *Cypridea favosa*, *Lycopterocypris triangularis* and *Ziziphocypris concta*, which were found only in the Yaojia Formation of the Songliao basin before. The assemblage of the Yong'ancun Formation can be correlated with the 10th ostracod assemblage from Members Nos 2 and 3 of the Yaojia Formation (Ye et al., 2002), which indicates the age of the Yong'ancun Formation as the Coniacian-Santonian of middle Late Cretaceous (Fig.56.1–8).

The ostracods of the Taipinglinchang Formation are mainly *Cypridea perelegana* Ten and *Rhinocypris* cf. *primaeva* Li, which were recorded in the Nenjiang Formation of the Songliao basin (Fig.56.9).

② Conchostracan

Fossil conchostracan are also abundant in the Upper Cretaceous of Jiayin. Li et al. reported *Halysestheria yui* (Chang) (=*Halysestheria qinggangensis* Zhang et Chen) found from the bottom bed of the Taipinglinchang Formation in the stratotype section of Yong'ancun, Jiayin (Li et al., 2004; Fig.57). Since this conchostraca taxon is the index fossil for the basal bed of the Nenjiang Formation, the base of the fossil-bearing bed is recommended to the National Stratigraphic Commission of China (NSCC) as the stratotype of the base of the Nenjiang Stage nationally.

③ Bivalves

Fossil bivalves were recently found by the auhtors in the lower part of the Yong'ancun Formation in the stratotype section of Yong'ancun, Jiayin. The fossil bivalves were identified by Shan J G (NIG-

PAS)who considered the bivalves fossils belonging to new taxon (Fig.58).

3.1.4 Late Cretaceous dinosaurs

After the dinosaur bones first found in Jiayin in 1902, named by Riabinin as *Mandschurosaurus amurensis* in 1925 and 1930, the study of dinosaurs of Jiayin stopped, for nearly 40 years.

From the 1980s, Chinese scientists started again studying the dinosaurs from Jiayin, and have carried out dinosaur excavations in a large-scale, including Yang, Wei et al., 1983–1985; Liu H et al., 1989–1992; Xing Y L et al., 1994–1999; Heilongjiang Geological Museum, 2001–2002, etc. The researches were subsequently joined by Godefroit P (2000, 2001), Bolotsky Yu (1999–2001) and Dong Z M (2001), who were leading a new cycle of synthetic studies of the Late Cretaceous dinosaurs in Jiayin with the new projects in China during 2002–2011 (Fig.59).

During 2002–2011, the experts of dinosaur study headed by Professors Dong Z M (China), Godefroit P (Belgium) and Bolotsky Yu (Russia), carried out new researches on the dinosaurs in Jiayin and its neighboring areas, including Longgushan, Yong'ancun and Wulaga of Jiayin, Blagoveshensk and Kundur of Russia, and found at least 10 taxa of Late Cretaceous dinosaurs (Dong et al., 2003; Godefroit et al., 2004, 2011, 2012; Bolotsky et al., 2004; Bolotsky, 2013) (Fig.60).

The most important contributions to the Late Cretaceous dinosaur research in Jiayin and its neighboring areas during the decade 2002–2011, summarized by the authors, include: (1) the first detailed studies of Late Cretaceous dinosaurs in five main localities, including the Longgushan, Yong'ancun and Wulaga of Jiayin, China, and the Blagoveshensk and Kundur of Russia(Fig.61); (2) the first recognition of the latest Cretaceous dinosaur fauna at least composed of 10 taxa, in Jiayin and its adjacent areas along the Heilongjiang (Amur) River. The dinosaurs not only contains herbivorous hadrosaurid, but also carnivorous theropods, such as tyrannosaurid; hollow-crested Lambeosaurinae accounted for more than 90% of hadrosaurid.

So far the authors have recognized Late Cretaceous dinosaurs of ten taxa in Jiayin and its adjacent areas along the Heilongjiang (Amur) River, which are as follows:

Hadrosaurid

Hadrosauridae

Hadrosaurinae

①*Mandschurosaurus amurensis* (Riabinin, 1925) (Longgushan)

②*Kerberosaurus manakini* Bolotsky et Godefroit, 2004 (Blagoveshchensk)

③*Wulagasaurus dongi* Godefroit. et al., 2008 (Wulaga)

④*Kundurasaurus* Godefroit. et al., 2012 (Kundur)

Lambeosaurinae

⑤*Charonosaurus jiayinensis* Godefroit. et al., 2000 (Longgushan)

⑥*Sahaliyania elunchunorum* Godefroit. et al., 2008 (Wulaga)

⑦*Amurosaurus riabinini* Bolotsky et Kurzanov, 1991 (Blagoveshchensk)

⑧*Olorotitan arharensis* Godefroit. et al., 2003 (Kundur)

Hadrosauridae *incertae sedis*

⑨*Jiayinosauropis johnsoni* Dong et al., 2003 (Yong'ancun)

Tyrannosaurid

⑩Tyrannosaurid(Longgushan, Kundur, Blagoveshchensk)

① *Mandschurosaurus amurensis* (Riabinin)Riabinin, 1930

[*Location*] Longgushan of Jiayin (48°51′27.6″N, 130°14′37.7″E)

[*Horizon*] Yuliangzi Fm, lower Maasterichtian

[*Holotype housed place*] Russian Geological Museum (St.-Petersburg)

This taxon was first found in 1902, in the Longgushan of Jiayin, Heilongjiang, China. Some partial specimens (e.g. tibia) were collected by Kryshtofovich A (1914), and other Russian scientists during the 1920s. The holotype's skeleton was mounted by technician Stepanov N P, under the direction of Riabinin A N who first named this dinosaur as *Trachodon amurense* Riabinin, 1925, and then, in 1930, named *Mandschurosaurus amurensis* (Riabinin, 1925) (Figs.62, 63).

In 1975–1979 the Heilongjiang Provincial Museum (Harbin) undertook new excavations along the Chinese banks of the Heilongjiang (Amur) River at Longgushan near Jiayin, and discovered many new hadrosaurid and theropod fossils. Two partial specimens, labeled as *Mandschurosaurus amurensis*, were restored and exhibited in the Heilongjiang Provincial Museum. Yang et al. (1986) and Yang (1987) briefly described these specimens. Further materials were recovered from this area, by Liu et al. (Jilin University) in 1989. In 1992, the Geological Museum of Heilongjiang (Harbin) headed by Xing Y L also excavated and unearthed one large incomplete skeleton, labeled "*Mandschurosaurus magnus*" (MS), and also isolated hadrosaurid, theropod and turtle bones (Xing et al., 1994). Since 2002, the Dinosaur Museum of Jiayin has excavated a lot of new material from the Longgushan, by which two skeletons were mounted with the help of Wei Z Y, and exhibited in the museum. Two other skeletons have been exhibited in the Geological Museum of China University of Geosciences in Wuhan, and the Geological Museum of Yichun, respectively.

② *Kerberosaurus manakini* Bolotsky et Godefroit, 2004

[*Location*] Blagoveshensk, Russia (50°16′11.6″N, 127°23′17.7″E)

[*Horizon*] Udurchukan Fm, Maasterichtian

[*Holotype housed place*] Russian Amur Natural Management Institute Museum (Blagoveshensk)

Basipterygoid process of prootic deeply excavated by a pocket-like depression; groove for *ramus ophthalmicus* (V_1) of trigeminal nerve particularly widened on lateral side of laterosphenoid; postotic foramina not limited rostrally by a prominent ridge; frontal particularly narrow medio-laterally; rostral margin of parietal depressed; circumnarial depression limited dorsocaudally by a strong, wide and flattened crest on the lateral side of the nasal around the external nares; very prominent hook-like palatine process on maxilla (Godefroit et al., 2011).

The dinosaur fossil site was discovered by the Russian dinosaur expert Bolotsky Yu, in Blagoveshchensk City in 1981. Blagoveshensk is located on the left bank of the Heilongjiang (Amur) River, opposite to Heihe City, China. From 1990's hundreds of dinosaur bones have been unearthed in area about 200m^2. More than 90% dinosaur bones belong to Lambeosaurinae. Associated with *Kerberosaurus manakini*, there are *Amurosaurus riabinini* (Bolotsky & Kurzanov, 1991; Godefroit et al., 2004), theropod teeth fossils and turtle fossil debris. The dinosaur bones were found in lower part of the Udurchukan Formation, exposed only 2–3m thick(Figs.64, 65).

③ *Wulagasaurus dongi* Godefroit, Hai, Yu et Lauters, 2008

[*Location*] Longgushan, Jiayin (48°23′40.9″N, 130°08′44.6″E)

[*Horizon*] Yuliangzi Fm, middle Maasterichtian

[*Holotype housed place*] Geological Museum of Heilongjiang (Harbin)

Hadrosaurine dinosaur characterized by the following autapomorphies: very slender dentary, with a ratio "length of the dentary battery / maximum height of the dental ramus taken around the middle of the dental battery" > 4.5; lateral side of dentary not pierced by foramina; edge of the deltopectoral crest oriented quite cranially; humeral articular head extends distally as a very long and prominent vertical ridge; inner tuberosity much better developed than outer tuberosity on the proximal end of the humerus. Also differs from all other known hadrosaurines by its short sagittal, less than 2/3 the length of the parietal; differs from *Gryposaurus*, *Kerberosaurus*, *Prosaurolophus*, *Saurolophus*, *Edmontosaurus* and *Anatotitan* by its short supraoccipital-exoccipital shelf (Godefroit et al., 2011).

Wulagasaurus was collected by the Geological Museum of Heilongjiang in Wulaga of Jiayin, and named in 2008 by Godefroit P, Hai S L et al. The type-specimen is housed in the Geological Museum of Heilongjiang (Fig.66).

④*Kundurasaurus nagornyi* Godefroit, Bolotsky et Lauters, 2012

[*Location*] Kundur, Russia (49°04′57.5″N , 130°51′34.1″E)

[*Horizon*] Udurchukan Fm, lower Maasterichtian

[*Holotype housed place*] Russian Amur Natural Management Institute Museum (Blagoveshensk)

Hadrosaurine dinosaur characterized by the following autapomorphies: prominent and thick ridge on the lateral side of the nasal that borders caudally the circumnasal depression and invades the caudal plate of the nasal; caudal buttress of proximal head of scapula oriented quite laterally, parallel to the pseudoacromial process; preacetabular process of ilium straight and only moderately deflected ventrally: it does not reach the level of the plane formed by the bases of the iliac and pubic peduncles; axis of the postacetabular process strongly twisted along its length, so that its lateral side progressively faces dorsolaterally.

The fossil site of *Kundurasaurus* is located about 10km southeast of Kundur village on the south side of the road from Chita to Khabarovsk. The fossil bed belongs to the Udurchukan Formation, and is about 3.25m below the base of the Bureya Formation. The fossil-bearing bed is composed of yellow-gray mudstone, and coarse sandstone intercalated with conglomerate. Bolotsky Yu has been leading the excavation of this dinosaur since 1999. Associated with *Kundurasaurus*, are the lambeosaurine *Olorotitan arharensis*, theropod teeth fossils (Alifanov and Bolotsky, 2002), and turtle fossils (Lindholmemydid) found. According to the palynological study of these fossil beds, the age is considered to be early Maasterichtian(Markevich et al., 2006). The skeleton of *Kundursaurus* has been mounted in the Geological Museum of Yichun, China since 2013 (Fig.67).

⑤ *Charonosaurus jiayinensis* Godefroit. et al., 2000

[*Location*] Longgushan, Jiayin (48°51′27.6″N, 130°14′37.7″E)

[*Horizon*] Yuliangzi Fm, lower Maasterichtian
[*Holotype housed place*] Geological Museum of Jilin Univ. (Changchun)
Around 90% of the bones discovered at Jiayin/Longgushan belong to lambeosaurine dinosaurs. Godefroit et al. (2000, 2001) reviewed the hadrosaurid material discovered at the Longgushan locality and housed in the Museum of Jilin University (Changchun) and in the Geological Museum of Heilongjiang (Harbin). They also checked the numerous fossils in the Heilongjiang Provincial Museum (Harbin), and named them as the lambeosaurine *Charonosaurus jiayinensis* Godefroit et al., 2000. The brief dignosis of this taxon is as follows: the dorsal surface of parietal regularly rounded, without sagittal crest; lateral side of squamosal nearly completely covered by caudal ramus of postorbital; paroccipital and postcotyloid processes very low, extending only to the mid-height of foramen magnum; alar process of basisphenoid very prominent and symmetrical; caudal crest strongly developed on the humerus; forearm particularly elongated and slender: ratio "total length / maximal width of the proximal head" > 6.3 for the ulna and > 6.6 for the radius; preacetabular process of ilium very long: ilium length / preacetabular length < 2.1 (Godefroit et al., 2011)(Figs.68,69).

The status of *Charonosaurus jiayinensis* has been discussed by chinese experts. The Chinese dinosaur expert Dong Z M pointed out that "despite the holotype material *Mandschurosaurus amurensis* is incomplete, the material is exact with no doubt, its horizon is clear, and the credible account of its taxonomic name has priority"(Dong, 2009). So far, there have been a lot of scientists including many Russian experts, affirm the name *Mandschurosaurus*, and several Chinese museums in Heilongjiang of China, even the Russian Geological Museum in St-Petersberg, have still used the name *Mandschurosaurus*.

⑥ *Sahaliyania elunchunorum* Godefroit, Hai, Yu et Lauters, 2008

[*Location*] Wulaga, Jiayin (48°23′40.9″N, 130°08′44.6″E)
[*Horizon*] Yuliangzi Fm, middle Maasterichtian
[*Holotype housed place*] Geological Museum of Heilongjiang (Harbin)
Lambeosaurine dinosaur characterised by the following autapomorphies: paroccipital processes long, very slender, with a slightly convex dorsal border and a slightly concave ventral border; lateral depressions on the dorsal surface of the frontal better developed than in other lambeosaurines, and not associated with a median doming of the bone; quadratojugal notch displaced ventrally; middle of the notch located well below the middle of the height of the quadrate; prepubic blade always more expanded dorsally than ventrally. Also differs from *Charonosaurus, Olorotitan, Corythosaurus,* and *Parasaurolophus* by the important ventral deflection of the rostral part of its dentary, which forms an angle of about 30° with the long axis of caudal part of the bone; differs from *Amurosaurus* by the symmetrical alar process on its basisphenoid, its frontals wider than long and by its well-developed maxillary shelf; differs from *Charonosaurus* and *Parasaurolophus* by the short rostral platform of its frontal; differs from *Olorotitan* by the rounded rostral process of its jugal, by the straight ventral margin of its maxilla, and by the longer preacetabular process of its ilium (ratio ilium length / preacetabular length = 2.1); differs from *Tsintaosaurus* by the presence of a rostral platform on its frontal and by the median ramus of its squamosal lower than its paroccipital process (Godefroit et al., 2011). The type specimen of *Sahaliyania elunchunorum* was collected by the Geological Museum of Hei-

longjiang (Harbin), associated with *Wulagasaurus*, etc. (Fig.70).

⑦ ***Amurosaurus riabinini*** **Bolotsky et Kurzanov, 1991**

[*Location*] Blagoveshensk, Russia (50°16′11.6″N, 127°28′33.1″E)

[*Horizon*] Udurchukan Fm, lower Maasterichtian

[*Holotype housed place*] Russian Amur Natural Management Institute Museum (Blagoveshensk)

Prominent median process between basipterygoid processes; sagittal crest particularly elevated on the caudal part of the parietal and forming a high, triangular and deeply excavated triangular process on the occipital aspect of the skull; squamosals separated from each other by this crest along their whole height; caudal process of postorbital particularly elongated, narrow, and regularly very convex dorsally; prefrontal forming a good half of the width of the floor for supracranial crest; ulna and radius sigmoidal both in lateral and in cranial views (Godefroit et al., 2011).

Bolotsky & Kurzanov (1991) briefly reported and named *Amurosaurus riabinini*, after, Godefroit et al. (2004) describes this taxon in more detail (Fig.71). The size of *Amurosaurus* is similar to those of *Shantungosaurus giganteus* from China, even larger than the latter.

⑧ ***Olorotitan arharensis*** **Godefroit, Bolotsky et Alifanov, 2003**

[*Location*] Kundur, Russia (49°04′57.5″N, 130°51′34.1″E)

[*Horizon*] Udurchukan Fm, lower Maasterichtian

[*Holotype housed place*] Russian Amur Natural Management Institute Museum (Blagoveshensk)

Lambeosaurine dinosaur characterized by the following autapomorphies: large helmet-like hollow crest higher than the rest of the skull and extending caudally well beyond the level of the occiput; very high postorbital process of jugal (ratio height of postotbital process / length of jugal = 1); rostral portion of the jugal shorter than in other lambeosaurines, with a perfectly straight rostral margin; very asymmetrical maxilla in lateral view, with ventral margin distinctly downturned; very elongated neck composed of 18 cervical vertebrae; tibia as high as the femur; shorter cnemial crest, about one fifth of tibia length (Godefroit et al., 2011) (Fig.72).

⑨ ***Jiayinosauropis johnsoni*** **Dong et al., 2003**

[*Location*] Yongancun, Jiayin (48°50′57″N, 130°31′24″E)

[*Horizon*] Yongancun Fm, Santonian

[*Holotype housed place*] Geological Museum of Heilongjiang (Harbin)

In September of 2002, the holotype specimen was found by Johnson K, one of the participants in the authors' research team (Fig.73), and studied by Dong Z M et al. (2003) and named *Jiayinosauropis johnsoni* Dong et al., 2003. Dong et al. considered that the dinosaur footprint belongs to the hadrosaurinae hadrosaurid, though hadrosaurinae and lambeosaurinae footprints can not be accurately differentiated. It is therefore more cautious to consider this footprint as belonging to Hadrosauridae *incertae sedis*.

⑩ **Tyrannosaurid (teeth fossils)**

[*Location*] Longgushan in Jiayin; Blagoveshensk and Kundur of Russia

[*Horizon*] Yuliangzi Fm and Udurchukan Fm; lower Maasterichtian
[*Holotype housed place*] Dinosaur Museum of Jiayin (Jiayin); Russian Amur Natural Management Institute Museum (Blagoveshensk)
Tyrannosaurids fossils have been found from the Upper Cretaceous Maastrichtian in Jiayin and its adjacent areas (e.g. Blagoveshensk and Kundur of Russia) for a long time, represented mainly by isolated teeth. In recent years, reseaarch work about tyrannosaurid fossils has been mainly done by the young Russian expert Bolotsky I (ex-graduate of Jilin Univ., China) who published his thesis about tyrannosaurid teeth from the Heilongjiang (Amur) River region in 2013 (Bolotsky, 2013) (Fig.74). So far, the theropod fossil teeth (mainly tyrannosaurids) are represented by more than 50 specimens of carnivorous dinosaurs (especially tyrannosaurid) found. The study of the dinosaur teeth is very significant for the reconstruction of Late Cretaceous ecosystems and geography in Jiayin and its neighboring areas.

Besides, during recent years, Chinese expert Lv J C et al. (2011) also studied the dinosaur teeth in the Jiayin area, and proposed these teeth belonging to six taxa, at least, such as Tyrannosaurids, Dromaeosaurids, Carcharodontosaurids and *Fukuiraptor* (Lv & Han, 2011).

3.2 Paleocene biota

The Paleocene biota in Jiayin area is well developed, mainly represented by plant fossils. These fossils reflect the biota of another large-scale recovery after the extinction of the dinosaurs in the Jiayin area. In general, the Paleocene biota of Jiayin can be divided into two stages, i.e. the Baishatou Member stage and the Wuyun Coal-bearing Member stage.

3.2.1 Baishantou Member stage

Since 2002, the authors have found a large number of fossil plants and sporopollen in the Baishantou Member of the lower Wuyun Formation in the Baishantou area (Fig.75). The fossil plants include *Ginkgo adiantoides* (Ung.) Heer, *Taxodium olrikii* (Heer) Brown, *Tiliaephyllum tsagajanicum* (Krysht. et Baik.) Krassilov, *Archaeampelos acerifolia* (Newb.) Berry, *Beringiaphyllum cupanioides* (Newb.) Manchester et al., *Platanus raynoldsii* Newb., *Platanus* sp., *Trochodendroides arctica* (Heer) Berry, *Nyssa* sp., etc. (Sun et al., 2002, 2005). Among them, the plant *Tiliaephyllum tsagayanicum*, one of the representatives of the Danian flora from the Russian Upper Tsagayan Formation, is very significant for age determinations (Sun et al., 2002, 2005) (Fig.76).

The palynological assemblage from the Baishantou Member of the lower part of the Wuyun Formation is dominated by ferns and gymnosperms. Ferns compose up to 53% and are represented mainly by *Laevigatosporites* and smooth trilete spores. Among gymnosperms, the plants close to Taxodiaceae (sometimes in spectra reaching 80%), Cupressaceae and Pinaceae (up to 43%) predominate. *Ginkgocycadophytus*, Podocarpaceae, Araucariaceae, and Gnetaleans are rare. The angiosperms are locally abundant (in some spectra reaching 42%). The plants close to Juglandaceae (*Triatriopollenites confusus* Zakl., *T. plicoides* Zakl., *Triporopollenites plicatus* Krutz., *Juglanspollenites* sp., *Caryapollenites* sp., *Carya gracilis* Mart., *Pterocaryapollenites* sp.) and Fagaceae predominate. The plants that produced "unica"- and "oculata"-type pollen suffered a sharp decrease. There are only rare *Or-*

biculapollis lucidus (3.6%) and some species of *Aquilapollenites*: *A. cruciformis, A. subtilis, A. insignis, A. proceros, A. spinulosus*, and *Pentapollenites normalis* Takah (not more than 5%). The pollen of *Wodehouseia* are rare. The pollen of Betulaceae, Myricaceae, Nyssaceae, and Simarubaceae are common. *Triatriopollenites confusus, Momipites tenuipolus* Anders, *Rhoipites pissinus* Stanl., *Anacolosidites subtrudens* Sakl., *Aquilapollenites spinulosus*, and *A. proceros* are characteristic for this assemblage, and indicate a Danian age (Fig.77).

3.2.2 Wuyun Coal-bearing Member stage

The Wuyun Coal-bearing Member of the upper Wuyun Formation is very rich in fossil plants, mainly angiosperms, with some gymnosperms, e.g. *Metasequoia*, and *Ginkgo*, etc. The main elements of the flora include *Tallites* sp.; *Equisetum* sp.; *Ginkgo adiantoides* (Ung.) Heer, *G. jiayinensis* Quan; *Glyptostrobus nordenskioldii* (Heer) Brown, *Metasequoia accidentalis* (Newb) Channy; angiosperms *Tiliaephyllum tsagajanicum* (Krysht et Baik) Krassilov, *Archaeampelos acerifolia* (Newb) Berry, *Beringiaphyllum cupanioides* (Newb) Manchester et al., *Nuphar burejense* Krassilov, *Nyssidium arcticum* (Heer) Iljinskaja, *Platanus raynoldsii* Newb., *Platanus* sp, *Trochodendroides arctica* (Heer) Berry, *Trochodendrospermum arcticum* (Brown) Krassilov, *Ulmus furcinervis* (Bors.) Ablajev, *Myrica* sp., *Betula* sp., etc. (Sun et al., 2002, 2005) (Figs.78, 79).

The palynoflora of the Wuyun Coal-bearing Member belongs to *Triatriopollenites plicatus*-*Taxodiaceaepollenites* Assemblage (Assemblage Ⅶ) in the Jiayin area, represented by *Triatriopollenites plicatus, Aquilapollenites spinulosus* Funkh, *Ulmoideipites krempii* Anders, *Quercuspollenites* sp and *Taxodiaceaepollenites*, etc., indicating Paleocene age (Markevich et al., 2006, 2011) (Fig.80).

3.3 Fossil wood

Fossil wood is very common in the Late Cretaceous-Paleocene floras in Jiayin and its neighboring areas, and reflects the vegetative changes from the Cretaceous to Paleocene in these areas. The fossil wood reported in this book was studied mainly by Terada K (Fukui Dinosaur Museum of Japan), Nishida H and Sun G, the latter two among the authors. The fossil wood was collected from the Upper Cretaceous to the Paleocene of Jiayin, China and its neighboring Zeya-Bureya basin, Russia, including 43 specimens collected from the Taipinglinchang Formation of Longgushan and the Baishantou Member of the Wuyun Formation in the Baishantou of Jiayin; and 85 specimens from the Upper Tsagayan Formation (Danian) of the Zeya-Bureya basin, Russia. Although the results obtained are still far from complete, the taxonomic composition of the fossil wood shows marked stratigraphic differences between the two horizons beyond the K-Pg boundary in China. There is also a strong similarity in wood flora between the Wuyun Formation of China and the Upper Tsagayan Formation of Russia (Figs.81, 82).

All identified specimens from the Taipinglinchang Formation were *Xenoxylon latiporosum* (Cramer) Gothan. This is one of the stratigraphically younger records of *Xenoxylon*, which is a conifer morphogenus of uncertain affinity most commonly found in the Triassic to Early Cretaceous. Only one specimen with possible derivation from either the Wuyun or the late Maastrichtian Furao Formation in China was identified as *Taxodioxylon* sp. (Fig.83). The Wuyun Formation yields both conifers and dicotyledonous wood. The conifers include *Taxodioxylon sequoianum* (Mercklin) Gothan of the Taxodiaceae, and *Protopiceoxylon amurense* Du attributed to the extant genus *Keteleeria* or *Nothotsuga* of the Pinaceae, both of which are at present endemic to China. At least two morphotypes of dicotyledonous wood from the Wuyun Formation were recognized, with one identified as cf. *Hamamelidoxylon*, and the other composed of diffuse porous wood characterized by numerous heterogeneous rays (Figs.84, 85, 87). From the Zeya-Buleya basin of Russia, *Taxodioxylon sequoianum* and cf. *Hamamelidoxylon* sp. (Fig.86) were identified from the Upper Tsagayan Formation. The similarity of wood composition in both the Wuyun and Upper Tsagayan Formations supports lithological as well as biostratigraphic correlations proposed for the two formations (Terada et al., 2011).

3.4 Late Cretaceous climate and environment in the Jiayin area

The paleo-vegetation is an important part of the Earth's terrestrial biosphere, and also is a "barometer" of paleoclimatic and paleoenvironmental changes. For reconstruction of the paleoecosystems in Jiayin of Heilongjiang during the Late Cretaceous, some gymnospermous and angiospermous plants can be useful indicators, such as *Ginkgo, Metasequoia, Sequoia* and some aquatic angiosperms, e.g. *Quereuxia* and *Cobbania*.

During the Late Cretaceous in Jiayin, the plant *Ginkgo* was abundant in the fossil record, such as *Ginkgo adiantoides, G. pilifera*, etc., which is important for paleoecological reconstructions. Compared with natural communities of living *Ginkgo*, the taxon *Ginkgo biloba* L. is distributed around 30°N latitude regions where are generally warm temperate and humid in climate with an average annual precipitation of 600–1500mm, such as the Yangtze River region in China (He et al., 1997). Although some *Ginkgo* fossils (e.g. *G. adiantoides*) were recorded in Northeast Asia during the Late Cretaceous to Paleogene at about 40°N or even higher in latitude, the warming effect of ocean currents should be considered. Therefore, the fossil *Ginkgo* could indicate that the area of Jiayin during the Late Cretaceous had a warm and humid climate though probably with some seasonal drying for a short time.

Among the taxa of the Late Cretaceous Jiayin flora, some conifers can also be indicators for better studying of the paleoenvironment. For example, *Sequoia* is an evergreen plant, and both *Metasequoia* and *Glyptostrobus* are thermophilic and hydrophilous plants. In China, *Metasequoia* as a "living fossil" also, grows mainly in the Yangtze River region with warm and humid climates. Therefore, it seems that the above-mentioned plants can indicate that the Jiayin area had a warm and humid climate during the Late Cretaceous. There is additional evidence from angiosperm Platanaceae plants (e.g. *Platanus*, etc.) which live in regions with warm and humid climates today. Moreover, aquatic angiosperms such as *Quereuxia* and *Cobbania*, can indicate that the environment in the Jiayin area during the Late Cretaceous was probably in a fluvial-lacustrine condition which provided sufficient water.

On the other hand, because of the many conifers in the flora, the paleo-vegetation would have lived in slightly higher places, i.e. low mountains or hilly topography, and with some seasonal changes. This is implied by the presence of deciduous plants, such as *Taxodium, Metasequoia* in conifers, and the probable deciduous nature of most of the angiosperms, as shown in the lists of the Yong'ancun-and Taipinglinchang floral assemblages.

From the perspective of characteristic flora, in the Late Cretaceous Jiayin, the angiosperm leaves are usually small, such as Platanoid leaves only 6–8cm long in maximum, and the leaves of *Trochodendroides* generally less than 4–5cm long, which are smaller by two times than those from the Campanian flora in the Khatanga basin, NE Russia. Compared to some other Santonian-Campanian floras of NE Asia, such as those of the Sakhalin and Koryak Upland, their angiosperms usually have entirely marginal and leathery leaves, indicating a warmer climate, close to a subtropical or warm temperate climate, with seasonal drought (Krassilov, 1979; Herman & Lebedev, 1991). However, in Jiayin and its adjacent areas, the Santonian-Campanian floras usually have more toothed or lobed leaves with thin texture, which implies a somewhat more temparate climate, perhaps with slightly cooler seasonal features, which is evidenced also by more conifers living in these areas during this time. The fossil wood have indicated a seasonal change of the climate as well (see 3.3).

In sum, with the floral evidence, the paleoclimate and paleoenvironment in Jiayin and its neighboring areas during the Late Cretaceous Santonian-Campanian stages, seem to have been warm temparate with some humid and seasonal dry periods, and these areas were probably located in a relatively slightly higher topography, generally. However, the Santonian-Campanian palynoflora of Jiayin and its adjacent areas contains a lot of thermophilic taxa which seems to imply that these areas may have been close to the coast (Markevich & Bugdaeva, 2001a).

Usually better indicators for the reconstruction of the paleoenvironment and paleoclimate, are fossil animals, such as conchostracans, ostracods, bivalves and fishes. These well indicate that lakes, rivers and other water bodies were widespread in this area with warm climates and sufficient rainfall during the Late Cretaceous. On the other hand, the dinosaurs are one of the stars for indication of the paleoenviroment. During the Late Cretaceous, dinosaurs were very common in Jiayin and its adjacent areas, and more than 95% of these dinosaurs were herbivorous Hadrosaurid. They needed a huge number of plants for food, which required a warm and humid environment for their growth. This means it would have been warmer and somewhat humid in these areas since the middle Late Cretaceous. In the Maasterichtian, the late Late Cretaceous, the dinosaurs, especially the Hadrosaurid dinosaurs, reached the peak of their development (see 3.1.4) with a favorable ecosystem of a warmer somewhat humid climate, adequate food (plants), and enough water supply, all of the favorable conditions needed for their life (Fig.88). The massive growth of the aquatic angiosperms, e.g. *Cobbania* and others, might also have been food for the Hadrosaurid dinosaurs, and the beak-like snout shape of the hadrosaurs may also have been an adaptation to their long-term ingestion of floating water plants and drinking (Stockey et al., 2007).

Of course, in the late Late Cretaceous, the most favorable ecosystem in Jiayin area suddenly changed, due to the occurrence of intensive and strong volcanic eruptions, the climate suddenly cooling and the sea level falling. Probably, all of these sudden environmental changes caused the mass extinctions of the dinosaurs in these areas (Akhmetiev, 2004; Sun et al., 2011)(see Chapter 5).

Chapter 4 The K-Pg boundary

4.1 Introduction to study of non-marine K-Pg boundary

The Cretaceous-Paleogene (K-Pg, formerly called K-T)boundary has been one of the major subjects in global geological study since American scientists Alvarez et al. first reported a number of Ir anomalies found in the rocks of the European marine K-T boundary and suggested that a large extraterrestrial bolide impacted the Earth about 65 million years (Ma) ago (Alvarez et al., 1980). Alvarez et al. also proposed that this extraterrestrial impact was responsible for the greatest extinction in Earth history which eradicated about 75% or more of species on land and in the sea, including dinosaurs, and marked the boundary between the Mesozoic and Cenozoic eras (Nichols & Johnson, 2008).

Since the beginning of the 1980s, many scientists have done a great amount of research on the K-Pg boundary, especially in North America. The typical section of the non-marine K-Pg boundary in the U.S is mainly exposed in Montana, North Dakota, and South Dakota. The K-Pg boundary is at the contact line between the Late Cretaceous Hell Creek Formation (HC-Fm) and the Paleocene Fort Union Formation (FU-Fm). Both of the two deposits have marine beds to aid in dating. The fossil *Triceratops* fauna including *Triceratops, Trachodon* and *Tyrannosaurus*, was found in the HC-Fm in Montana, by Brown B(1907); the well-known *Tyrannosaurus rex* was found in the Upper Cretaceous of South Dakota (Russell & Manabe, 2002). However not of the dinosaur-bearing beds reached the K-Pg boundary, being at least 1m or 2m, or even more distant from the K-Pg boundary (Hartman et al., 2002). In southwestern Dakota, Nichols & Johnson (2002)found 110 palynological taxa near the K-Pg boundary strata, of which about 30% of Maastrichtian pollen and spores did not appear in the Paleocene FU-Fm. Johnson K studied 328 taxa near the K-Pg boundary strata, of which only 52 species occur in the Paleocene FU-Fm. Of course, the study of the North American K-Pg boundary also includes paleomagnetics and chronostratigraphy(Hicks et al., 2002, 2003; Lund et al., 2002), even fossil mammals(Clemens, 2002; Hunter & Archibald, 2002), and relative marine fossils(Clemens, 2002; Hoganson & Murphy, 2002). In 2008, Nichols & Johnson published a book "*Plants and the K-T boundary*," which has brought more fresh and synthetic information to the study of the K-T boundary in the world (Fig.92).

However, since the extraterrestrial impact might not have occurred everywhere in the entire world, the "impact hypothesis" does not explain all geological events, particularly those in northeastern Asia where the extraterrestrial impact in the geo-/bio- evolutionary history at the interval of the K-Pg boundary has not been recorded. The hypothesis has been controversial in paleontological and geological circles for about 30 years, especially in the NE Asian region, including Northeast China. Since the "impact hypothesis" concerned the extinction of dinosaurs, many questions have encouraged the authors to search for answers, particularly the reasons for the mass extinctions of dinosaurs related to the K-Pg boundary (Sun et al., 2011).

Although marine Maastrichtian-Danian deposits in Northeast China have not been found, the Upper Cretaceous and Paleocene non-marine strata are well exposed, with abundant fossils, particularly in the Jiayin of China and its neighboring areas along the Heilongjiang (Amur) River. On the Russian side, many scientists (including some of the present authors) have been engaged in the study of the K-Pg boundary for a long time (Akhmetiev, 1973; Akhmetiev et al., 1976; Marvevich, 1994, 1995; IBP et al., 2001). Because of the absence of marine fossils that might accurately link the K-Pg boundary strata with the geologic time scale, some of the authors have used palynological analysis to correlate marine-, brackish- to continental deposits. In Russian Far East region, the interrelation of the Cretaceous and Paleogene in marine deposits has been used, such as in Sakhalin Island, Kuril Islands, and Koryak Uplands, etc. Some of the authors have studied sedimentary sequences within which marine fauna occurred in the Naiba and Snezhinka rivers basin (Sinegorsk horizon), the Yury Island (Yury and Zelyony units) and the Ugolnaya Bay (Koryak and Chukotka formations). These outcrops were palynologically sampled with wellstudied results. Also, for more than 50 years, the palynofloras and non-marine deposits from the Upper Cretaceous to Paleocene of the Russian Far East have been investigated (Markevich, 1994, 1995, 2001, 2011; Akhmetiev et al., 1976; Akhmetiev, 2004; Kezina & Litvinenko, 2007). In addition, the famous Tsagayan flora and strata of the Zeya-Bureya Basin which is connected with the Jiayin area of China have been studied in detail for more than a century (Heer, 1878; Krassilov, 1976; Kamaeva, 1990, Markevich, 1995; IBP et al., 2001). All the research bases are favorable for the K-Pg boundary study in the Jiayin area.

It should be mentioned that very recently the scientists of the University of California, Berkeley, Renne P R, et al. published a paper in *Science*, and presented a newly accurate dating of the K-Pg boundary as 66.043±0.043Ma (Renne et al., 2013), which paid more attention to the study of the cause of the extinction of dinosaurs (Brusatte et al., 2014). However, many other scientists believe the dinosaur mass extinctions were mainly caused by the Indian Deccan volcanic eruptions, including some from the United States (Keller et al., 2011). In this book, the authors will discuss this topic in detail (see Chapter 5).

4.2 Study of K-Pg boundary in Jiayin

As introduced above, the Late Cretaceous-Paleocene biota and strata are well exposed in Jiayin and its neighboring areas including the Zeya-Bureya basin, opposite to Jiayin and separated by the Heilongjiang (Amur) River, where the K-Pg boundary has been studied in detail for many years (Krassilov, 1976; IBP et al., 2001). Although the authors found the Paleocene (Danian) mega- and micro floras in the Baishantou section, and found the early-middle Late Cretaceous dinosaur horizons in the Longgushan, which underlies the Baishantou Member of Danian age (Sun et al., 2002, 2003; Markevich et al., 2004), the fact is that the outcrops of the uppermost Cretaceous, which contain the K-Pg boundary are under the Heilongjiang River with no exposure. To search the continuous sequences of the Furao Formation/Baishantou Member including the the K-Pg boundary, the authors made drillings in the site near Xiaoheyan (49°14′53″N,129°35′14″E)of Wuyun, Jiayin, which was done successfully during the years of 2005–2008. The three drillings in the Xiaoheyan site, include the XHY-2005, 2006, 2008; and all drillings were successful scientifically in 2005, 2006 and 2008, respectively.

From the three drilling boreholes, the authors collected more than a thousand samples focusing on the strata near the K-Pg boundary, mainly for palynological, paleomagnetic and geochemical studies (Sun et al., 2011). Among the three boreholes the most complete drilling work is shown for the boreholes XHY-2006, and XHY-2008, which were sampled at a 100% rate. The XHY-2005 was also good for sampling, but fell just short of the sampling rate for about 0.9 m thickness in the interval beds of the K-Pg boundary. Thus, with the satisfactory research results in this integrated study, the authors declared the XHY-2006 borehole as the standard for marking the definition of the K-Pg boundary, and the other two boreholes as the subsidiary standards (Sun et al., 2011).

4.2.1 Palynological evidence

In the three drilling boreholes(XHY-2005, 2006, 2008), the palynological studies mainly completed by Markevich V, Ashraf R and Nichols D, with the main assistance of Bugdaeva E, et al., have been scientifically fruitful.

It should be mentioned that Markevich et al. (2004,2006)proposed seven assemblages from the Santonian to Danian in this area which are very useful for the study of the K-Pg boundary in the Xiaoheyan boreholes. The seven assemblages are:

Ⅶ *Triatriopollenites plicatus-Taxodiaceaepollenites* Assemblage (late Danian).
Ⅵ *Triatriopollenites confusus-Aquilapollenites spinulosus* Assemblage (early Danian).
Ⅴ *Aquilapollenites conatus-Pseudoaquilapollenites striatus* Assemblage (late Maastrichtian).
Ⅳ *Wodehouseia aspera-Parviprojectus amurensis* Assemblage (middle Maastrichtian).
Ⅲ *Aquilapollenites amygdaloides-Gnetaceaepollenites evidens* Assemblage (early Maastrichtian).
Ⅱ *Aquilapollenites conatu-Podocarpidites multesimus* Assemblage (Campanian).
Ⅰ *Kuprianipollis santaloides-Duplosporis borealis* Assemblage (Santonian).

In the Furao Formation, underlying the K-Pg boundary, the sporopollen are dominated by Taxodiaceae (up to 50%)and Ulmaceae (up to 25%). The spores are predominately monolete *Laevigatosporites*, and the angiospermous pollen is rather diverse. The diversity of "unica"-type pollen increases, indicated by various *Aquilapollenites*, such as *A. attenuatus* Funkh., *A. rigidus* Nort., *A. spinulosus* Funkh., *A. stelkii* Sriv., *A. catenireticulatus* Sriv., *A. striatus* Funkh., *A. conatus* Nort. , *A. insignis* N. Mtch., *A. subtilis* N. Mtch.., *A reductus* Nort., *A. proceros* Samoil., *A. amurensis* (Bratz.), *A. quadricretaceus* N. Mtch., and *A. rombicus* (Samoil.)Stanl. Other taxa include *Intergricorpus bertillonites* N. Mtch., *I. bellum* N. Mtch., *Pseudointegricorpus clarireticulatus* (Samoil.)Takah., *Triprojectus amoe-*

nus (Liu) Zhao. The most typical taxa are *Marsypiletes cretacea, Tricolpites variexinus, Aquilapollenites stelkii, A. proceros, A. striatus, A. rigidus, Intergricorpus bellum, Pseudointegricorpus clarireticulatus*, which are marked in the assemblage *Aquilapollenites stelkii-Pseudointegricorpus clarireticulatus* (Assemblage Ⅴ) (Markevich et al., 2011). This assemblage generally is equivalent to those from the upper part of the Middle Tsagayan Formation in the Zeya-Bureya basin, the upper part of Krasnoyarka Formation (Sakhalin Island, dated by marine fossils), the upper Maastrichtian of the Yury Island (Krassilov et al., 1988), the middle part of the Koryak Formation of the Koryak Highlands based on the palynological composition and the dominance of the fern spores *Laevigatosporites*, etc. Thus, the palynological assemblage from the Furao Formation is considered to be late Maasterichtian in age (Markevich et al., 2011).

The palynological assemblage from the lower part of the Wuyun Formation (i.e. the Baishantou Member) is dominated by ferns and gymnosperms, in which the ferns compose up to 53% and are mainly represented by *Laevigatosporites* and smooth trilete spores. The angiosperms are locally abundant (in some spectra reaching 42%), and are characterized by *Triatriopollenites confusus* Zakl., *T. plicoides* Zakl., *Triporopollenites plicatus* Krutz., *Juglanspollenites* sp., *Caryapollenites* sp., *Carya gracilis* Mart., *Pterocaryapollenites* sp., and predominated by Fagaceae. The "unica"- and "oculata"-type pollen suffer a sharp decrease, with only a few species of *Aquilapollenites*, and *Wodehouseia* is rare. The assemblage of *Triatriopollenites confusus-Aquilapollenites spinulosus* indicates a early Danian age (Markevich et al., 2006). This assemblage is represented by *Triatriopollenites confuses* Zakl., *Momipites tenuipolus* Anders, *Rhoipites pissinus* Stanl., *Anacolosidites subtrudens* Sakl., *Aquilapollenites spinulosus* Funkh., and *A. proceros* Samoil. (Markevich et al., 2011).

According to palynological comparisons with those from mainly marine deposits of northeastern Russia, e.g. Sakhalin and Kuril Islands, which have been dated by marine invertebrate fossils, the geological ranges of the sporopollen fossils studied in the interval of the Upper Cretcaeous-Paleocene strata of the Jiayin area have been made clear. Based on the studies of Markevich et al. (2004, 2006), the guide fossils *Marsypiletes cretacea, Tricolpites variexinus, Aquilapollenites conatus, A. stelkii, A. reticulatus, A. quadrilobus, A. striatus, Integricorpus bellum, Pseudointegricorpus clarireticulatus, Aquilapollenites rombicus, Triprojectus amoenus, Orbiculapollis lucidus, Wodehouseia aspera,* and *Quercoidites minor* are recognized to have last occurred in the late Maastrichtian. While the Danian palynofloras usually are dominated by *Triatriopollenites plicoides, T. confusus*, etc. , the taxa *Anacolosidites subtrudens, Aquilapollenites proceros*, and *A. spinulosus* last occurred in the Danian (Markevich et al., 2011) (Table 9).

Through the palynological analysis of the three drilled boreholes (XHY-2005, 2006, 2008) in Xiaoheyan of Jiayin, the K-Pg boundary is defined by the authors within 22.00–22.05m in the borehole XHY-2006. In borehole XHY-2005, the boundary is within 19.90m to 20.30m (the sample from 19.90m contains the Danian palynospectrum, while the sample from 20.30m contains the late Maastrichtian one). In the borehole XHY-2008, the K-Pg boundary is defined between 23.05 and 23.25m (Fig.99). It is worthwhile to mention that at the base of the Danian deposits of the borehole XHY-2005, the "fern spike" is well expressed on the K-Pg boundary, which is similar to the case in the section of the Belay Gora of the Zeya-Bureya basin, Russia, and rather well defined palynologically as the K-Pg boundary (Markevich et al., 2011).

Table 9 Vetical stratigraphic distributions of the sporopollen around the K-Pg boundary of Jiayin area and their related strata (after Markevich et al., 2011)

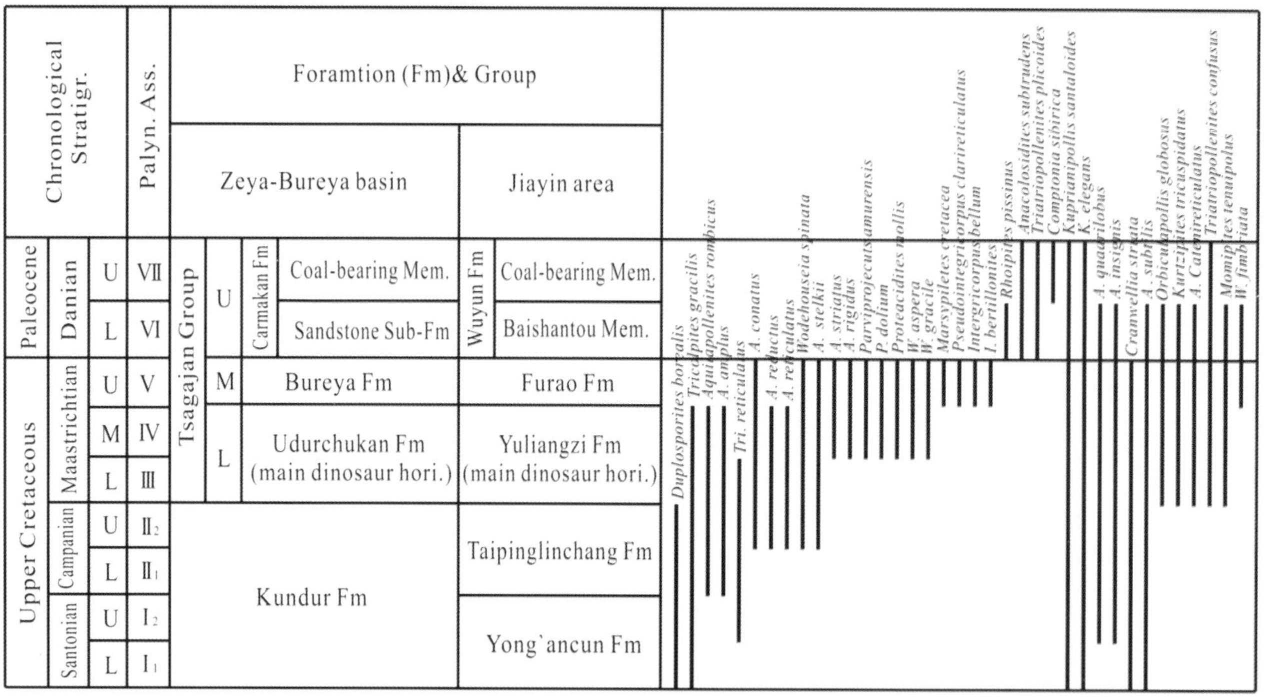

Throughout the K-Pg boundary, in the Baishantou Member of the Wuyun Formation, there are over 36 species of 27 genera found, of which some taxa only occurred in Danian age, including 7 taxa at least, e.g. *Triatriopollenites plicoides, Alnipollenites trina, Orbiculapollis lucidus, Aquilapollenites spinulosus, Anacolosidites primigenius, Choshispora major*. Among these taxa, *Orbiculapollis luciduswas* was reaching a peak in the Danian, and disappeared after the Danian. Although some taxa, e.g. *Triatriopollenites confusus*, occurred in the late Maastrichtian also, the time for its predominance is still Danian(Markevich et al., 2006).

4.2.2 Radiometric dating

Besides palynological analysis, the definition of the K-Pg boundary in the Xiaoheyan area and the age of the Baishantou Member of Wuyun Formation were determined by radiometric dating also, which was mainly made by Suzuki S, one of the authors, et al. (Suzuki et al., 2011).

In 2002, the authors sampled from the rhyolite tuff in the lower part of the Baishantou Member in the Baishantou section (49°17.2′N, 129°32.7′E) nearby the bank of the Heilongjiang River for the radiometric dating work. Suzuki S and Luo K L (Prof. IGI CAS) selected hundreds of the zicon grains for this dating tested by the Kyoto Fission-Track Co. Ltd in Kyoto, Japan. The testing result shows the age as 61.7±1.8Ma (Fission-Track method)(Suzuki et al., 2004).

In 2009, in order to recheck the tuff dating of the Baishantou Member, Suzuki et al. re-studied the dates using the U-Pb method. The result showed the age of the tuff as 64.1±0.7Ma (U-Pb zircon age)(Suzuki et al., 2011). Although the two dates have some difference in age, both the two results support the Baishantou Member as early Paleocene, and probably Danian in age. The results basically agree with those by paleontological studies including the mega-plants and palynoflora (Sun et al., 2002, 2003, 2005; Akhmetiev, 2004; Markevich et al., 2006).

The radiometric dating results of the Baishantou tuff made by Suzuki et al. (2011)as 64.1±0.7Ma and 61.7±1.8Ma both are important achievements for the study of the K-Pg boundary strata in the Jiayin area, and evidenced the Baishantou Member above the K-Pg boundary, is the Danian age.

4.2.3 Paleomagnetics

In order to obtain additional evidence for the study of the K-Pg boundary in the Xiaoheyan (Baishantou) near Wuyun of Jiayin, the paleomagnetic research work of the boreholes XHY-2006 and XHY-2008 was made, headed by Yang H X, one of the authors, and the analysis work was done in his Paleomagnetic Laboratory in Jilin University, in Changchun, China.

To document and check the position of K-Pg boundary in the Xiaoheyan, defined mainly by palynological study, an extensive program of paleomagnetic sampling was carried out in the drilling boreholes in Xiaoheyan of Jiayin during 2006–2008. The samples for paleomagnetic tests were collected from the cores of XHY-2006 and XHY-2008 which are spanning the Maastrichtian and Paleocene intervals. The sampling was made for each 2–5cm length, and more closely near to the position of the possible boundary. The measurement of samples used the DSM-2 Digital Spinner Magnetometer hosted in Jilin University, and every sample was demagnetized for 2mT. Based on the testing results, the histograms of XHY-2006 and XHY-2008 samples show paleomagnetic declination and polarity (Fig.101 left). In correlation with the International Geomagnetic Polarity Time Scale (GPTS; Harland, 1982), the age for the K-Pg boundary is about 65.5±0.3Ma, which is within a reversed interval with magnetochron C29r. The results of the paleomagnetic measurement showed that in the core of XHY-2006, the reversed interval C29r is probably within 22.0–22.35m; while in XHY-2008 the reversed interval C29r probably within 23.22–23.32m. According to the palynological analysis, the K-Pg boundary in the interval 22.0–22.05m (XHY-2006)and the interval 23.05–23.25m (XHY-2008)(Markevich et al., 2011), and compared with the polarity reversal histogram (Fig.101, right), the magnetic samples were within the reversed intervals, in which the K-Pg boundary might be at ca. 22.05m for the XHY-2006 and at ca. 23.25m for the XHY-2008. Besides, other information about the polarity reversal can be determined from this histogram, such as the horizons corresponding to the magnetochrons C29n, C30n and so on.

Another work related to the present paleomagnetic tests was done by Hicks J in 2003 who was joining the field investigative work with the authors in 2003. According to his paleomagnetic analysis, the upper part of the Kundur Formation in the Zeya-Bureja basin has the reversed magnitisation of 33r or 32r (indicating the upper Campanian)and probably the 31r, which might be remarkable for the lower Maastrichtian (pers. comm. by Hicks, 2004). The connective work on the paleomagnetic results from the Kundur Formation with the present paleomagnetic work would be further done in future.

4.2.4 Geochemic characteristics

For analysis of the geochemical features of the interval K-Pg transition strata in the Xiaoheyan near Bishantou of Jiayin, and checking the K-Pg boundary definition, the authors analyzed the samples from the boreholes XHY-2005, 2006 and 2008 for geochemical study which was headed by Ge W C and Akhmetiev M of the authors. During the geochemical work, in the samples collected from the boreholes, the authors did not find any significant anomaly of Iridium (Ir).

In borehole XHY-2006, the authors found a little higher content of Ir (0.226 and 0.2425ng/g) (Table 4) at interval 15.21–16.46m (samples JY-001, 002) which perhaps was connected to the volcanic activity present in the tuff bed of the Baishatou Member (Bed 2, Sun et al., 2002), above the K-Pg boundary. It is of no special significance for the definition of the K-Pg boundary.

In the K-Pg transition interval at Xiaoheyan with the XHY boreholes' samples, the authors found the following major elements in the research samples: SiO_2=58.47%–71.43%, Al_2O_3=15.50%–22.65%, Na_2O=0.16%–1.22%, K_2O/Na_2O=2.55–9.81, MgO=0.45%–0.90% (Table 5). The major elements in different samples vary widely and Al_2O_3 content is high in most samples because they are rich in feldspar and clay minerals. Concerning the geochemical characteristics of REE and trace elements, the sedimentary rocks have a relatively high content of ΣREE (59.8×10^{-6}–624×10^{-6}), with weak Eu negative and no Ce anomaly. The fraction of REE is relatively obvious, the ratio of La/Yb is between 5.4 and 12.7. The fraction of LREE is moderate, and La/Sm is from 2.33 to 5.05. The fraction of HREE is relatively low, and Gd/Yb is from 0.97 to 2.46. The normalized REE curve has a right-deviation, LREE is relatively rich and HREE is relative deficit, and the HREE curve is gently. As seen from the elemental data and normalized curve, every sample curve varies regularly. Ba and Sr are large-ion lithophile elements are in deficit, samples are rich in Rb and Th, and HFS elements of La, Ce, Nd, Zr and Hf show positive anomalies. The trace element web curves of samples in the formation are basically similar, which shows a genetic relationship to the source material. Table 4 shows the content of PGE element. The abundance of Ru is from 0.0097 to 0.196ng/g, Rh is from 0.0095 to 0.029ng/g, Pd is from 0.2435 to 0.6ng/g, Ir is from 0.012 to 0.066ng/g. Seen from the abundance of PGE element (Table 4) and the variation figure of the plot of PGE element with depth (Fig.102), which is suggested that the change of elemental abundance of the samples is minor, and has no anomalies. Even Ir has no obvious change, and sample JY006, which is located near the former tentative boundary line, has no anomalies.

4.2.5 Definition of the K-Pg boundary in Jiayin

The definition of Cretaceous-Paleogene (K-Pg) boundary is the most important achievement made by the authors on the stratigraphy of the Jiayin area along the Heilongjiang (Amur) River. This was a cooperative study that required the last ten years (2002–2011) to complete. Focusing on palynology, the authors also applied the synthetic method to carry our study forward. This included paleomagnetic, geochemical and other related studies for providing important documentary data also. In this study, the authors have made the definition of the K-Pg boundary in Xiaoheyan of Jiayin based upon the cores from the boreholes, that are represented by borehole XHY-2006, and within the interval of 22.00–22.05m as the K-Pg boundary. This Jiayin K-Pg boundary is the most extensively documented non-marine K-Pg boundary in China, and should be recognized as one of the important K-Pg boundary points in the world. This new achievement should promote further study on the K-Pg boundary in Northeast Asia, even the world. Although we have gained such important and good results, it is still necessary to do more work for improving and supplementary support of the K-Pg boundary in Jiayin.

Nichols D(2006, pers comm.)proposed the criteria for evaluating the non-marine K-Pg boundary using the following preconditions, which include (1)the "ferns-spike" expressed, (2)the sample intervals as narrow (thin)as possible, (3)presence of an iridium (Ir)anomaly, and (4)the presence of shock-metamorphosed minerals, etc. However, the above-mentioned "preconditions" can usually be used for the extraterrestrial impact origin for the K-Pg boundary, which generally is not suitable for the normal non-marine conditions of the K-Pg boundary without the impact. Considering these criteria proposed by Nichols, the non-marine K-Pg boundary in Jiayin has the characters of the "fern-spike" known for the K-Pg interval in borehole XHY-2005 of Jiayin (Markevich et al., 2011). On the other hand, since the non-marine K-T boundary in Jiayin has no other impact evidence, the reason for the K-Pg boundary events observed here should be explained by another explanation. This explanation should meet similar situations to those in the whole Northeast Asia.

4.3 Raise monuments to commemorate the K-Pg boundary in Jiayin

In order to celebrate the establishment of the first non-marine K-Pg boundary in China, hundreds of experts came from the US, Russia, Germany, UK, France, Japan, Korea, Australia, Mongolia, Thailand, India, Israel, Brazil and China, got together on August 21–24, 2011, in Yichun and Jiayin to attend the "International Symposium on Geology and Paleontology in Yichun" and the "Ceremony for the definition of the K-Pg boundary in Jiayin". This celebration was organized by the Yichun Government, Bureau of Land & Resources of Heilongjiang, Jilin University and Shenyang Normal University, assisted by GSC and PSC. The experts at home and abroad, including the authors, witnessed the definition of K-Pg boundary on the Xiaoheyan of Jiayin (Figs.105, 106). The ceremony was warm and cheerful. Deputy Mayor of Yichun City Cheng H S represented the government, Director of Yichun Bureau of Land & Resources of Heilongjiang, Wu, L. and a great number of people gathered to congratulate the success of the K-Pg boundary research in Jiayin. American Academician Dilcher D L, Russian Academy Corresponding Member Akhmetiev M, Russian Academy of Natural Sciences Member Krassilov V A, and Vice President of International Commission on Stratigraphy, Prof. Peng S C attended the ceremony.

On this day, August 24, 2011, many people put on their holiday clothes, full of joy and passion, were not only proud of the finding of the dinosaur *Mandchurosaurus* in Jiayin over a hundred years ago, prompting Jiayin becoming the first place in China where dinosaurs were found, but also proud that in recent years, a lot of scientists seeking the mysterious extinction of the dinosaurs came here for their researches. Now in Jiayin is found the K-Pg boundary that is recognized as an international standard. This special distinction should add to the distinction and honor for "China's dinosaur hometown"–Jiayin.

Because of Jiayin, the "first and the last" of the dinosaurs are well-known in the world. This combined with the advantages of their location between the frontier of China and Russia, the "Dinosaur Museum of Jiayin "which occupies 10,000m^2 and the National Geological Park" have become hotspots for travelers. In order to respect science and eminent scientists, the Jiayin County Government made bronze statues for 24 domestic and foreign experts in 2006, who made significant contributions for the development of Jiayin and Heilongjiang geology. These statues are placed along the length of a model of a dinosaur skeleton which is more than 30m long in the National Geological Park. These bronze statues are life-like and demonstrate the love and affection for the scientists and their scientific findings. The bronze statues in Jiayin and the K-Pg boundary monument stones in Xiaoheyan of Jiayin, are like shining pearls that reflect the brilliance of Jiayin to the world (Fig.107).

Chapter 5 Extinction of dinosaurs

The extinction at the interval of Cretaceous-Paleogene, represented by the extinction of the dinosaurs, is the latest mass extinction on the Earth history. The extinction left many questions, such as "is extraterrestrial impact related to the extinction of dinosaurs"? "Did the dinosaurs die out before the K-Pg extinction"? "If the dinosuar extinction is related with the impact, did same affects of the impact occurr everywhere in the world"? "Did the dinoasur mass extinction mean that they all died at the same time"? "Did the vocanism of the Deccan Plateau influence Northeast Asia"? All these questions challenged the authors to find answers to them. The occurrence and disppearance of the Late Cretaceous dinosaurs in Jiayin of Heilongjiang and its adjacent areas, also left many questions for us to consideration.

In fact, in June and May of 1980, there were two papers on the extraterrestrial impact on Earth, published by Alvarez et al., and Smit et al., respectively in the journals of American *Science* and British *Nature*. Alvarez et al. (1980) reported the Iridium anomaly occurred at the interval of the K-Pg boundary, while Smit et al. (1980) reported meteorite spherulites found also in the K-Pg boundary sediments. They both suggested an extraterrestrial bolide impact event caused the extinction of the dinoasurs. Not long after, in Chicxulub of Yucatan Peninsula, Mexico, a crater 30m deep and 180km in the diameter, was found, which had supported the "impact hypothesis", also.

However, some scientists, such as Keller G, McLean D M, etc., have argued against the "impact hypothesis", and proposed that the super volcanic eruptions of Indian Deccan Plateau might be the main reason for the extionction of dinoasurs on a global scale (Keller, 2011; McLean, 1985).

On the other hand, even in North America, there are only 44 sites identified where there is evidenced for the extraterrestrial impact among the 85 sites known with sediments of the K-Pg boundary (Nichols 2007 pers. comm.). Moreover, some scientists have proposed other ideas on the reason of the extinction of the dinoasurs, e.g. the sea level lowering (Haq, 1987), climatic cooling (Akhmetiev, 2004), etc.

However this evidence and data are mainly coming from North America, Europe and South Asia. We know almost nothing of what happened in Jiayin and its adjacent areas during the K-Pg boundary interval time What is the real reason for the dinosaur extinctions, especially in the Northeast Asia?

5.1 The rise and fall of dinosaurs in Jiayin

So far the dinosaurs have been found in Late Cretaceous sediments in Jiayin and in its adjacent areas, contain at least 10 taxa, including 9 taxa of hadrosauridae and one taxon of tyrannosauridae. Hadrosaurinae with no crest on the skull, consists of *Mandschurosaurus amurensis* Riabinin, *Kerberosaurus manakini* Bolotsky et Godefroit, *Kundurosaurus nagornyi* Godfroit et al., and *Wulagasaurus dongi* God. et al.; while Lambeosaurinae with crest on the skull, consists of *Charonosaurus jiayinensis* God. et al., *Sahaliyania elunchunorum* God. et al., *Amurosaurus riabinini* Bolotsky et Kurzanov, and *Olorotitan arharensis* God. et al. Tyrannosaurid includes only the teeth found which may belong to diffferent taxa (Bolotsky, 2013; Lv & Han, 2011).

Jiayinosauropis and dinosaur bone fossils (Fig.117) were found in the Late Cretaceous Santonian Yong'ancun Formation in Jiayin, which demonstrates that the dinosaur fauna was prosperous in Jiayin during the middle Late Cretaceous time. Since the early Maastrichtian of Late Cretaceous, the dinosaurs in Jiayin were more numerous than before, especially for the herbivorous hadrosaurid dinosaurs. During the early-mid Maastrichtian, the diversity of dinosaurs in Jiayin area reached a peak (Figs.60, 109). During the early-mid Maastrichtian, Jiayin and its adjacent areas, with only 300–400km long by 50–60km wide in size, could accommodate so many dinosaurs, diverse and abundant, which shows that the paleoclimate and paleoevironment were favorable for the dinosaurs living and reproducing. On the other hand, in the early-mid Maastrichtian in Jiayin and its neighboring areas, more than 95% of dinosaurs were herbivorous hadrosaurids, which implies that here must have been abundant plants including forests, and the climate should have been warm and humid. However, by the end of Late Cretaceous, i.e. the late Maastrichtian time, in the Furao Formation, so far, we have not found any trace of the dinosaurs. Thus, it could be considered that either they had migrated on a large scale to other places, or the dinosaurs died out before the K-Pg boundary (ca. 66Ma).

If there were migrations, the North America should be considered first, since there are close relationships between the Jiayin dinosaur group and the North American group during the Late Cretaceous period. However, the Jiayin area Maastrichtian dinosaur group are completely different from those of the coeval Lancian faunas from western North America. The Lancian Ceratopsian herbivorous dinosaurs, represented by *Triceratops, Torosaurus* and *Leptoceratops* (Russell & Manabe, 2002) and usually its Hadrosauridae represented by *Edmontosaurus* and *Anatotitan*, and the Lambeosaurinae apparently disappeared from western North America by the late Maastrichtian time. While, in the Jiayin area the dinosaurs were dominated by the Lambeosaurinae, with no Ceratopsians and *Ti-*

tanosaurs (Godefroit et al., 2011). The difference indicated that in the Maastrichtian and at least in the late Maastrichtian, there was biogeographic isolation between NE Asia and westerm North America, or it was caused by different climate or environment. Markevich (2001a) believed that the Jiayin Maastrichtian dinosaurs like to live in fluvial-lacustrine environments under a warm temperate climate which was seasonally dry. While the North American Lance dinosaur fauna liked living in the uniform coastal lowlands and alluvial plains. In any case, there were no migrations between the two regions at this time (Godefroit et al., 2011).

However, did any migration from North America to Jiayin or communication exist? The answer is yes, but the migration time may be earlier. For example, *Wulagasaurus* is very likely to be a *Gryposaurus* sister group in North America, which first appeared since ca. 80Ma (equal to early-mid Campanian). *Kerberosaurus* lived in the late Campanian or earlier in the west of North America, moved to NE Asia in the Campanian or the beginning of Maastrichtian. Thus it can be speculated that many dinosaurs might have migrated from east to west in the Campanian or to the beginning of Maastrichtian, and crossed the Bering Strait (Godefroit et al., 2011).

5.2 "Extraterrestrial impact" and "Iridium anomaly"

The K-Pg boundary clay layer usually contains a high anomaly of Iridium (Ir), which has been widely considered as one of the evidences of the extraterrestrial impact, and associated with the extinction of the dinosaurs which was caused by the extraterrestrial bolide. However, for more than ten years the authors have not found the "Ir anomaly" in the studied area of the K-Pg boundary in Jiayin and its adjacent areas. The authors believe that the K-Pg boundary forming 66Ma ago was produced in a different bio-/geo- background than the "impact hypothesis".

In the authors's research in Jiayin, we used an integrated method, including paleontology, stratigraphy, paleomagnetics and geochemistry. By the geochemical study, we studied in detail on the contents of Iridium (Ir), in every beds of the three drilling boreholes (XHY-2005, 2006, 2008). The strata near the K-Pg boundary contain sandstone and mudstone, we have not seen any significant high anomaly of Iridium (Ir) or the thin clay layer with 2–3cm thick containing the extraterrestrial substances (Sun et al., 2011). However, we have found the apparent paleontological changes in, above and below of the K-Pg boundary (see Chapter 4)(Fig.111).

In fact, the Iridium anomaly is a common geological phenomenon, and its formation has a variety of reasons. One of the important reasons is volcanic activity which can also cause anomaly of the Iridium (Ir). Usually the Ir content in the Earth crust is no more than 0.1ppm (ng/g) (Chen et al., 2009), and the Ir content in some dinosaur bones may be more than 6–9 times higher than the Clark value of Iridium in the Earth crust. The Iridium anomaly brought by the volcanic activity or the volcanic ash usually is hundreds, even thousands times more than the normal content (Clark value), but the reason is not the extraterrestrial impact (Akhmetiev, 2004). From the authors' geochemical analysis results on the strata nearby the K-Pg boundary in Xiaoheyan of Jiayin, there are two Iridium contents in the samples of JY-001 and JY-002 appeared 0.226ng/g and 0.2425ng/g which are some higher than the normal value (see Chapter 4.2.4, Table 5), but the two high values may relate to the rhyolitic tuff (volcanic activity) above the K-Pg boundary, rather than those of an "extraterrestrial impact".

5.3 The discussion on the extinction of dinosaurs in Jiayin and Northeast Asia

Since Alvarez et al. reported on the Ir anomaly and other extraterrestrial material, occurred on Earth at the K-Pg boundary and they proposed the "Impact hypothesis" which caused the extinction of the dinosaurs in the world (Alvarez et al.,1980; Smit et al.,1980), scientists have argued about this for more than 30 years. Some scientists have considered the extinction of dinosaurs might be caused by the volcanic activities such as the Indian super volcanic eruptions of Deccan Plateau, which influences were global in scale (Keller et al., 2011; McLean, 1985); some scientists from the US even suspected that the dinosaurs might be extinct before the K-Pg boundary time (Pearson et al., 2002).

The volcanic distribution area in the Deccan Plateau in India is about $1.5\times10^6km^2$, in which the lava area currently able to be directly observed, is about $512,000km^2$. Its most powerful eruptions in the latest Cretaceous, about 67.4–66Ma, and the volcanic eruptions had continued at least for 30,000 years. By study of the drilling borehole rocks, Keller G and other researchers found that the Deccan Plateau was formed by strong volcanic eruption events at least for four times, in which about 67.4Ma ago the large eruption started, and the lava overflowed and released toxic gases, the last being about 1.4Ma, earlier than the K-Pg boundary time. As the lava flowed time and time again, fewer and fewer creatures can survive from the disaster, including the final extinction of dinosaurs. Keller et al. (2011) believe that the volcanic eruptions released toxins and carbon which caused climate change, acid rain falling, the marine dead zones spread, with influences to the Earth not suitable for most of the living things, which is the mechanism for the extinction of the dinosaurs (Newitz, 2013).

In Jiayin and the Northeast Asia region, the large volcanic activities in the Late Cretaceous have been recorded for several times (Wan et al., 2013; Wang et al., 2009). Akhmetiev M, one of the authors, believed that during the Late Cretaceous to Paleocene there were larger volcanic activities at least for 5 times in the NE Asian region which might influence the Zeya-Bureya areas including Jiayin (Akhmetiev, 2004)(Table 10).

According to the study of Late Cretaceous volcanic activity in the Songliao basin near Jiayian, made by Wang P J (Prof. Jilin Univ.), Wan X Q (Prof. China Univ. Geosci. in Beijing), et al., the Late Cretaceous volcanic activity can be divided into three stages, including the Qingshankou stage (88.0Ma), the Nenjiang stage (82.2–83.7Ma) and the Mingshui stage (70.2Ma). According to the drilling data in the Songliao basin, the volcanic rocks and activity time are briefly introduced as follows:

(1) Qingshankou stage of volcanic activity: shown by volcanic beds in the Qingshankou Forma-

Table 10 Sketch table showing the volcanic activities in Zeya-Bureya and Jiayin during Late Cretaceous-Paleocene (after Akmetiev, 2004)

Formation / Region / Stage		Russia Zeya-Bureya Basin			China Jiayin of Heilongjiang		Volcanic events
Danian	U	Tsagayan Group	Upper Tsagayan Fm.	Kivda coal-bearing beds 20–25m	Wuyun Fm.	Coal-bearing Member 18m	
	L			60–100m		Baishantou Member >25m	
Maastrichtian	U		Middle Tsagayan Fm. 70–150m		Furao Fm. 300m		
	M		Lower Tsagayan Fm. (Main dinosaur horizon) 100–230m		Yuliangzi Fm. (Main dinosaur horizon) 300m		
	L						
Campanian		Boguchan Fm.	Upper Zavitin Fm.		Taipinglingchang Fm. 630m		
Santonian		Kundur Fm.			Yong'ancun Fm. >970m		
Coniacian					?		
Turonian		>45m	50–230m				
Cenomanian		Lower Zavitin Fm.					

tion, about 191m thick, aged in ca. 88.0±0.3Ma ($^{40}Ar/^{39}Ar$ method), belonging to the middle Late Cretaceous, Coniacian (Wang et al., 1996). Along the volcanic belt, basalt was found also.

(2) Nenjiang stage of volcanic activity: recorded by 11 volcanic beds in the Nenjiang Formation, with 10cm thick for each bed in maximum (Gao et al., 2011), aged in 82.2–83.7Ma (He et al., 2012; Deng et al., 2012), showing frequent volcanic activity in this stage.

(3) Mingshui stage of volcanic activity: shown by 2 volcanic beds in the Mingshui Formation, with 0.18cm thick for each in maximum, and the two volcanic beds separated only for 0.8m; aged in 70.2Ma, belonging to the Late Cretaceous Maastrichtian (Wan et al., 2013).

About the volcanic activity in Jiayin area, the authors have also found layers of volcanic materials in the late Maastrichtian Furao Formation in the Xiaoheyan XHY-2005 borehole at depths of 34m, 38m, 44m, and 48m, respectively. This fact indicates that during the latest Maastrichtian time at the end of Late Cretaceous, there was frequent volcanic activity in Jiayin.

Based on this, the authors have considered that the late Late Cretaceous volcanic activity in Jiayin and its adjacent area, together with the possible influences of the Deccan volcanic activity on the marginal Pacific Ocean region, may be the main cause for the extinction of the dinosaurs. In Jiayin and its neighborig area the effect of sea-level lowering in the global scale and the climatic change brought about by cooling events, can not be excluded. During the late Maastrichtian the global sea level declined as much as 100–130m (Haq et al., 1987), ground erosion increased, climate cooling and terrestrial rising, possibly influened the paleoecosystems of Jiayin and its neighboring areas as well. All of the factors including the volcanic activities, sea level change and the possible cooling of climate, might have caused the plant to slow their growth and/or die. This would exhauste the food source for the dinosaurs, thus the extinction of dinisaurs was an inevitable out come (Akhmetiev, 2004; Sun et al., 2011).

It should be mentioned that even in the North America the reasons for the dinosaur extinctions has continued to be argued for a long time. In North America, in the Maasterichtian Hell Creek Formation, the highest dinosaur-bearing horizon is located at 10m below the K-Pg boundary; and in this formation there are at least three layers of volcanic tuff found (Murphy et al., 2002). In southwestern North Dakota the highest dinosaur-bearing strata are more than 3m below the K-Pg boundary (Nichols & Johnson, 2002). That means that the dinosaurs were not found in the boundary interval of 3–10m in thickness. Some Americans experienced in the study of the K-Pg boundary, still discuss the "*10 foot gap*" of the highest dinosaur-bearing beds under the K-Pg boundary, and suggested the "gap" implied that the dinosaurs were already extinct before the K-Pg boundary (Pearson et al., 2012).

In China, from the drilling boreholes of the Xiaoheyan of Jiayin, e.g. of the XHY-2005, in the beds for more than 75m thick which are just under the K-Pg boundary, and there have not been found any dinosaurs (Sun et al., 2011). This brings some questions that (1)either due to a possible reason of the Furao Formation deposits mainly with lacustrine facies not favorable for the preservation of dinosaur fossils in the Jiayin area, or the collecting work has been not enough, thus caused no dinosaur found; (2)or the dinosaur died out in Jiayin before the K-Pg boudanry. However, in any case we can not explain the formation of the K-Pg boundary and the extinction of the dinosaurs as being caused by an "extraterrestrial impact".

According to the International Stratigraphic Chart (ISC, 2008)(Zhang et al., 2009), the age of the lower boundary of the Maastrichtian is about 70.6Ma, while the top boundary age of the Maastrichtian we can use is 66.0Ma (Renne et al., 2013). Thus the Maastrichtian stage spans the time as about 4.6Ma. If we count on average for the early, middle, and late parts of the Maastrichtian stage, the late Maastrichtian's span is about 1.53Ma. Taking the late Maastrichtian Furao Formation of Jiayin as an example, we refer to the sedimentary facies and age of Furao Formation compared with the Mingshui Formation of Songliao basin. The Mingshui Formation is about 460m in thickness (780–320m in the Songke Well No. Ⅰ), the time span is about 6.7Ma (i.e. 72.2–65.5Ma) (Wan et al., 2013). Thus the sedimentary speed could be counted as 70m/Ma. Referring this, due to the 75.0m (about 95.0 minus 20.0m)thick of the beds of the Furao Formation, it is over 1.36Ma as the "gap" with no dinosaur found. However, since we have found a huge number of dinosaurs in the early-middle Maastrichtian Yuliangzi Formation underlying the late Maastrichtian Furao Formation, it is reasonable to think about the dinosaur extinction in Jiayin possibly as earlier than the K-Pg boundary for about 1.36Ma. Compared with the Indian Deccan eruptions began from 67.4Ma with about 1.4Ma earlier than the K-Pg boundary, this amazing coincidence would bring a bold assumption to mind. That is, if the dinosaurs can not still be found in the late Maastrichtian Furao Formation in the future, it would be not excluded that the extinctions of the dinosaurs in Jiayin and its adjacent areas may be earlier than the K-Pg boundary for 1.36Ma even less. Of course, it also can not be excluded, that the dinosaurs in Jiayin, China and even the whole of NE Asia died out earlier than those in the western North America during the late Maastrichtian, but the extinction of the dinosaurs in North America may still be earlier than the K-Pg boundary. If account for the "*10 foot gap*" of the highest dinosaur-bearing beds under the K-Pg boundary, proposed by the American scientists (Archibald, 1996, see Pearson et al., 2002), the "*10 foot*" is about 3.5m, referring the sedimentary speed as 70m/Ma mentioned above, the gap is spanning about 43 thousand years. That means the dinosaur extinctions in the western North America at least earlier than the K-Pg boundary for 43 thousand years even more. The fact implies that before the K-Pg boundary or the "extraterrestrial impact event" the dinosaur would be extinct already in all of the world, especially in the Northeast Asia region including Jiayin. Using the "extraterrestrial impact" to explain the extinction of dinosaurs is still questionable.

In short, facing so many hypotheses on the extinction of dinosaurs, we should consider thoughtfully the complexity, diversity and regional characteristics of the Cretaceous-Paleogene transitional bio-/geo-event. "The world is diverse, with a single model, theory or point of view it is difficult to interpret the intricate and complex and diverse mining Bean, that is the living world" as mentioned by Rong J Y(Acadenician, CAS, NIGPAS) et al. (Rong & Fang, 2004).

Acknowledgement

The research work of this book has received the supports from the Special Project "Establishment of Stratotypes of China–Improvements on Stratigraphic Chart of China" for Basal Scientific and Technological Research, MOST, China (No. SQ2015FY3340051), the Key International Cooperative Project of NSFC, China (No. 3022130698), Geosciences Division Director Fund of NSFC (No. 40842002), and Project for Geological Investigation of Bureau of Land & Resources, Heilongjiang Province, China. The research work received also the supports from the Key-Lab for Evolution of Past Life & Environment in NE Asia, MOEC, the Project "111" of China, and the Key-Lab for Evolution of Past Life in NE Asia, MLRC, China. The authors would express their heartfelt thanks to these kind supports.

The field and laboratory work involved in the book study have got the strong support and taking part of all the colleagues of the international research team, particularly advised by Prof. Johnson K (Director of Smithsonian National Natural History Museum, US), Dr. Nichols D (U.S Geological Survey in Denver, deceased), Prof. Okada H (Kyushu Univ., Japan); and joined by Prof. Roisenberg A (Univ. Rio Grande do Sul, Brazil), Prof. Herman A (Geol. Inst., RAS, Russia), Prof. Luo K L(IGNRR, CAS, China), Prof. Zhang S Q (Jilin Univ., China), Dr. Wu W H (JU, Fig.114), and Bolotsky I (Amur Inst. Nat. Man., RAS, Russia), etc.

Some colleagues kindly helped the research work related, including Dr. Terada K(Fukui Pref. Dinosaur Museum, Japan) chairing the research work on fossil wood for this book; Prof. Zhang L J (Shenyang Inst. Geol. Min. Res./SNU)finishing the research of fossil ostracods; Prof. Sha J G (NIGPAS)identifying the fossil bivalves;Prof. Li G (NIGPAS)providing the photos of the Cretaceous conchostracans; Prof. Wang P J (JU)advising the volcanic study; Dr. Bian W H (JU)helping in sending geochemical data; and Ms. Wu S Z (SNU)assisting part of English translation work.

The drilling engineering work was carried out by the 6th Geological Exploration Institution of Heilongjiang (Fig.115). The field work received strong support from the Bureau of Land & Resource of Heilongjaing Province, Yichun Government, and Jiayin County Government.

The authors would specially thank Directors Xu F H, and Sun Gang, and Vice-Directors Xu F P and Chen J J (Bureau of Land & Resource of Heilongjaing), Prof. Liu T J (BLRH); Prof. Zhang S F (Geological Survey No.1, Heilongjiang); Xing Y L, Wang Y R, Cui B, Dong H M, and Hai S L(Geological Museum of Heilongjiang); Wu L G, Ji X K, Fang Y G, and Sun Q H (Bureau of Land & Resource of Yichun City); Cao X S and Li L S (6th Geological Exploration Institution of Heilongjiang); Huang S W, Jin D R, Sun Z L, Qi F H (Jiayin County Government); Wang Y Y, and Zhang L (Jiayin Dinosaur Museum); Li C T, Li L, Chen F and Liang F (JU); Cao C R, et al. (SNU)for their kind supports and help to the authors' research work for many years.

The authors would also sincerely thank Academicians Li T D and Liu J Q (CAS)and Prof. Wang Y D (NIGPAS)for their supports for the book publishing. Many thanks to the support of Shanghai Publishing Funds for Sci. Techn. Monographs, and to Wang S P, Bian Y L, Wu H L and Tang S L (Shanghai Sci. Techn. Educ. Press)for their kind supports and edition work for this book. Thanks would be extended to He J Y and Wang W S (SNU) for their assistance in the book cover designing.

参考文献 Reference

曹流,王鑫甫. 1999. 嘉荫渔亮子组槐叶苹科*Ariadnaesporites*异孢及其意义. 微体古生物学报,16(1):50-53

Cao L, Wang X F. 1999. Heterospores of the genus *Ariadnaesporites* (Salviniaceae)from the Late Creatceous, Heilongjiang. *Acta Micropalaeontologica Sinica*, 16(1): 50-53

陈丕基,施泽龙,叶宁等. 1998. 松花江生物群与东北白垩系地层序列. 古生物学报,37(3):380-385

Chen P J, Shi Z L, Ye N, et al. 1998. Songari biota and Cretaceous stratigraphic sequence of the NE China. *Acta Palaeontologica Sinica*, 37(3): 380-385

陈丕基,万晓樵,姜剑虹等. 2004. 富饶阶地表地层剖面. 地层学杂志,28(2):97-103

Chen P J, Wan X Q, Jiang J H, et al. 2004. Searching for the stratotype of the Furaoan stage in Heilongjiang Province, Northeast China. *Journal of Stratigraphy*, 28(2): 97-103

董枝明. 2009. 亚洲恐龙. 昆明:云南科技出版社,1-287

Dong Z M. 2009. Dinosaur in Asia. Kunming: Yunnan Science & Technology Press, 1-287

董枝明,周忠立,伍少远. 2003. 记黑龙江畔一鸭嘴龙足印化石. 古脊椎动物学报,41(4):324-326

Dong Z M, Zhou Z L, Wu S Y. 2003. Note on a Hadrosaur footprint from Heilongjiang River area of China. *Vertebrata Palasiatica*, 41(4): 324-326

冯广平,王宇飞,李承森. 2000. 黑龙江省嘉荫地区乌云组地质时代的商榷. 植物学通报,17(增刊):74-83

Feng G P, Wang Y F, Li C S. 2000. Reconsideration of the geological age of the Wuyun Formation, Heilongjiang Province, China. *Chinese Bulletin of Botany*, 17(Sup.): 74-83

高瑞琪,赵传本,乔秀云等. 1999. 松辽盆地白垩纪石油地层孢粉学. 北京:地质出版社,1-373

Gao R Q, Zhao C B, Qiao X Y, et al. 1999. Cretaceous oil strata palynology from Songliao basin. Beijing: Geological Publishing House, 1-373

高有峰,王璞珺,程日辉等. 2011. 松辽盆地松科1井上白垩统嫩江组一、二段沉积序列厘米级精细刻画:岩性·岩相·旋回. 地学前缘,18(6):195-217

Gao Y F, Wang P J, Cheng R H, et al. 2011. Centimeter-scale sedimentary sequence description of Upper Cretaceous Nenjiang Formation (lower numbers 1 & 2): Lithostratigraphy, facies and cyclostratigraphy, based on the scientific drilling (SK1)borehole in the Songliao Basin. *Earth Science Frontiers*, 18(6): 195-217

郭双兴. 1986. 我国及北半球白垩纪植物群面貌和演变. 古生物学报,25(1):31-45

Guo S X. 1986. Cretaceous Flora features and evolution from China and the Northern hemisphere. *Acta Palaeontologica Sinica*, 25(1): 31-45

黑龙江省地质矿产局. 1993. 黑龙江省地质志. 北京:地质出版社,1-734

BGMRH. 1993. Regional geology of Heilongjiang Province. Beijing: Geological Pbulishing House, 1-734

李罡,陈丕基,万晓樵等. 2004. 嫩江阶底界层型剖面研究. 地层学杂志,28(4):297-299,335

Li G, Chen P J, Wan X Q, et al. 2004. Stratotype of the basal boundary of the Nenjiang Stage, Cretaceous. *Journal of Stratigraphy*, 28(4): 297-299, 335

李献华,李武显,陈丕基等. 2004. 黑龙江富饶组上段凝灰岩的SHRIMP锆石U-Pb年龄:一个最接近白垩系—第三系界线的年龄. 科学通报,49(8):816-818

Li X H, Li W X, Chen P J, et al. 2004. A SHRIMP U-Pb zircon dating result most close to the K/T boundary from the tuff of the upper member of Furao Formation in Heilongjiang. *Chinese Science Bulletin*, 49(8): 816-818

李蔚荣. 1986. 黑龙江省嘉荫地区晚白垩世地层. 中国区域地质,28-36

Li W R. 1986. Late Cretaceous Strata in the Jiayin Area, Heilongjiang Province. *Regional Geology of China*, 28-36

刘牧灵. 1990. 东北地区晚白垩世—第三纪孢粉组合序列. 地层学杂志,14(4):277-285

Liu M L. 1990. Upper Cretaceous and Tertiary palyno-assemblage sequences in Northeast China. *Journal of Stratigraphy*, 14(4): 277-285

罗玉兴,张志诚,李蔚荣. 1983. 黑龙江嘉荫—逊克地区晚中生代和第三纪地层. 地层学杂志,7(3): 169-183

Luo Y X, Zhang Z C, Li W R. 1983. Late Mesozoic and Paleogene strata of Jiayin-Xunke areas of Heilongjiang. *Stratigraphy*, 7(3): 169-183

苗雨雁. 2000. 黑龙江省嘉荫县晚白垩世渔亮子组及所产鸭嘴龙类化石特征. 黑龙江地质,11(2):1-8

Miao Y Y. 2000. Hadrosauridae fossils in the Late Cretaceous Yulinagzi Formation, Jiayin County, Heilongjiang Province. *Heilongjiang Geology*, 11(2): 1-8

全成,张林. 2005. 黑龙江嘉荫地区古近纪早期古气候分析. 地质论评,51(1):10-15

Quan C, Zhang L. 2005. An analysis of the Early Paleogene climate of the Jiayin area, Heilongjiang Province. *Geological Re-*

view, 51(1): 10–15

戎嘉余,方宗杰. 2004. 生物大灭绝与复苏:来自华南古生代和三叠纪的证据. 合肥:中国科学技术大学出版社,1–1559

Rong J Y, Fang Z J. 2004. Mass Extinction and Recovery: Evidences from the Palaeozoic and Triassic of South China. Hefei: Press of USCT, 1–1559

孙革. 1987. 论中国晚三叠世植物地理分区及古植物分区原则. 地质学报,61(1):1–9

Sun G. 1987. Geographic regionalization of Late Triassic geofloras in China and principles for palaeophytogeographic division. *Acta Geologica Sinica*, 61(1): 1–9

孙革,曹正尧,李浩敏等. 1995. 见:李星学(主编). 中国地质时期植物群. 广州:广州科技出版社,310–344

Sun G, Cao Z Y, Li H M, et al. 1995. *In*: Li X X (eds). Fossil floras of China through the Geological Ages. Guangzhou: Guangdong Science & Technology Press, 310–344

孙革,全成,孙春林等,2005. 黑龙江嘉荫乌云组地层划分及时代的新认识. 吉林大学学报(地球科学版),35(2):137–142

Sun G, Quan C, Sun C L, et al. 2005. Some new knowledge on subdivisions and age of Wuyun Formation in Jiayin of Heilongjiang, China. *Journal of Jilin University* (*Earth Science Edition*), 35(2): 137–142

陶君容. 2000. 中国晚白垩世至新生代植物区系发展演变. 北京:科学出版社,1–282

Tao J R. 2000. The evolution of the Late Createceous-Cenozoic floras in China. Beijing: Sciences Press, 1–282

陶君容,熊宪政. 1986a. 黑龙江晚白垩世植物区系及东亚北美区系关系(1). 植物分类学报,24(1):1–15

Tao J R, Xiong X Z. 1986a. The Latest Cretaceous flora of Heilongjiang Province and the floristic relationship between East Asia and North America(1). *Acta Phytotaxonomica Sinica*, 24(1): 1–15

陶君容,熊宪政. 1986b. 黑龙江晚白垩世植物区系及东亚北美区系关系(2). 植物分类学报,24(2):121–135

Tao J R, Xiong X Z. 1986b. The Latest Cretaceous flora of Heilongjiang Province and the floristic relationship between East Asia and North America(2). *Acta Phytotaxonomica Sinica*, 24(2): 121–135

童永生,李曼英,李茜. 2002. 广东南雄盆地白垩系—古近系界线. 地质通报,21(10):668–674

Tong Y S, Li M Y, Li Q. 2002. The Cretaceous-Paleogene boundary in the Nanxiong basin, Guangdong Province. *Geologcial Bulletin of China*, 21(10): 668–674

席党鹏,万晓樵,冯志强等. 2010. 松辽盆地晚白垩世有孔虫的发现:来自松科1井湖海沟通的证据. 科学通报,35: 3433–3436

Xi D P, Wan X Q, Feng Z Q, et al. 2010. Discovery of Late Cretaceous foraminifera in the Songliao Basin: Evidence from SK-1 and implications for identigying seawater incursions. *Chinese Science Bulletin*, 35: 3433–3436

熊宪政. 1986. 黑龙江嘉荫古新世乌云组植物化石. 古生物学报,25(5):571–576

Xiong X Z. 1986. Palaeocene flora from the Wuyun Formation in Jiayin of Heilongjiang. *Acta Palaeontologica Sinica*, 25(5): 571–576

王国栋,程日辉,王璞珺等. 2010. 松辽盆地青山口组震积岩的特征、成因及其构造—火山事件. 岩石学报,26(1):121–129

Wang G D, Cheng R H, Wang P J, et al. 2010. Coniacian seismites: Structure, sequence and volcanogenic origin of Qingshankou Formation in the Cretaceous Songliao Basin. *Acta Petrologica Sinica*, 26(1): 121–129

王璞珺,高有峰,程日辉等. 2009. 松科1井南孔白垩系青山口组二、三段沉积序列精细描述:岩石地层、沉积相与旋回地层. 地学前缘,16(2):288–313

Wang P J, Gao Y F, Cheng R H, et al. 2009. Description of Cretaceous sedimentary sequence of the second and third member of the Qingshankou Formation recovered by CCSD-SK-1s borehole in Songliao Basin: Lithostratigraphy, sedimentary facies and cyclic stratigraphy. *Earth Science Frontiers*, 16(2): 288–313

王鑫甫,曹流. 1999. 黑龙江嘉荫晚白垩世渔亮子组孢粉地层研究. 微体古生物学报,16(2):190–194

Wang X F, Cao L. 1999. Palyno-stratigraphic study of the Upper Cretaceous Yuliangzi Formation, Jiayin, Heilongjiang. *Acta Micropalaeontologica Sinica*, 16(2): 190–194

吴文昊,Godefroit P, 韩建新. 2010. 黑龙江嘉荫晚白垩世一鸭嘴龙亚科恐龙齿骨化石. 世界地质, 29(1): 1–5

Wu W H, Godefroit P, Han J X. 2010. A hadrosaurine dentary from Upper Cretaceous of Jiayin, Heilongjiang. *Global Geology*, 29(1): 1–5

邢玉玲,于庭相,董会明. 1994. 黑龙江省嘉荫县恐龙化石产地及历史研究. 黑龙江地质. 5(10):17–26

Xing Y L, Yu T X, Dong H M. 1994. The dinosaur fossil locality in Jiayin County of Heilongjian Province and its research history. *Heilongjiang Geology*, 5(10): 17–26

叶得泉,黄清华,张莹等. 2002. 松辽盆地白垩纪介形类生物地层学. 北京:石油工业出版社,1–312

Ye D Q, Huang Q H, Zhang Y, et al. 2002. Cretaceous ostracoda biostratigraphy in Songliao Basin. Beijing: Petroleum Industry Publishing House, 1–312

张显球,李罡. 2008. 广东南雄盆地罗佛寨群的介形类动物群. 微体古生物学报,25(1): 44–77

Zhang X Q, Li G. 2008. Ostracod faunas from the Luofozhai Group in the Nanxiong Basin of Guangdong Province, China. *Acta Micropalaeontologica Sinica*, 25(1): 44-77

张志诚. 1984. 黑龙江北部嘉荫地区晚白垩世植物化石. 地层古生物论文集,11:111-132

Zhang Z C. 1984. The Upper Cretaceous fossil plant from Jiayin region, northern Heilongjiang. *Proceeding of Stratigraphy and Paleontology*, 11: 111-132

张志诚. 1985. 东北北部白垩纪被子植物的基本发展阶段. 古生物学报,24(4):453-460

Zhang Z C. 1985. Main stages of Cretaceous angiosperm succession in north part of Northeast China. *Acta Palaeontologica Sinica*, 24(4): 453-460

章森桂,张允白,严惠君. 2009. 国际地层表(2008)简介. 地层学杂志. 33(1):1-10

Zhang S G,Zhang Y B, Yan H J. 2009. A brief introduction to the International Stratigraphic Chart (2008). *Journal of Stratigraphy*, 33(1): 1-10

赵资奎,叶捷,李华梅. 1991. 广东南雄盆地白垩系—早第三系交界恐龙灭绝问题. 古脊椎动物学报,29(1):1-20

Zhao Z K, Ye J, Li H M. 1991. Dinosaur extinction between Cretaceous-Early Tertiary in Nanxiong Basin of Guangdong. *Vertebrata Palasiatica*, 29(1): 1-20

Abramova A L. 1983. Conspectus of the moss flora of the People's Republic of Mongolia. Biological resources and natural conditions of the People's Republic of Mongolia, 17. Leningrad: Nauka, 1-221

Akhmetiev M A. 1973. Paleocene and Eocene South Far East and neighbouring countries, their stratigraphical position. *Soviet Geology*, 7: 14-29

Akhmetiev M A. 2004. Biosphere crisis at the Cretaceous-Paleogene Boundary. *Proceedings of 3rd Symposium of Cretaceous Biota K/T Boundary, Heilongjiang River Area, Changchun*, China, 7-16

Akhmetiev M A, Bratseva G M, Vakhrameev V A. 1976. Createcous/Paleocene boundary position at the lower Amur River. Essays of Geology and Paleontology Far East. Vladivostok: Far East Geological Institute, 46-50

Alifanov V R, Bolotsky Y L. 2002. New data about the assemblages of the Upper Cretaceous carnivorous dinosaurs (Theropoda) from the Amur Region. *In*: Kirillova G L (eds). Cretaceous continental margin of East Asia: stratigraphy, sedimentation, and tectonics. Khabarovsk: Unesco-IUGS-IGCP, 25-26

Alvarez L W, Alvarez W, Asaro F, et al. 1980. Extraterrestrial cause for the Cretaceous-Tertiary extinction. *Science*, 208: 1095-1108

Beerling D J, Chaloner W J. 1994. Atomospheric CO_2 changes since the last glacial maximum: evidence from the stomatal density record of fossil leaves. *Review of Palaeobotany and Palynology*, 81: 11-17

Beerling D J, Lomax B H, Royer D L, et al. 2002. An atmospheric pCO_2 reconstruction across the Cretaceous-Tertiary boundary from leaf megafossils. *PNAS*, 99(12):7836-7840

Bolotsky I U. 2011. On paleoecology of carnivorous dinosaurs (Tyrannosauridae, Dromaeosauridae)from Late Cretaceous fossil deposits of Amur region, Russian Far East. *Global Geology*, 14(1): 1-6

Bolotsky I U. 2013. 黑龙江(阿穆尔)地区晚白垩世暴龙类恐龙(虚骨龙类). 吉林大学硕士学位论文,1-73

Bolotsky I U. 2013. Tyrannosaurid dinosaurs(Coelurosauria) from Upper Cretaceous of Amur/Heilongjiang area. Thesis for M. Sc., Jilin Univ., China. 1-73

Bolotsky Y L, Kurzanov S K. 1991. The hadrosaurs of the Amur Region. Geology of the Pacific Ocean Border. Blagoveschensk: Amur KNII, 94-103

Bolotsky Y L, Godefroit P. 2004. A new hadrosaurine dinosaur from the Late Cretaceous of Far Eastern Russia. *Journal of Vertebrate Palaeontology*, 24: 354-368

Brusatte S L, Butler R J, Barrett P M, et al. 2014. The extinction of the dinosaurs. *Biology Review*. doi: 10.1111/brv.12128

Catuneanu O, Sweet A R, Lerbekmo J F, et al. 1995. Palynological support in understanding third and fourth order stratigraphic cycles in the uppermost Cretaceous / lowermost Tertiary, western Canada basin: an example of reciprocal proximal and distal stratigraphies. *In*: Bell J S, Bird T D, Hillier T L, et al (eds). *Proceedings of the oil and Gas Forum 95. Energy from sediments Geological Survey of Canada*, Open file 3058, 17-22

Clemens W A. 2002. Evolution of the mammalian fauna across the Cretaceous- Tertiary boundary in northeastern Montana and other areas of the Western Interior. *In*: Hartman J H, Johnson K R, Nichols D J (eds). The Hell Creek formation and the Cretaceous-Tertiary boundary in the Northern Great Plains. Boulder: The Geological Society of America, Inc., 217-245

Dong Z M, Zhou Z L, Wu S Y. 2003. Note on a hadrosaur footprint from Heilongjiang River area of China. *Vertebrata PalAsiatica*, 41: 324-326

Florin R. 1963. The distribution of Conifer and Taxad genera in time and space. *Acta Horti Bergiani*, 20(4): 122-311

Godefroit P,Bolotsky Y L, Alifanov V. 2003. A remarkable hollow-crested hadrosaur from Russia: an Asian origin for lambeosaurines. *Comptes Rendus Palevol*, 2: 143–151

Godefroit P, Bolotsky Y L, Van Itterbeeck J. 2004. *Amurosaurus riabinini*, a Late Cretaceous lambeosaurine dinosaur from Far Eastern Russia. Acta Palaeontologica Polonica, 49: 585–618

Godefroit P, Hai S, Yu T, et al. 2008. New hadrosaurid dinosaurs from the uppermost Cretaceous of northeastern China. *Acta Palaeontologica Polonica*, 53: 47–74

Godefroit P, Lauters P, Itterbeeck J V, et al. 2011. Recent advances on the study of hadrosaurid dinosaurs in Heilongjiang (Amur)River area between China and Russia. *Global Geology*, 13(4): 160–191

Godefroit P, Zan S, Jin L. 2000. *Charonosaurus jiayinensis* n.g., n.sp., a lambeosaurine dinosaur from the Late Maastrichtian of northeastern China. *Comptes rendus de l'Académie des Sciences de Paris, Sciences de la Terre et des Planètes*, 330: 875–882.

Golovneva L B. 2005. Phytostratigraphy and Evolution of Albian-Campanian Flora in Siberia. Proceedings of Ⅱ all-Russia Conference on the Cretaceous System of Russia: Problems of Stratigraphy and Paleogeography. Saint Petersburg: Saint Petersburg University, 177–197

Golovneva L B. 1994. Maastrichtian-Danian floras of Koryank Plateau. Botanic Institute RAN, Saint Petersburg, 13: 1–148

Golovneva L B, Sun G, Bugdaeva E. 2008. Campanian flora of the Bureya River Basin (Late Cretaceous of the Amur Region). *Paleontological Journal*, 42(5): 554–567

Haq B U, Hardenbol J, Vail P R. 1987. Chronology of fluctuating sea level since the Triassic. *Science*, 235: 437–455

Harland W B, Cox A V, Llewellyn P G, et al. 1982. A geological time scale. New York : Cambridge University Press, 1–131

Hartman J H. 2002. Hell Creek Formation and the early picking of the Cretaceous- Tertiary boundary in the Williston Basin. *In*: Hartman J H, Johnson K R, Nichols D J (eds). The Hell Creek Formation and the Cretaceous-Tertiary Boundary in the Northern Great Plains: An Integrated Continental Record of the End of the Cretaceous. Boulder, Colorado. *Geology Society of America Special Paper*, 361: 1–8

He S A, Yin G, Pang Z J. 1997. Resources and prospects of *Ginkgo biloba* in China. *In*: Hori T, Ridge R W, Tulecke W, et al. (eds). *Ginkgo biloba*, a global treasure: from bilogy to medicine. Tokyo: Springer, 373–384

Heer O. 1878. Beitraege zur Fossilen Sibiriens und des Amurlandes. *Mem Akad Imper Sc St-Petersbourg*. 25 (6): 1–58

Herman A B. 2011. Albian-Paleocene flora of the North Pacific region. *Transaction of Geological Institute*. 592. Moscow: GEOC, 1–280

Herman A B, Akhmetiev M A, Kodrul T M, et al. 2009. Flora Development in Northeastern Asia and Northern Alaska during the Cretaceous-Paleogene Transitional Epoch. *Stratigraphy and Geological Correlation*, 17(1): 79–97

Herman A B, Lebedev E L. 1991. Stratigraphy and Flora of the Cretaceous Deposits of North-West Kamtchatka. Moscow: Nauka. 1–189

Hicks J F, Johnson K R, Obradovich J D, et al. 2002. Magnetostratigraphy and geochronology of the Hell Creek and basal Fort Union formations of southwestern North Dakota and a recalibration of the age of the Cretaceous-Tertiary boundary. *Geological Society of America Special Papers*, 361: 35–55

Hicks J F, Johnson K R, Obradovich J D, et al. 2003. Magnetostratigraphy of Upper Cretaceous (Maastrichtian)to Lower Eocene strata of Denver Basin, Colorado. Rocky Mountain. *Geology*. 38(1): 1–27

Hoganson, Murphy. 2002. Marine Breien Member (Maasterichtian)of the Hell Creek Formation in North Dakota: stratigraphy, vertebrate fossil record, and age. *In*: Hartman J H, Johnson K, Nichols D (eds). The Hell Creek Formation and the Cretaceous-Tertiary Boundary in the Northern Great Plains. *Geological Society of America Special Papers*, 361: 247–270

Hunter J P, Archibald J D. 2002. Mammals from the end of the Age of Dinosaurs in North Dakota and southeastern Montana, Hell Creek Formation and its faunas and floras. *Geological Society of America Special Paper*, 361: 191–215

IBP, et al. 2001. Flora and dinosaurs at the Cretaceous-Paleogene boundary of Zeya-Bureya Basin. Vladivostok: Dalnauka, 1–159

Johnson K R. 2002. Megaflora of Hell Creek and lower Fort Union Formations in the Western Dakotas: Vegetational response to climate change, the Cretaceous-Tertiary boundary event, and rapid marine transgression. *In*: Hartman J H, Johnson K R, Nichols D J (eds). The Hell Creek Formation and the Cretaceous-Tertiary Boundary in the Northern Great Plains: An Integrated Continental Record of the End of the Cretaceous. Boulder, Colorado. *Geological Society of America Special Paper*, 361: 329–390

Kalishevich T G, Zaklinskaya E D, Serova M Ya. 1981. The development of the organic world of the Pacific Belt on the Mesozoic and Cenozoic boundary. Moscow: Nauka, 1–164

Kamaeva A M. 1990. Cretaceous-Paleogene stratigraphy and flora from the K/T boundary strata of Zeya-Bureya Basin. Khabarovsk: Amur KNII, 1–66

Keller G B, Bhowmick P K, Upadhyay H, et al. 2011. Deccan Volcanism Linked to the Cretaceous-Tertiary Boundary Mass Extinction: New Evidence from ONGC Wells in the Krishna-Godavari Basin. *Journal of the Geological Society of India*, 78:

399–428

Keller G B, Adatte G, Garg T, et al. 2011. Environmental Effects of Deccan Volcanism Across the Cretaceous-Tertiary Transition in Meghalaya, India. *Earth and Planetary Science Letters*, 310: 272–285

Kezina T, Litvinenko V. 2007. Stratigraphy of Upper Cretaceous-Paleogene deposits of northwestern Zeya-Bureya sedimentary basin. *Global Geology*, 10(2): 130–147

Knittel U, Suzuki S, Akhmetiev M A, et al. 2013. 66±1Ma single zircon U-Pb date confirms the location of the non-marine K-Pg boundary in the Amur/Heilongjiang River area (Russia, China). *Neues Jahrbuch fur Geology und Palaontologie Abhandlungen*, 270(1): 1–11

Korotkevich V D. 1974. Spore-pollen assemblages of the Late Cretaceous of the Koryak Uplands. *In*: Vereschagin V N (eds). Stratigraphy and lithology of the Cretrceous, Palaeogene, and Neogene deposits of Koryak-Anadyr region. Leningrad: NIIGA, 38–41

Krassilov V A. 1972. Phytogeographical classification of Mesozoic floras and their bearing on continental drift. *Nature*, 237: 49

Krassilov V A. 1976. Tsagayan Flora Amur Region. Moscow: Nauka, 1–91

Krassilov V A. 1979. The Cretaceous flora of Sakhalin. Moscow: Nauka, 1–183

Krassilov V A, Blokhina N I, Markevich V S, et al. 1988. The Cretaceous-Palaeogene of Lesser Kuril Islands (new data on palaeontology and geological history). Vladivostok: DVO AN USSR, 1–140

Lebedev E L. 1987. Stratigraphy and age of Okhotsko-Chokotsk volcanic zone. Moscow: Nauka, 1–175

Lund S P, Hartman J H, Banarjee S K. 2002. Magnetostratigraphy of interfingering upper Cretaceous-Paleocene marine and continent trata of the Willistone Basin, North Dakota and Montana. *Geological Society of America, Special Papter*, 361: 57–74

MacLeod N, Keller G. 1995. Cretaceous-Tertiary Mass Extinctions: Biotic and Environmental Changes. W. W. Norton & Company, 1–575

Manchester S R, Crane P R, Golovneva L B. 1999. An extinct genus with affinities to extant Davidia and *Camptotheca* (*Cornales*)from the Paleocene of North America and Eastern Asia. *International Journal of Plant Sciences*, 160(1): 188–207

Markevich V S. 1994. Palynological zonation of the continental Cretaceous and Lower Tertiary of eastern Russia. *Cretaceous Research*, 15:165–177

Markevich V S. 1995. The Cretaceous palynoflora of the north of Eastern Asia. Vladivostok: Dalnauka, 1–200

Markevich V S, Bugdaeva E V. 2001. Chapter 5: Correlation of the Upper Cretaceous and Palaeogene plant-bearing deposits of the Russian Far East. *In*:Bugdaeva E V (eds). Flora and dinosaurs at the Cretaceous-Paleogene boundary of Zeya-Bureya Basin (IGCP project 434). Vladivostok: Dalnauka, 79–96

Markevich V S, Bugdaeva E V, Ashraf A R, et al. 2011. Boundary of Cretaceous and Paleogene continental deposits in Zeya-Bureya Basin, Amur (Heilongjiang)River region. *Global Geology*, 14(3): 144–159

Markevich V S, Bugdaeva E V, Bolotsky Yu L, et al. 2004. New data on K-T interval in Zeya-Bureya Basin. *In*: Sun G, Sun Y W, Akhmetiev M A, et al. (eds). Proceedings of the 3rd Symposium on Cretaceous Biota and K/T Boundary in Heilongjiang River area, Changchun, 39–40

Markevich V S, Golovneva L B, Bugdaeva E V. 2005a. Stratigraphy and Flora of the Kundur Formation (Upper Cretaceous, Amur Region). *Proceedings of II all-Russia Conference on the Cretaceous System of Russia: Problems of Stratigraphy and Paleogeography, Saint Petersburg: Saint Petersburg University*, 160–176

Markevich V S, Golovneva L B, Bugdaeva E V. 2005b. Floristic Characterization of the Santonian-Campanian Deposits of the Zeya-Bureya Basin (Amur Region). *Proceedings of the International Conference on the Current Problems in Paleofloristics, Paleophytogeography, Phytostratigraphy, Moscow*, 198–206

Markevichi V S, Sun G, Ashraf A R, et al. 2006. The Maastrichtian-Danian palynological assemblages from Wuyun of Jiayin nearby the Heilongjiang (Amur)River. *In*: Yang Q et al. (eds). Ancient life and modern appoches. *Abstracts of the 2nd IPC, Beijing*, 526–527

McLean D M. 1985. Deccan traps mantale degassing in the terminal Cretaceous marine extinctions. *Cretaceous Research*, 6: 235–259

Murphy E, Hoganson J W, Johnson K. 2002. Lithostratigraphy of the Hell Creek Formation in North Dekota. *In*: Hartman J H, Johnson K, Nichols D(eds). The Hell Creek Formation and the Cretaceous-Tertiary Boundary in the Northern Great Plains. *Geological Society of America Special Paper*, 361: 9–34

Nessov L A, Golovneva L B, 1990. History of development of flora, vertebrate fauna and climate in the late Senonian on the north-east of Koryak Upland. *The Continental Cretaceous of USSR*. Vladivostok: DVO AN SSSR, 191–212

Newitz A. 2013. Scatter, adapt, and remember Knopf Donble Day. Publ. Gr. Random House, Inc.(徐洪河、蒋青译,2014. 上海科技出版社,1-264)

Nichols D J, Darzen D M, Orth C J, et al. 1986. Palynological and Iridium Anomalies at Cretaceous-Tertiary Boundary, South-Central Saskatchewan. *Science*, 231: 714–717

Nichols D J, Johnson K R. 2002. Palynology and microstratigraphy of Cretaceous-Tertiary boundary sections in south-western North Dakota. *Geological Society of America Special Paper*, 361: 95–143

Nichols D, Johnson K. 2008. Plants and the K-T boundary. Cambridge: Cambridge University Press, 1–292

Nichols D J, Sweet A R. 1993. Biostratigraphy of Upper Cretaceous nonmarine palynofloras in a north-south transect of the Western Interior basin. *In*: Galdwell W G E, Kauffman E G (eds). Evolution of the Western Interior Basin, 539–584

Orth C J, Gilmore J S, Knight J D, et al. 1981. An Ir anomaly at the palynological Cretaceous-Tertiary boundary in northern New Mexico. *Science*, 214: 1341–1343

Pearson D A, Schaefer T, Johnson K R, et al. 2001. Palynologically calibrated vertebrate record from North Dakota consistent with abrupt dinosaur extinction at the Cretaceous-Tertiary boundary. *Geology*, 29(1): 39–42

Pearson D A, Schaefer T, Johnson K, et al. 2002. Veterbrate biostratigraphy of the Hell Creek Foramation in southwestern North Dakota and northwestern South Dakota. *Geological Society of America, Special Papter*, 361: 145–168

Quan C, Sun C L, Sun Y W, et al. 2009. High resolution estimates of paleo-CO_2 levels through the Campanian (Late Cretaceous)based on Ginkgo cuticles. *Cretaceous Research*, 30: 424–428

Renne P R, Deino A L, Hilgen F J, et al. 2013. Time scales of critical events around the Cretaceous-Paleogene Boundary. *Science*, 339: 684–687

Retallack G J. 2001. A 300-million-year record of atmospheric carbon dioxide from fossil plant cuticles. *Nature*, 411: 287–290

Riabinin A N. 1925. A mounted skeleton of the gigantic reptile *Trachodon amurense* nov. sp. *Izvestija Geologicheskogo Komiteta*, 44: 1–12

Riabinin A N. 1930a. *Manschurosaurus amurensis* nov. gen. nov. sp., a hadrosaurian dinosaur from the Upper Cretaceous of Amur River. *Mémoires de la Société paléontologique de Russie*, 2: 1–36

Riabinin A N. 1930b. On the age and fauna of the dinosaur beds on the Amur River. *Mémoires de la Société Russe de Minéralogie, Série* 2, 59: 41–51

Royer D L. 2003. Estimating latest Cretaceous and Tertiary atmospheric CO_2 from stomatal indices. *In*: Wing S L, Gingerich P D, Schmitz B, et al(eds). Causes and Consequences of Globally Warm Climates in the Early Paleogene. Boulder: The Geological Society of America, 79–93

Russell D. 1970. *Tyrannosaurs* from the Late Cretaceous of Western Canada. *Palaeontology*, 12(1): 1–34

Russell D, Manabe M. 2002. Synopsis of the Hell Creek (uppermost Cretaceous)dinosaur assemblage. *In*: Hartman J H, Johnson K R, Nichols D J (eds). The Hell Vreek Formation and the Cretaceous-Tertiary boundary in the northern Great Plains: an integrated continental record of the end of the Vretaceous. *Geological Society of America, Special Paper*, 361: 169–176

Samylina V A. 1967. The final stages of the history of the genus Ginkgo L. in Eurasia. *Journal of Botany*, 52(3): 303–316

Samylina V A. 1988. Arkagalinskaya stratoflora Severo-Vostoka Aziyi. Leningrad: Leningrad Science Press, 1–131

Smit J, Hertogen J. 1980. An Extraterrestrial Event at the Cretaceous-Tertiary Boundary. *Nature*, 285: 198–200

Stets J, Ashraf A R, Erben H K, et al. 1995. Cretaceous-Tetiary boundary in the Nanxiong basin (continental facies, Southeast China). *In*: Macleod N, Keller G (eds). Cretaceous-Tetiary mass extinction: biotic and environmental changes. W. W. Norton & Company. NY-London, 349–372

Stockey R A, Rothwell G W, Johnson K. 2007. *Cobbania corrugata* (Lesquereux)gen. et comb. nov. (Araceae): A floating aquatic monocot from the Upper Cretaceous of western North America. *American Journal of Botany*, 94: 609–624

Sun G, Akhmetiev M A, Dong Z M, et al. 2002. In search of the Cretaceous-Tertiary boundary in the Heilongjiang River Area of China. *Journal of Geoscientific Research in Northeast Asia*, 5: 105–113

Sun G, Akhmetiev M A, Golovneva L B, et al. 2007. Late Cretaceous plants from Jiayin along Heilongjiang River, Northeast China. *Courier Forschungsinstitut Senckenberg*, 258: 75–83

Sun G, Akhmetiev M, Markevich V, et al. 2011. Late Cretaceous biota and the Cretaceous-Paleogene (K-Pg)Boundary in Jiayin of Heilongjiang, China. *Global Geology*, 14(3): 115–143

Sun G, Sun C L, Dong Z M, et al. 2003. Preliminary Study of the Cretaceous-Tertiary Boundary in Jiayin of the Heilongjiang River Area of China. *Global Geology*, 22(1): 8–14

Suzuki S, Ashraf A R, Okada H. 2004. Sedimentary facies of Maastrichtian to Danian deposits in Amur River area, Russian Far East. *Journal of Geoscientific Research in Northeast Asia*, 7(2): 149–155

Suzuki S, Sun G, Ulrich K, et al. 2011. Radiometric Zircon Ages of a Ruff Sample from the Baishantou Member of Wuyun Formation, Jiayin: A Contribution to the Search for the K-T Boundary in Heilongjiang River Area, China. *Acta Geologica Sinica*, 85(6): 1351–1358

Terada K, Nishida H, Sun G. 2011. Fossil wood from the Upper Cretaceous to Paleocene of Heilongjiang (Amur) River area of China and Russia. *Global Geology*, 14(3): 192–208

Wagner R. 1892. Zur Kenntnis des Blattbaues der Alpenpflanzen und dessen biologischer Bedeutung. *Sitzungsberichte Akad D Wiss Wien*, 100: 487–548

Wan X Q, Zhao J, Scott R W, et al. 2013. Late Cretaceous stratigraphy, Songliao Basin, NE China: SK1 cores. *Palaeogeography, Palaeoclimatology, Palaeoecology*, 385: 31–43

Wang P J, Du X D, Wang J, et al. 1996. Chronostratigraphy and stratigraphic classification of the cretaceous of the Songliao basin. *Acta Geol Sin* (English edit.), 9: 207–217

Woodward F I. 1987a. Climate and Plant Distribution: Cambridge Studies in Ecology. Cambridge: Cambridge University Press, 1–537

Woodward F I. 1987b. Stomatal numbers are sensitive to invreases in CO_2 from pre-industrial levels. *Nature*, 327: 617–618

Yang D S. 1987. Observations on the palaeogeography and environment of the Late Cretaceous titanosaur-hadrosaur fauna at Jiayin in Heilongjiang Province. *Nature Research of Heilongjiang Province*, 11–18

Yang D S, Wei Z Y, Li W R. 1986. Preliminary note on some hadrosaurs from the Cretaceous of Jiayin, Heilongjiang. *Nature Research of Heilongjiang Province*, 1–10

Zakharov V A, Schureikin B N, Kuruschin N I, et al. 2002. Paleontological and paleoecological evidences from Mesozoic of Artic Ocean region. *VNIIOcean Geology*, 80–92

Zaklinskaya E D. 1976. Key and correlative taxa and palynological correlation of boundary deposits between the Mesozoic and Cenozoic systems in South Sakhalin. *In*: Ablaev A G (eds). Essays on geology and palaeontology of the Far East. Vladivostok: DVNC AS USSR, 51–65

课题组主要专家　Main Scientists of the Research Team

董枝明(Dong Z M)
恐龙学家,中国科学院古脊椎动物与古人类研究所教授
Prof. Dinosaur expert, IVPP, China

迪尔切(Dilcher D L)
美国科学院院士,古植物学家
Prof. Dr. NAS, Paleobotanist, Indiana Univ., Bloomington, USA

阿克米梯耶夫(Akhmetiev M)
俄罗斯通讯院士,古植物学与地层学家
Prof. Dr. Paleobotanist, GI RAS, Moscow, Russia

孙春林(Sun C L)
古植物学家,吉林大学教授
Prof. Dr. Jilin Univ., China

玛尔凯维奇(Markevich V)
俄罗斯孢粉学家,教授
Prof. Dr. Palynologist, IBSS RAS, Vladivostok, Russia

孙跃武(Sun Y W)
古植物学专家,吉林大学教授
Prof. Dr. Paleobotanist, Jilin Univ., China

阿什拉夫(Ashraf A R)
德国孢粉学家,教授
Prof. Dr. Palynologist, Univ. Bonn, Bonn, Germany

全成(Quan C)
古植物学专家,吉林大学教授
Prof. Dr. Paleobotanist, Jilin Univ., China

哥德弗洛伊特(Godefroit P)
比利时恐龙学家,教授
Prof. Dr. Dinosaur expert, Royal Museum. Nat-Hist., Bruxelle, Belgium

高洛夫涅娃(Golovneva L)
俄罗斯古植物学家
Prof. Dr. Paleobotanist, BI RAS, St-Petersburg, Russia

布格达耶娃(Bugdaeva E)
俄罗斯古植物学家
Dr. Paleobotanist, IBSS RAS,Vladivostok, Russia

哈丁(Harding I)
英国微体古生物学家
Dr. Palynologist, Univ. Southampton, Southampton, UK

尤里·保罗斯基(Bolotsky Yu)
俄罗斯恐龙学家
Dr. Dinosaur expert, AINRM RAS, Blagoveshensk, Russia

杨惠心(Yang H X)
古地磁学专家,吉林大学教授
Prof. Paleomagnetist, Jilin Univ., China

铃木茂之(Suzuki S)
日本地质学家,教授
Prof. Dr. Geologist, Okayama Univ., Okayama, Japan

葛文春(Ge W C)
地球化学专家,吉林大学教授
Prof. Dr. Geochemist, Jilin Univ., China

柯珠尔(Kodrul T)
俄罗斯古植物学家
Dr. Paleobotanist, GI RAS, Moscow, Russia

陈跃军(Chen Y J)
地质学专家,吉林大学教授
Prof. Dr. Geologist, Jilin Univ., China

西田治文(Nishida H)
日本古植物学家
Prof. Dr. Paleobotanist, Chuo Univ., Tokyo, Japan

杨涛(Yang T)
青年古植物学者,沈阳师范大学博士
Dr. Paleobotanist, Shenyang Normal Univ., China

凯金娜(Kezina T)
俄罗斯孢粉学家
Prof. Dr. Palynologist, Amur State Univ., Blagoveshensk, Russia

图书在版编目(CIP)数据

黑龙江嘉荫晚白垩世—古新世生物群、K-Pg界线及恐龙灭绝/孙革等著. —上海:上海科技教育出版社,2014.12

ISBN 978-7-5428-6111-5

Ⅰ. ①黑… Ⅱ. ①孙… Ⅲ. ①晚白垩世—恐龙—研究—黑龙江省 ②古新世—恐龙—研究—黑龙江省 Ⅳ. ①Q915.864

中国版本图书馆CIP数据核字(2014)第272189号

黑龙江嘉荫晚白垩世—古新世生物群、K-Pg界线及恐龙灭绝

Late Cretaceous-Paleocene biota and
the K-Pg boundary from Jiayin of Heilongjiang, China
with discussion on
the extinction of dinosaurs

作者 Authors
孙革 等 Sun Ge et al.

责任编辑 Executive Editors
王世平 Wang Shiping
伍慧玲 Wu Huiling

设计 Art Director
汤世梁 Tang Shiliang

上海世纪出版股份有限公司
上 海 科 技 教 育 出 版 社 出版发行
（上海冠生园路393号 邮政编码200235）
网址：www.ewen.co www.sste.com
各地新华书店经销 上海中华印刷有限公司印刷
开本889×1194 1/16 印张13
2014年12月第1版 2014年12月第1次印刷
审图号：GS（2014）5312号
ISBN 978-7-5428-6111-5/N·927
定价：150.00元